U0310768

国家出版基金项目
NATIONAL PUBLICATION FOUNDATION

★ ★ ★
★ "十三五" ★
国家重点出版物出版规划项目

陆战装备科学与技术·坦克装甲车辆系统丛书

装甲车辆仿真技术

Armored Vehicle Simulation Technology

兰小平 王超 郑思涓 等 编著

北京理工大学出版社
BEIJING INSTITUTE OF TECHNOLOGY PRESS

内 容 简 介

　　本书共分 5 章，第 1 章简要介绍仿真技术；第 2 章系统论述了坦克装甲车辆、航空航天、船舶等不同行业领域在论证、设计与研制不同阶段过程中通用的仿真专项技术；第 3 章针对坦克装甲车辆自身领域的特殊性，系统讲述仿真技术在坦克装甲车辆机动性、防护性、火力性能、信息性能以及人机功效五大性能中的应用；第 4 章列举了不同仿真方向在设计中的经典应用实例，尤其是多学科联合仿真技术越来越多地应用到设计之中，主要包括机电液联合仿真、流固耦合仿真、刚柔耦合仿真等；第 5 章主要介绍保证坦克装甲车辆模型仿真置信度的关键技术 VV&A。

　　本书可作为车辆工程、人机工程和控制类相关专业的本科生或研究生教材，也可供工程技术人员参考。

版权专有　侵权必究

图书在版编目（CIP）数据

　　装甲车辆仿真技术/兰小平等编著 . —北京：北京理工大学出版社，2020.3

　　（陆战装备科学与技术·坦克装甲车辆系统丛书）

　　国家出版基金项目"十三五"国家重点出版物出版规划项目　国之重器出版工程

　　ISBN 978 - 7 - 5682 - 8327 - 4

　　Ⅰ . ①装…　Ⅱ . ①兰…　Ⅲ . ①装甲车 - 系统仿真　Ⅳ . ①TJ811

　　中国版本图书馆 CIP 数据核字（2020）第 054591 号

出　　版 / 北京理工大学出版社有限责任公司	
社　　址 / 北京市海淀区中关村南大街 5 号	
邮　　编 / 100081	
电　　话 / （010）68914775（总编室）	
（010）82562903（教材售后服务热线）	
（010）68948351（其他图书服务热线）	
网　　址 / http：//www. bitpress. com. cn	
经　　销 / 全国各地新华书店	
印　　刷 / 北京捷迅佳彩印刷有限公司	
开　　本 / 710 毫米 ×1000 毫米　1/16	
印　　张 / 22.5	
彩　　插 / 4	责任编辑 / 封　雪
字　　数 / 391 千字	文案编辑 / 封　雪
版　　次 / 2020 年 3 月第 1 版　2020 年 3 月第 1 次印刷	责任校对 / 周瑞红
定　　价 / 108.00 元	责任印制 / 李志强

图书出现印装质量问题，请拨打售后服务热线，本社负责调换

《国之重器出版工程》
编辑委员会

编辑委员会主任：苗　圩

编辑委员会副主任：刘利华　辛国斌

编辑委员会委员：

冯长辉	梁志峰	高东升	姜子琨	许科敏
陈　因	郑立新	马向晖	高云虎	金　鑫
李　巍	高延敏	何　琼	刁石京	谢少锋
闻　库	韩　夏	赵志国	谢远生	赵永红
韩占武	刘　多	尹丽波	赵　波	卢　山
徐惠彬	赵长禄	周　玉	姚　郁	张　炜
聂　宏	付梦印	季仲华		

专家委员会委员（按姓氏笔画排列）：

于　全　　中国工程院院士

王　越　　中国科学院院士、中国工程院院士

王小谟　　中国工程院院士

王少萍　　"长江学者奖励计划"特聘教授

王建民　　清华大学软件学院院长

王哲荣　　中国工程院院士

尤肖虎　　"长江学者奖励计划"特聘教授

邓玉林　　国际宇航科学院院士

邓宗全　　中国工程院院士

甘晓华　　中国工程院院士

叶培建　　人民科学家、中国科学院院士

朱英富　　中国工程院院士

朵英贤　　中国工程院院士

邬贺铨　　中国工程院院士

刘大响　　中国工程院院士

刘辛军　　"长江学者奖励计划"特聘教授

刘怡昕　　中国工程院院士

刘韵洁　　中国工程院院士

孙逢春　　中国工程院院士

苏东林　　中国工程院院士

苏彦庆　　"长江学者奖励计划"特聘教授

苏哲子　　中国工程院院士

李寿平　　国际宇航科学院院士

李伯虎	中国工程院院士
李应红	中国科学院院士
李春明	中国兵器工业集团首席专家
李莹辉	国际宇航科学院院士
李得天	国际宇航科学院院士
李新亚	国家制造强国建设战略咨询委员会委员、中国机械工业联合会副会长
杨绍卿	中国工程院院士
杨德森	中国工程院院士
吴伟仁	中国工程院院士
宋爱国	国家杰出青年科学基金获得者
张　彦	电气电子工程师学会会士、英国工程技术学会会士
张宏科	北京交通大学下一代互联网互联设备国家工程实验室主任
陆　军	中国工程院院士
陆建勋	中国工程院院士
陆燕荪	国家制造强国建设战略咨询委员会委员、原机械工业部副部长
陈　谋	国家杰出青年科学基金获得者
陈一坚	中国工程院院士
陈懋章	中国工程院院士
金东寒	中国工程院院士
周立伟	中国工程院院士

郑纬民	中国工程院院士
郑建华	中国科学院院士
屈贤明	国家制造强国建设战略咨询委员会委员、工业和信息化部智能制造专家咨询委员会副主任
项昌乐	中国工程院院士
赵沁平	中国工程院院士
郝　跃	中国科学院院士
柳百成	中国工程院院士
段海滨	"长江学者奖励计划"特聘教授
侯增广	国家杰出青年科学基金获得者
闻雪友	中国工程院院士
姜会林	中国工程院院士
徐德民	中国工程院院士
唐长红	中国工程院院士
黄　维	中国科学院院士
黄卫东	"长江学者奖励计划"特聘教授
黄先祥	中国工程院院士
康　锐	"长江学者奖励计划"特聘教授
董景辰	工业和信息化部智能制造专家咨询委员会委员
焦宗夏	"长江学者奖励计划"特聘教授
谭春林	航天系统开发总师

《陆战装备科学与技术·坦克装甲车辆系统丛书》
编写委员会

名誉主编：王哲荣　苏哲子

主　　编：项昌乐　李春明　曹贺全　丛　华

执行主编：闫清东　刘　勇

编　　委：（按姓氏笔画排序）

　　　　　马　越　　王伟达　　王英胜　　王钦钊　　冯辅周

　　　　　兰小平　　刘　城　　刘树林　　刘　辉　　刘瑞林

　　　　　孙葆森　　李玉兰　　李宏才　　李和言　　李党武

　　　　　李雪原　　李惠彬　　宋克岭　　张相炎　　陈　旺

　　　　　陈　炜　　郑长松　　赵晓凡　　胡纪滨　　胡建军

　　　　　徐保荣　　董明明　　韩立金　　樊新海　　魏　巍

编者序

　　坦克装甲车辆作为联合作战中基本的要素和重要的力量，是一种最具临场感、最实时、最基本的信息节点和武器装备，其技术的先进性代表了陆军装备的现代化程度。

　　装甲车辆涉及的技术领域宽广，经过几十年的探索实践，我国坦克装甲车辆技术领域的专家积累了丰富的研究和开发经验，实现了我国坦克装甲车辆从引进到仿研仿制再到自主设计的一次又一次跨越。在车辆总体设计、综合电子系统设计、武器控制系统设计、新型防护技术、电子电气系统设计及嵌入式软件设计、数字化与虚拟仿真设计、环境适应性设计、故障预测与健康管理、新型工艺等方面取得了重要进展，有些理论与技术已经处于世界领先水平。随着我国陆战装备系统的理论与技术取得重要进展，亟需通过一套系统全面的图书来呈现这些成果，以适应坦克装甲车辆技术积淀与创新发展的需要，同时多年来我国坦克装甲车辆领域的研究人员一直缺乏一套具有系统性、学术性、先进性的丛书来指导科研实践。为了满足上述需求，《陆战装备科学与技术·坦克装甲车辆系统丛书》应运而生。

　　北京理工大学出版社联合中国北方车辆研究所、内蒙古金属材料研究所、北京理工大学、中国人民解放军陆军装甲兵学院、南京理工大学、中国人民解放军陆军军事交通学院和中国兵器科学研究院等单位一线的科研和工程领域专家及其团队，策划出版了本套反映坦克装甲车辆领域具有领先水平的学术著作。本套丛书结合国际坦克装甲车辆技术发展现状，凝聚了国内坦克装甲车辆技术领域的主要研究力量，立足于装甲车辆总体设计、底盘系统、火力系统、

防护系统、电气系统、电磁兼容、人机工程、质量与可靠性、仿真技术、协同作战辅助决策等方面，围绕装甲车辆"多功能、轻量化、网络化、信息化、全电化、智能化"的发展方向，剖析了装甲车辆的研究热点和技术难点，既体现了作者团队原创性科研成果，又面向未来、布局长远。为确保其科学性、准确性、权威性，丛书由我国装甲车辆领域的多位领军科学家、总设计师负责校审，最后形成了由24分册构成的《陆战装备科学与技术·坦克装甲车辆系统丛书》，具体名称如下：《装甲车辆概论》《装甲车辆构造与原理》《装甲车辆行驶原理》《装甲车辆设计》《新型坦克设计》《装甲车辆武器系统设计》《装甲车辆火控系统》《装甲防护技术研究》《装甲车辆机电复合传动系统模式切换控制理论与方法》《装甲车辆液力缓速制动技术》《装甲车辆悬挂系统设计》《坦克装甲车辆电气系统设计》《现代坦克装甲车辆电子综合系统》《装甲车辆嵌入式软件开发方法》《装甲车辆电磁兼容性设计与试验技术》《装甲车辆环境适应性研究》《装甲车辆人机工程》《装甲车辆制造工艺学》《坦克装甲车辆通用质量特性设计与评估技术》《装甲车辆仿真技术》《装甲车辆试验学》《装甲车辆动力传动系统试验技术》《装甲车辆故障诊断技术》《装甲车辆协同作战辅助决策技术》。

《陆战装备科学与技术·坦克装甲车辆系统丛书》内容涵盖多项装甲车辆领域关键技术工程应用成果，并入选"国家出版基金"项目、"'十三五'国家重点出版物出版规划"项目和工信部"国之重器出版工程"项目。相信这套丛书的出版必将承载广大陆战装备技术工作者孜孜探索的累累硕果，帮助读者更加系统、全面地了解我国装甲车辆的发展现状和研究前沿，为推动我国陆战装备系统理论与技术的发展做出更大的贡献。

丛书编委会

前　言

　　坦克装甲车辆作为陆军地面武器的主要突击和防御力量，在过去和未来的战场上有着不可替代的作用。随着未来战场日益复杂多变，对其性能更为苛求。然而提高综合性能往往意味着部件增多、功能更加复杂、高新技术高度集成、多学科领域理论交叉应用等需求提升。而有机匹配车辆各项性能参数、合理布置各系统部件、最优化系统综合效能就是最重要和最艰巨的工作。无论是结构设计、性能评估还是优化过程，仿真技术都可以发挥主要作用。本书主要论述了坦克装甲车辆设计中涉及的各项仿真技术，并结合部分实际案例，供各位同事在工作中予以参考。

　　本书内容主要由五部分组成：

　　（1）第1章简述仿真技术的产生和发展，系统阐述仿真技术中系统、模型、仿真等关键术语的定义及内涵，离散事件系统仿真的定义、内容以及不同分类的具体体现，仿真技术在坦克装甲车辆上应用的一般步骤（包括典型的结构、控制、动力学仿真等）。该章节由兰小平、王超编写完成。

　　（2）第2章系统论述坦克装甲车辆、航空航天、船舶等不同行业领域在论证、设计与研制不同阶段过程中通用的仿真专项技术，包括结构分析与疲劳仿真技术、动力学仿真技术、流体仿真技术、控制系统仿真技术、作战对抗仿真技术、虚拟现实（增强现实）仿真技术、半实物仿真技术七大专项技术，分别从仿真技术的概述、理论基础以及仿真基本流程和应用软件三方面，简单描述其在坦克装甲车辆中的应用范围与基本步骤。该章节由王超完成"结构分析与疲劳仿真技术"内容编写，王军完成"动力学仿真技术"内容编写，汪

建兵完成"流体仿真技术"内容编写，陈锐完成"控制系统仿真技术"内容编写，兰小平、王超完成"作战对抗仿真技术"内容编写，兰小平、师雪完成"虚拟现实（增强现实）仿真技术"内容编写，周娜完成"半实物仿真技术"内容编写。

（3）第3章针对坦克装甲车辆自身领域的特殊性，系统讲述仿真技术在坦克装甲车辆机动性能、防护性能、火力性能、信息性能以及人机功效性能五大性能中的应用。机动性能仿真包括整车通过性、加速性、平顺性、动力传动扭振仿真等；火力性能仿真包括射击精度、反应时间、命中概率以及火力效能评估仿真；防护性能仿真包括隐身性能、主动防护性能以及反装甲弹药防护性能仿真；信息性能仿真包括基于逻辑模型的信息流仿真和基于CANoe的车辆总线仿真等；人机功效性能仿真主要指人机系统仿真与评估。该章内容由王军完成"机动性"内容编写，焦丽娟完成"防护性能"内容编写，钟险峰完成"火力性能"内容编写，苏瑾完成"信息性能"内容编写，郑思涓完成"人机功效"内容编写。

（4）第4章基于坦克装甲车辆研发流程，列举在系统论证、工程设计等不同阶段不同仿真方向在设计之中的经典应用实例，尤其是多学科联合仿真技术越来越多地应用到设计之中，主要包括机电液联合仿真、流固耦合仿真、刚柔耦合仿真等。该章内容由李剑锋编写完成。

（5）第5章规范、标准的坦克装甲车辆模型VV&A过程是保证仿真置信度的关键技术，主要内容包括系统性能评估模型与评估构建方法，分布仿真VVA（建模与仿真的校核、验证和确认）/VVC（数据的校核、验证和认证）、仿真置信度/可信性评估的规范化方法，以及坦克装甲车辆VV&A典型案例等。该章内容由房加志、杨建新编写完成。

全书由兰小平总纂和策划，王超、杨建新负责统稿和审校。感谢李如强为人体数据采集提供的帮助。在编写过程中特别感谢北京朗迪锋科技有限公司在虚拟现实技术方面给予的帮助。

本书可作为车辆工程、人机工程和控制类相关专业的本科生或研究生教材，也可供工程技术人员参考。

目　录

第 1 章

仿真技术概述

|1.1 仿真技术的产生和发展|

20世纪，人类科学技术的发展空前发达和辉煌，以计算机和通信技术为核心，特别是以网络为标志的现代信息科学技术尤其令人瞩目。信息技术领域被公认为当前发展最快、应用最广、潜力最大的领域之一。1971年，美国 Intel 公司研制出第一块微处理器，即用大规模集成电路研制成计算机的第一块中央处理器（CPU）。随后在此基础上研制出了完全由大规模集成电路组成的微型计算机。这标志着微电子技术和计算机技术的结合，推动了计算机在全球范围内的普及。与此同时，通信技术从模拟向数字过渡，并且开始与计算机技术相结合。计算机技术、电子技术和通信技术极大地增强了人类处理和利用信息的能力，因而被统称为"信息技术"。信息技术的突飞猛进带动了数字化技术的应用与发展。实践表明，数字化技术是缩短产品研制周期、降低研制成本、提高产品质量的有效途径，是建立现代产品快速研制系统的基础。

仿真（simulation）是通过对系统模型的试验，研究已存在的或设计中的系统性能的方法及技术，它是一种基于模型的活动。仿真可以再现系统状态、动态行为及性能特征，预测系统可能存在的缺陷，用于分析系统配置是否合理、性能是否满足要求，为决策提供支持和依据，如图 1 - 1 所示为基于仿真的车辆设计过程。

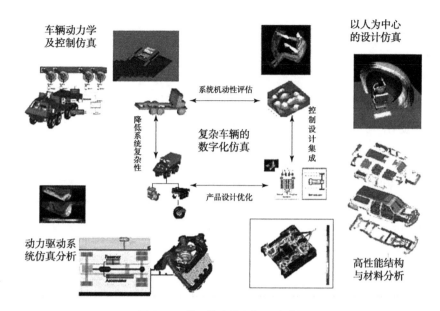

图 1 - 1　基于仿真的车辆设计过程

随着计算机数学、计算机力学以及计算机软硬件等相关技术的成熟，人们越来越多地在计算机中利用数学模型来分析和优化系统，形成了计算机仿真技术。计算机仿真属于数学仿真，它的实质是仿真过程的数字化，也称为数字化仿真（digital simulation）。

1.1.1　仿真技术的分类

仿真技术具体分类情况如表 1 - 1 所示。

表 1 - 1　仿真技术分类

分类方式	类型
按模型类型	连续系统仿真
	离散系统仿真
	连续/离散混合系统仿真
	定性系统仿真
按实现方式和手段	硬件在回路仿真（半实物仿真）
	软件在回路仿真
	数学仿真
	人在回路仿真
	物理仿真

续表

分类方式	类型
按模型在空间的分布形式	集中式仿真
	分布式仿真
按仿真运行时间	实时仿真
	超实时仿真
	亚实时仿真
按仿真对象的性质	工程系统仿真
	非工程系统仿真

在工程应用领域，系统仿真中按照实现方式和手段的不同可分为：

（1）物理仿真。

物理仿真是按照实际系统的物理性质构成系统的物理模型，并在物理模型上进行试验研究。物理仿真直观形象，逼真度高，但对于复杂系统，物理模型的建立通常需要巨大的资金和时间投入，而且物理模型一旦建立，就很难修改系统结构和参数。另外，物理仿真是实时运行的。

（2）数学仿真。

数学仿真无须昂贵的实物系统，也不需要模拟客观世界真实环境各种物理效应的设备，而是建立等同的数学模型，在计算机上编写仿真程序，编译并运行。数学仿真具有经济性、灵活性和模型通用性的特点。随着并行处理技术、图形技术、人工智能技术和仿真软硬件技术的发展，数字仿真技术必将产生新的飞越。

（3）硬件在回路仿真。

硬件在回路仿真又称半实物仿真，它是将实际系统的一部分用数学模型加以描述，并转变为仿真模型在计算机上运行，将系统的另一部分以实物（或物理模型）引入仿真回路。由于在回路中有实物硬件加入，硬件在回路仿真必须是实时运行的。利用硬件在回路仿真，可以检验真实系统的某些实物部件乃至整个系统的性能指标和可靠性，有助于准确调整系统参数和控制规律。而且还可以用来检验数学模型的正确性和仿真结果的准确性。硬件在回路仿真是武器系统等研究领域不可缺少的重要手段。

（4）软件在回路仿真。

软件在回路仿真是将系统计算机与计算机通过接口连接起来，进行系统试验。接口的作用是对不同格式的数字信息进行转换。由于软件的规模越来越大，功能越来越强，软件在系统中的测试也显得尤为重要。软件在回路仿真就是针对这种情况产生的，一般情况下要求实时运行。

（5）人在回路仿真。

人在回路仿真是操作人员在系统回路中进行操作的仿真试验。这种仿真将对象实体的动态特性通过数学模型在计算机上运行，通过各种模拟人个感觉（包括视觉、听觉、触觉和动感等）的物理效应设备模拟生成人所感觉到的物理环境。由于操作人员在回路中，人在回路仿真必须实时运行。

1.1.2 车辆仿真技术发展和分类

仿真技术是加速产品开发周期并在最终系统中提高产品质量的重要手段。本节所讨论的是仿真及其在装甲车辆设计、开发与测试过程中的应用。

1. 实车经验设计方法

- 设计师根据自己的经验，设计、制造出装甲车辆，然后利用场地试车的方法，改进设计。
- 对于速度小于 60km/h 的低速装甲车辆，经过几个轮次的改进，整车性能基本可以得到控制。
- 根据经典控制理论和力学原理，分析控制装甲车辆转向、制动、驱动系统的固有频率、增益、滞后时间等。
- 经验设计法的步骤如图 1 - 2 所示。

图 1 - 2 经验设计法

缺点：

- 只采用这些开环特性，很难有效控制装甲车辆的性能。
- 开发周期太长，开发成本过高，开发风险很大。
- 场地试验受到天气影响。

2. 车辆仿真设计方法——20 世纪 80 年代中期开始

车辆仿真设计方法的步骤及具体内容如图 1 - 3 ~ 图 1 - 6，表 1 - 2 所示。

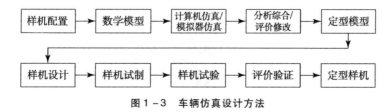

图 1 - 3 车辆仿真设计方法

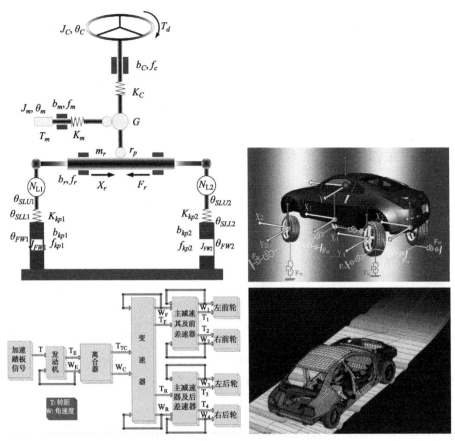

图 1-4　数字仿真

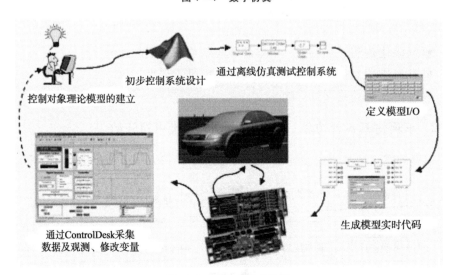

图 1-5　硬件在回路仿真

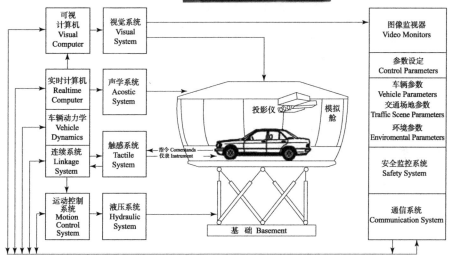

图1-6 人在回路仿真

表1-2 车辆仿真设计方法

仿真类型	数字仿真	硬件在回路仿真	人在回路仿真
概念	这种模式是以建立仿真模型（含数学模型、逻辑模型和过程模型等）为主，对模型进行反复仿真实验，评价系统的动态特性	实际系统运行过程中的实物（硬件），如传感器、控制器等接入仿真系统，实现控制系统运行	一般在虚拟现实环境中进行仿真
特点	（1）不能主观评价；（2）不能实现闭环设计；（3）设备投资很小；（4）运行费用很低	在一个可测试的系统原型完成之前，可以使用半实物仿真对子系统进行软硬件测试。仿真以实时速度运行，半实物仿真提供了一种可以在开发早期对子系统进行彻底测试的能力	（1）可以主观评价；（2）可以实现闭环设计；（3）设备投资较大；（4）运行费用较高

续表

仿真类型	数字仿真	硬件在回路仿真	人在回路仿真
应用	模型驱动的仿真。开发和应用的主流。理论基础发展成熟：振动分析、有限元、多体力学、电子控制、气液压理论，以及测试与数据处理方法等，通用软件发展达到了实用阶段，近年来还出现了一些专用软件或模块，CarSim，TruckSim，ADAMS 的 Car 模块等	进行控制器设计，减少调试时间和项目风险	在驾驶模拟器上，将难以建模的驾驶员与建模的汽车相结合，进行试验

1.1.3　车辆仿真技术研究内容

1. 车辆仿真的优点

（1）减少潜在的严重设计问题，避免等到产品的开发后期，或已经到了用户手中才检测到或发现问题。

（2）模拟危险条件或极限条件，使用仿真可以以相对较低的费用快速并重复地进行错综复杂的测试。

（3）具有更短的开发周期、更高的质量、更低的总开发费用，加速设计评估过程。

2. 仿真技术的作用

（1）设计方案的评比、选择；

（2）设计参数优化；

（3）性能预测；

（4）故障分析等。

3. 仿真技术在车辆设计中的应用情况

汽车仿真技术是当今世界汽车工程领域的前沿共性技术。在汽车工业领域，数字化产品开发是重大技术进步，德国、瑞典等欧洲国家，率先研究用于产品设计的汽车驾驶模拟器，用整车虚拟驾驶仿真替代整车场地试验，对汽车整车性能进行仿真优化匹配。1999 年美国政府一期投资 4 600 万美元，在 Iowa 大学建立世界上最为先进的国家先进驾驶模拟器（NADS）。目前，Benz、BMW、VW、Ford、GM、Chrysler、Iowa、Mazda、Toyota、Nissan、DRI、VTI、JARI 等大型汽车厂家和国立研究所都分别投资建立了开发型驾驶模拟器，并成功地应用于汽车产品开发。

4. 车辆仿真技术的研究内容

（1）基于动力学理论，建立汽车的性能虚拟样机，进行动态仿真分析，替代真实样车在场地或台架上测试，实现数字化的虚拟设计和虚拟实验。研究如何设计汽车底盘，选择总成部件，控制汽车运动和振动动力学的整车特性，如图 1 - 7 所示。

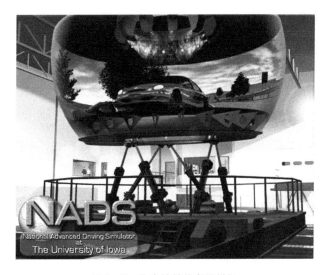

图 1 - 7　汽车的性能虚拟样机

（2）利用仿真进行汽车动力学分析（应力分析、强度分析）、汽车运动学分析（机构之间的连接与碰撞精度特性）、热分析等其他特殊性能的仿真。

（3）评价性能指标：

- 动力加速性：加速、起步、爬坡、换挡、纵滑；
- 制动安全性：制动、跑偏、甩尾、转舵；
- 操纵稳定性：转向、侧滑、失控、摆振、磨胎；
- 乘坐舒适性：座椅振动、不舒服；
- NVH 性能：汽车的结构振动与噪声；
- 汽车的燃油经济性。

|1.2 系统、模型和仿真|

人类在认识世界与改造世界的活动中所面对的对象便可称为系统。为了了解现实世界的系统或设想的未来系统随着时间变化的行为,先开发一个模型,等模型通过有效性验证后,以该模型来代替该系统,就可以用于解答现实世界系统各种各样的"如果……就会……"的问题了,这就是系统建模与仿真。

1.2.1 系统建模基本概念

1. 动态系统

动态系统:与时间有关的系统称为动态系统。动态系统的行为一般由微分方程(描述连续时间系统)或差分方程(描述离散时间系统)来描述。仿真系统包含了一个或多个动态系统的数学模型,以及这些系统与其相关环境间相互作用的数学模型。运行中,仿真系统沿时间向前运行,并对所有模型在同一时间点上求解。

2. 模型

模型是对实际系统的一种抽象的、本质的描述。首先模型必须是现实系统的一种抽象,是在一定假设条件下对系统的简化。其次,模型中必须包含系统中的主要因素;最后,模型中必须反映出各主要因素之间的逻辑关系和数学关系,使模型对系统具有代表性。

3. 数学模型

数学模型是描述系统行为的一个算法或一系列方程。建立合适的系统的物理机理的数学模型对所研究的动力学系统及其运动过程进行描述是最重的第一步。为计算机仿真建立的数学模型反映系统变量在运动过程中的复杂变化和相互作用,可处理解析法无法处理的非线性问题,使得有可能得到比理论或实物试验更加细致和深刻的关于动力学系统变化的知识,不仅可以了解运动的结果,而且可以了解运动整体与局部(子系统)的细致过程。

4. 仿真模型

仿真模型:除符合上述要求外,特点在于面向问题和面向过程的建模过程,并且适合于在仿真环境下，通过模仿系统的行为来求解问题。仿真模型分为：离散系统仿真模型和连续系统仿真模型两类。离散性系统中，表示系统的变量只在离散时间点上发生变化，在两个连续的时间点之间，状态不发生变化。

1.2.2　系统建模方法

按对动力学系统的数学描述，可以将数学模型分为连续系统模型和离散系统模型。连续系统模型包括集中参数模型和分布参数模型。其中集中参数模型可用常微分方程或微分代数方程描述；而分布参数模型则由偏微分方程描述。离散系统包括时间离散系统（采样系统）和离散事件系统。采样系统通常用差分方程描述；而离散事件系统由 SIMLIB、GPSS、SIMAN、有限状态机、Pet-riNets 等方法描述。由于车辆传动系统含有滑磨元件（如离合器、制动器等），是一个连续、离散混合动力学系统。对于由微分方程描述的连续时间系统动力学系统通常使用四种数学形式，微分方程（组）形式、传递函数形式、状态空间形式、脉冲过渡函数形式。

数学模型是对所研究动力学系统及其运动过程的数学描述，这种描述应该反映系统的物理机理，但是模型的建立随所用的手段和研究工具不同而有差别。

1. 物理建模法

根据实际物理系统的工作机理，在某种假定的条件下，按照运动学、动力学、热力学、流体力学等，写出代表其物理过程的方程，结合边界条件与初始条件，再利用适当的数学处理方法，得到能够正确反映对象动、静态特性的数学模型。其建模对象可以是线性系统、非线性系统、离散系统、分布参数系统等。

2. 经验建模法

表格插值、线性插值、样条插值、多维表格插值。

3. 系统辨识方法

采用系统辨识技术，根据系统实际运行或试验过程中所取得的输入/输出数据，利用各种辨识算法来建立系统的动、静态数学模型，包括系统辨识的试验设计、系统模型结构辨识、系统模型参数辨识（参数估计）和系统模型检验。

通过应用不同的辨识算法，可以由测量的输入/输出得到系统的传递函数。

可以将辨识得到的域传递函数转换为相应的可用于系统仿真的一系列一阶线性微分方程。由辨识得到的模型结果是一个动态模型。

4. 模糊建模法

通过模糊逻辑推理形式来描述系统的输入/输出关系，以规则形式来描述系统的特性，可以得到被辨识对象的定量与定性相结合的模型，并可转化为人类可接受的语言形式。

5. 神经网络建模法

用于非线性系统的建模。从试验数据来建立模型。神经网络函数是一个静态模型，它在每次评估时通过处理一系列输入来产生输出，实际的处理发生在神经元中。神经元彼此通过链相连，每一个链有一个权值，权值控制链上信号的传输强度。每个神经元的输入都有一组与其相连的权值信号，这些信号可以综合起来并应用于神经元激活函数。激活函数确定神经元的输出信号。

神经网络连接权值的获取是通过称为"训练"的迭代过程得到的，即将一系列输入施加到神经网络，根据当前权值计算网络输出，比较网络输出与期望输出。该比较产生误差信号，学习算法通过调节网络权值，使误差信号减小。通常需要成百上千的实例来训练神经网络，使得其误差减小到可接受的范围。

1.2.3　建模要考虑的因素

- 在模型中需要考虑哪些因素，忽略哪些因素；
- 模型详细程度；
- 需要考虑系统与外部环境的哪些相互作用；
- 采用模型类型：实验建模还是基于物理方程；
- 建模必需的输入数据；
- 建模和测试需要的时间、资源；
- 是否用于半实物仿真；
- 如何验证和确认模型。

1.2.4　建模方法

建模方法可大致归纳为四类：

（1）基于文本的传统语言（如 Fortran、C/C++）编程计算。虽建模、求解均需人工编程，难以适应现代工程领域对仿真的要求，但它作为其他语言与方法的基础，在处理特定问题方面仍有不可替代的作用。

（2）基于通用的、图形化编程语言环境（如 Matlab/Simulink，20-SIM/BondGraph）进行混合编程计算。

（3）应用相关商业软件（如 DADS、ADAMS 等）实现计算机自动编程与求解。减少了工程人员的编程压力，但由于采用专用语言，二次开发困难，难以对多工程领域问题的混合问题进行有效处理，仅在特定领域得到广泛应用，且仿真的成功取决于工程人员的经验。

（4）面向对象的模块化建模，也称部件建模。在系统建模时利用面向对象的系统分析方法和面向对象的程序设计思想（类结构、多重继承、封装模板），这样从建模到仿真实验和数据处理都能更贴近人的思维方式。可对涉及多工程域的传动系统进行高效分析、建模、仿真和设计。

以上前三种方法已在传动系统的动态分析中应用多年，而面向对象的物理系统建模方法是 20 世纪 70 年代以后出现的较为先进的方法。利用面向对象方法建立车辆传动系统模块化模型，进行动态特性仿真已经成为车辆动力传动系统仿真研究中的一个新的研究方向。

1.2.5　系统建模仿真的基本步骤

1. 目标设定

仿真建模的目标是指通过仿真能够回答的问题，如果确实可行，通常还需制定一种非仿真建模的方案，以便对不同方法所得结果进行比较，验证仿真模型的正确性和经济性。

确定目标后，需要选择描述这些目标的主要环节和状态变量，明确定义所研究问题的范围和边界。还应规定仿真的初始条件，并充分估计初始条件对系统主要性能的影响。

2. 仿真建模

仿真模型是对所研究系统运行过程的一种抽象描述并能反映系统的本质属性。仿真建模在一定程度上是一种"建模艺术"，并不单纯是仿真技术。

3. 数据输入

数据输入包括必要的仿真输入数据、与仿真初始条件及系统内部变量有关的数据。缺乏正确的输入数据，只能使系统仿真起到误导决策的严重后果。

4. 仿真模型的确认

仿真模型的确认指按照同一的标准对仿真模型的代表性进行衡量。目前常用的是三步法，第一步是由熟知该系统的专家对仿真模型做直观的和内涵的分

析评价，第二步是对模型所做的假设、输入数据的合理性进行检验，第三步是对模型做试运行，观察初步仿真结果与真实系统的统计数据是否一致，或改变主要输入变量的数值时，仿真输出变量的结果趋势是否合理。通过以上三个步骤，一般认为仿真模型已得到了确认。

5. 仿真程序的编制和验证

仿真模型只是系统的一种抽象和运行框架，必须将仿真模型转化成计算机能识别和执行的代码，以便通过计算机进行必要的仿真实验。早期的仿真程序往往采用通用程序语言进行编程，如 Fortran、Basic 等，工作量大，并且对用户的要求高。

面向对象的 Simulink 等，方便了用户的编程工作，仿真语言以宏语句形式编程，使仿真程序显得紧凑而精练。许多以图形/图标输入方式建模和仿真程序自动生成技术为主流的仿真软件，都能提供友好的图形用户界面，并能根据用户输入的图形流程自动生成仿真程序，免去烦琐的程序编制和调试工作。

6. 仿真模型的运行

针对求解程序，根据计算程序的计算时间和精度要求，合理设置求解算法和求解步长，在精度和效率之间权衡仿真模型的运行，最终得到用户满意的运行过程。

7. 仿真输出结果的统计分析

仿真模型运行完毕后，由于选择算法和采样频率不同，需要对多次输出结果进行统计分析，通过统计分析，得出仿真结果的合理分布区间。

1.2.6 初始条件、驱动信号及终止条件

每个一阶微分方程和差分方程都有与之对应的初始条件。

一旦初始化完成后，仿真即进入动态循环，必须提供输入以驱动仿真系统的行为。对于汽车的仿真，驱动信号包括：油门、方向盘、制动踏板、路面等环境参数。

完成了预先制定的仿真时间或停止仿真后，仿真就会终止。

积分误差：截断误差和舍入误差。

刚性系统：当系统的最长时间常数与最短时间常数之比超过三个数量级时，该系统称为刚性系统。

刚性系统仿真的两个方法：

（1）合适的仿真方法：Gear 算法。不适合实时仿真。

（2）多帧法：将仿真分解为多个执行不同帧速率的段。帧速率是积分步长的倒数，它表示每秒多少帧。适合实时仿真和非实时仿真。

1.2.7　车辆动力仿真建模

动力仿真作为日益重要的工具，是用来评价未来军用车辆的新技术。M1A1 Abrams 坦克的动力传动系统的建模正在威斯康星大学麦迪逊分校的动力控制实验室进行。这个动力传动系统模型将会与其他部件的模型相结合，用于整车模型仿真。

下面所介绍的动力传动系统模型是威斯康星大学麦迪逊分校的动力控制实验室的研究人员为美国军方的车辆研究中心（ARC）开发的。在一项完整的车辆仿真实验中，这个动力传动系的系统模型将会和其他的车辆组件相结合。这些模型用 Simulink 建立，通过使用图形环境，力学方程能够在模块或部件中组合起来。这是为实现结合由不同研究人员开发出来的车辆分组件使之成为一个独立、完整的车辆模型的目标。

PCRL（动力控制实验室）曾经开发的美军 M915/16 战术车辆动力传动系统模型，包括 HMMWV 和 M1A1 Abrams 坦克。

M1A1 的实际动力传动系统中有两个主要部件：燃气涡轮发动机和传动系统模块。同样也包含两个模块：动力传动系统控制器和车辆力学模型。

（1）传动系统模块。

M1A1 中使用的传动系统模块包含变矩器、传动系统、液压转向单元和静液制动器。图 1 - 8 为传动系统模块示意图。

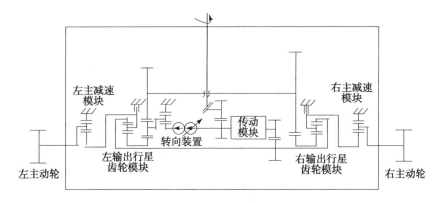

图 1 - 8　X1100 - 3B 传动系统模块示意图

传动模块的输入轴由变矩器涡轮通过齿轮提供动力。在变矩器之后采用锥

齿轮将动力传递到变速箱。传动系统通过一对直齿圆柱齿轮驱动变速箱输入轴。

变速箱动力输出轴与汇流排的齿圈固连。汇流排太阳轮由静液转向单元驱动，制动器固连在行星架上。传动系统通过行星架输出，驱动侧传动的太阳轮。侧传动通过行星架输出，驱动主动轮。

传动系统输入轴驱动静液转向单元的输入轴，因此转向泵和传动系统输入速度相同。静液单元驱动一个行星排，行星排驱动左右汇流排的太阳轮。

变矩器模型输入发动机速度和传动系统输入轴转速或者泵和涡轮的转速。速比的计算即涡轮转速除以泵轮转速。有了速比，涡轮转矩可通过变矩器原始特性的 K 曲线计算。变矩器的动力损失也能通过 K 曲线得到。

传动系统提供四个前进挡和两个倒挡。这些速度比通过三个行星组五个离合器来实现。这些速度比是由离合器的分离和结合决定的。这种类型的传动系统结构和 AllisonHT740 相似。这个传动模型基于轴的牛顿力学方程和非线性离合器的特征建立，因此，模型能获得传动系统的换挡力系。传动模块接收一个来自输入轴的输入转矩和来自动力传动系统控制模块（PCM）的换挡逻辑离合器结合状态控制命令。从模型输出到驱动轴的是输出轴转速。

传动系统包含两根驱动轴、输出行星齿轮组和一个副驱动行星齿轮组。驱动轴驱动输出行星齿圈并被制成一个无惯性、柔性的阻尼轴模型。输出行星齿轮组用于起动、转向、制动车辆。

静液转向单元——坦克是一种制动转向的车辆。这种类型的转向通过两侧履带之间的转速差来完成。转向由一个静液泵和马达以及输出行星齿轮组的太阳轮提供动力的机械驱动系统来完成。泵是一个变排量泵。泵的输入轴固连到传动系统的输入轴上。泵速等于传动系统输入轴转速。

泵的模型通过物理性质和经验数据制成。其中物理性质包括：排量、总量、液体的不可压缩性。输入轴的转速由传动系统输入轴转速决定，二者相等。压力油从马达回到泵，泵接着产生油液流向马达。

马达是固定排量径向柱塞泵。马达的角速度和方向是由泵和输出轴的载荷决定的。输出轴固连到转向机械系统的太阳轮上。马达输入参数是泵的流量和输出轴的转速。

（2）车辆力学。

车辆力学模型使用一个为整车简化的、给动力传动系统提供路面载荷的模型。模型使用车辆滚动阻力、路面坡度和空气阻力的表达式得到车辆的路面载荷。利用牛顿第二定律得到整车加速度和速度。车速在换挡逻辑和车速控制器的动力传动系统控制模块中使用。

（3）动力传动系统控制模块。

动力传动系统控制模块和实际车辆动力传动系统控制模块具有相似的功能。目前的动力传动系统控制模块包含挡位选择和离合器结合逻辑与车速控制器。

挡位图解是二维表格，基于车辆路面速度和节气门位置，决定车辆使用哪个挡位。选择恰当的挡位之后，换挡逻辑根据离合器状态图控制离合器位置。

系统层次动力传动系统模型是有力的工具，通过提供给开发工程师解决系统设计问题的工具，能够有效降低开发成本。通过使用模块化模型，整个系统结构和仿真能够很容易地被简化。系统层次模型在未来将会被更多地应用，帮助制造商和供应商交流需求。如设计和开发工具，更好地理解力学模块结合，以及模块对整个系统运行的影响。

1.3 离散事件系统仿真

离散事件系统是指系统状态在某些随机时间点上发生离散变化的系统，因而离散事件系统一般都具有随机性，系统的状态变量往往是离散变化的。

离散事件系统一般由以下六个基本要素组成：

（1）实体。实体一般指系统所研究的对象。用系统术语说，它是系统边界内的对象，系统中流动的或活动的元素都可以称为实体。

（2）事件。事件就是引起系统状态发生变化的行为。从某种意义上说，离散系统是由事件来驱动的。

（3）活动。活动在离散事件系统中，通常用来表示两个可以区分的事件之间的过程，标志着系统状态的转移。

（4）进程。进程由若干个有序事件及若干个有序活动组成，一个进程描述了它所包括的事件及活动之间的逻辑关系及时序关系。

（5）仿真时钟。它用来表示仿真时间的变化。仿真时钟与实际时钟的区别在于：前者是离散的，而后者是连续的。由于仿真实质上是对系统状态在一定时间序列下的动态描述，因此，仿真时钟一般是仿真的主要自变量。

（6）统计计数器。离散事件动态系统的状态随着事件的不断发生呈现出动态变化，这种变化是随机的，某一次仿真运行得到的状态变化过程只不过是随机过程中的一次取样，只有经过多次统计得到的仿真输出统计结果才有意义。

离散事件系统仿真，实质上是对那些由随机系统定义的，用数值方式或逻辑方式描述的动态模型的处理过程。离散事件系统仿真方法可分为两种：

（1）面向过程的离散事件系统仿真。面向过程的仿真方法主要研究仿真过程中发生的事件以及模型中实体的活动。这些事件或活动的发生是有顺序的，而仿真时钟的推进正是依赖于这些事件和活动的发生顺序。在当前仿真时刻，仿真进程需要判断下一个事件发生的时刻，或者判断触发实体活动开始和停止的条件是否满足，在处理完当前仿真时刻系统状态变化操作后，将仿真时钟推进到下一事件发生时刻或下一个最早的活动开始或停止时刻。仿真进程不断按事件发生时间排列事件顺序，并处理系统状态变化的过程。

（2）面向对象的离散事件系统仿真。在面向对象的仿真中，组成系统的实体用对象来描述。对象有三个基本描述部分，即属性、活动和消息。每个对象都是一个封装了对象的属性及对象状态变化操作的自主模块，对象之间靠消息传递来建立联系以协调活动。对象内部不仅封装了对象的属性，还封装了描述对象运动及变化规律的内部和外部转换函数，这些函数以消息或时间来激活，消息和活动可以同时产生，在满足一定条件时产生相应的活动。

离散事件仿真的步骤包括：

（1）画出系统的工作流程图。

（2）确定到达模型、服务模型和排队模型（它们构成离散事件系统的仿真模型）。

（3）编制描述系统活动的运行程序并在计算机上执行这个程序。

离散事件系统仿真广泛用于交通管理、生产调度、资源利用、计算机网络系统的分析和设计方面。

1.3.1　到达模型

用来描述临时实体（"顾客"）到达的时间特性。若临时实体 1 到达系统的时刻为 t1，临时实体 2 到达系统的时刻为 t2，则两者之间的时间间隔 Ta 称为临时实体互相到达时间（Ta = t2 − t1），并用 Ta 大于时间 t 的概率（称为到达分布函数 A0（t））来表示到达模型。假设临时实体何时到达完全是随机的，即第 k 个临时实体到达的时间与第 k − 1 个临时实体到达的时间无关，而且在时间区间 Δt 内到达的概率正比于 Δt，那么到达分布函数可以表示为 A0（t）= $e^{-\lambda'}$（λ = 1/Ta，称为互相到达速度）。这种到达模型称为泊松到达模型，它对研究离散事件系统有很重要的实用价值。

1.3.2　服务模型

用来描述永久实体（"服务台"）为临时实体服务的时间特性。假设永久实体为单个临时实体服务所需要的时间为 TS，则用 TS 大于时间 t 的概率（称

为服务分布函数 $s0(t)$ 来表示服务模型。如果服务时间完全是随机的，则 $S0(t) = e - \mu t (\mu = 1/TS$ 称为服务速度)。多数的情况是服务时间在一个常数附近波动。例如一台机床加工一个零件所花费的期望时间是固定的，但是由于每个零件切削用量和材料刚性都是随机变化的，所以加工时间就会发生波动。此时可用正态分布来描述服务模型。

1.3.3　排队模型

当永久实体的服务速度 μ 低于临时实体互相到达速度 λ 时，在永久实体前面会出现排队现象。此时在一次服务完毕后，系统即按照一定的规则从等候服务的队列中挑选下一个接受服务的临时实体，这种规则就称为排队模型。常用的排队模型有先进先出制、后进先出制和随机服务制等。

1.3.4　运行程序

在建立离散事件系统的模型后还必须编制描述系统活动的运行程序。根据描述方法的不同，运行程序可分为面向事件、面向活动和面向进程三类。离散事件系统中的状态只在事件产生时才发生变化，所以仿真过程的时间一般不按均匀步长而是按事件推进的。运行程序还包括一套对仿真结果进行统计、分析，并给出输出报告的子程序。输出报告一般包括四项内容。①计数：求得一个特殊类型的实体数目，或统计一些事件发生的时间数值。②累加测量：包括测量最终值、平均值、标准差值等；③利用率：一些实体参与仿真的时间和总时间的百分比；④占有率：一组实体在使用中的平均数和实体总数的百分比。

|1.4　仿真的一般步骤|

仿真技术在坦克装甲车辆上应用的一般步骤（典型的结构、控制、动力学等简单描述）如下所述。

仿真本质上是一种知识处理的过程，典型的系统仿真过程包括：系统模型建立、仿真模型建立、仿真程序设计、模型确认、仿真试验和数据分析处理等，它涉及多学科多领域的知识与经验。

开发计划必须定义易于管理的仿真运行过程，包括输入数据定义、仿真运行、分析仿真结果，及利用这些结果进行项目决策。

（1）仿真规划。明确下列目标：

• 要仿真什么；

- 所需要的仿真精确度；
- 仿真结果输出数据的使用方式。

（2）建立仿真系统。

在项目设计的早期阶段，建立系统部件及其与外部环境相互作用的数学模型，然后分析模型，具有足够精度后，将模型加入整个仿真系统中。

（3）验证和确认。

经过验证和确认，仿真结果才能成为项目决策的依据。如果系统设计发生变化，仿真系统随之变化，并就这种变化对系统性能的影响进行早期评估。对仿真结果中的疑点保持高度的警觉。

建立半实物仿真的典型步骤如图 1 - 9 所示。

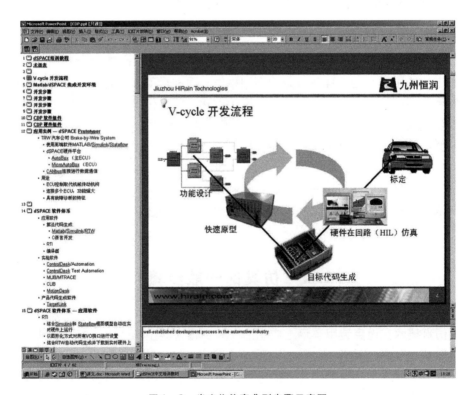

图 1 - 9　半实物仿真典型步骤示意图

仿真与实时计算机系统的接口应增加输入/输出设备，以便与嵌入式系统通信。如果运算速度不能满足实时运算要求，则需要对模型进行简化。

合理地使用仿真系统可以可靠地预测系统行为。遵循系统的仿真开发过程，并结合完善的验证和确认程序，就可建立起仿真的信誉。

第 2 章

仿真专项技术

|2.1 结构分析与疲劳仿真|

2.1.1 结构仿真技术概述

本节简述了结构分析与疲劳仿真的应用领域、发展现状、分析类型、分析类型说明等，及结构分析与疲劳仿真在坦克装甲车辆中的应用范围与使用阶段。

2.1.2 结构仿真技术的理论基础

国外从 20 世纪 60 年代起就开始用有限元法进行车身强度和刚度的计算。1970 年美国国家航空航天局的 NASTRAN 结构分析程序被引入汽车结构分析中，对车身结构进行了静强度有限元分析，使车身减小了质量，为车身轻量化开了先河。1974 年 Nagy L. I. 用子结构法对车身进行了静态分析。1995 年德国保时捷（Porsche）公司的美国分公司完成了 ULSAB 钢质车身轻量化设计的项目，改善了占车身本体净质量 25% 的零部件，使轿车车身的总质量由 271 kg 降至 205 kg。目前，国外各大汽车公司利用有限元软件进行车身结构静态分析、模态分析的技术已日臻成熟。

美国福特汽车公司早在 20 世纪 70 年代就已使用有限元软件，用板梁单元进行车身的静态分析，找出高应力区，并改进应力分布。日本五十菱汽车公司在 80 年代末已将 CAE 应用到车身设计的各个阶段，从最初设计阶段的粗略模型到设计中后期的细化模型，分析的范围包括强度、刚度、振动、疲劳、碰撞及形状和质量的优化，进入 90 年代，有限元分析得到了更为广泛的应用。美国通用汽车公司在通用有限元程序的基础上自主开发了后处理程序，将发动机和道路激励载荷集成到数据库中，进行汽车对发动机和道路激励的响应分析和改进，极大地简化了分析过程。日本尼桑汽车公司利用有限元分析仿真来驱动整个设计过程，减少了设计时间，在分析中使用的模型已经包括悬架、发动机、轮胎和转向机构，使花费、质量和 NVH（Noise、Vibration、Harshness）性能得到优化。美国福特汽车公司也利用 CAE 在新车开发中提高其 NVH 性能，并取得良好效果。

国外使用有限元对武器系统进行分析研究的公开文献不是太多，Hopkins D. A. 等采用三维梁单元建立了火炮动力学模型，并进行了动态响应分析；Wilkerson S. A. 和 Kaste R. D. 等一直致力于有限元技术在火炮动力学建模分析中的应用研究，并对 M256 120mm 坦克炮的研究给出了梁单元和三维实体单元模型与试验测试结果的对比分析；Mcgrath S. V. 等用有限元程序对炮管在横向载荷作用下的动力响应进行了分析，取得了一定的成果。

国内用有限元法分析车身结构始于 20 世纪 70 年代后期。浙江省交通科学研究所应用有限元方法在西门子 7739 计算机上对大客车车身进行了强度计算，长春汽车研究所、吉林工业大学等单位也应用有限元方法对客车进行了静态分析。进入 80 年代，在汽车结构分析中，有限元分析方法逐步开始推广应用。冯国胜等对客车进行了静强度分析，表明模拟计算可以提供足够准确的车身刚度特性以及整车结构应力分布的大致规律，并能够对高应力区进行改进计算。吉林工业大学的王裴和沈阳轿车厂的刘昕等探讨了车身车架模型建立和计算中的一些技术问题，并对 SY－622B 客车进行了有限元计算分析。

国内从 20 世纪 80 年代后期到 90 年代开展了有限元法应用到武器设计的一些研究。当时的有限元模型以梁单元为主，单元数目少，模型比较简单，主要仿真振动特性，没有分析动应力、应变和热－应力耦合场；随着有限元理论和大型软件不断的完善，有限元法已经具备解决大规模非线性问题、随机问题、多物理场耦合问题的能力，用它来分析装甲车辆及各种武器在各种工况过程中的动力学特性成为必然。

现代装甲车辆车体结构的分析方法包括数值模拟和实验分析法。现代数值模拟分析方法主要是有限元分析方法。这种方法是依据实物等技术资料建立车体及行驶装置等的有限元分析模型，应用通用有限元软件计算和分析整车结构的静态、动态等特性指标，甚至进行优化设计分析和试验仿真研究。现代数值

模拟分析方法可以在整车结构开发初期就预测和优化整车的静态和动态特性指标。从而在产品生产或试制之前就尽可能避免相关设计缺陷，提高产品成功率，缩短产品开发周期。有限元分析方法的精度取决于模型、工况、分析方法、对有限元基本知识的理解、软件应用和工程经验。现代实验方法主要是电测法，应用传感器、测量和分析仪器，对车体实物零部件或小部件模型进行支撑、加载和测试。试验分析方法虽然信息没有数值模拟分析方法充分，但是它可以为数值分析提供对比和模拟验证。

对于坦克装甲车辆工程而言，有限元结构分析的主要研究目的有以下三点：

（1）在设计阶段，检查车辆零部件结构强度是否存在关键性和一般性的潜在隐患，若存在，则与设计人员一起，根据分析结果进行结构改进，防患于未然。

（2）对已发生的车辆零部件结构损坏事故，进行有限元结构分析，找出原因，查明真相，提出结构改进方案和措施。

（3）对车辆零部件或整车进行减重与结构优化。与传统的车辆设计研制方法相比可以大幅缩短研制周期，节省大量的人力和物力。

结构分析与疲劳仿真的通用流程（结合不同软件）描述，分析步骤描述等如下。

有限元法的基本思想是将连续的求解区域离散为一组有限个数并且按一定方式相互连接在一起的单元的组合体。由于单元能按照不同的连接方式进行组合，且单元本身又可以有不同形状，因此可以模型化几何形状复杂的求解域。它利用每一个单元内假设的近似函数来分片地表示全求解域上待求的未知函数。从而将无限自由度问题离散为有限自由度问题，得到近似解。

有限元法的基本步骤是：①问题及其定义域的定义；②定义域的离散化；③各种状态变量的确定；④问题的公式表示；⑤建立坐标系；⑥构造单元的近似函数；⑦求单元矩阵和方程；⑧坐标变换；⑨单元方程的组装；⑩边界条件的引入；⑪最终联立方程组求解；⑫结果的解释。

有限元问题可按照静力或动力来区分，也可以按照线性或非线性来区分。整车结构通过障碍路面问题为典型的非线性动力学问题。动力学有限元的直接积分有隐式算法和显式算法两种。隐式算法的解是稳定的，但隐式算法中必须形成整体刚度矩阵，从而需要求解大型的联立非线性方程组，因此计算量大且要求计算机具有很大的存储空间。特别对大型结构计算问题，由于节点多、信息量大，因此计算时间很长，同时对计算机的内存要求也高。此外，接触碰撞过程中的高度非线性问题使得迭代计算的收敛性很难保证，这也在一定程度上限制了隐式算法有限元法的应用。显式动力学有限元方法利用中心差分离散时间域，无须构造刚度矩阵即可求解节点的运动方程，有效地回避了因非线性问题引起的收敛性问题。由于算法简单，能够实现高度向量化和并行化，在整车结构过障仿真等领域中得到比较普遍的应用。显式算法的缺点在于解的稳定性是有条件的，即积分时间步长很小，必须满足 Courant 准则。下面具体介绍显式算法与隐式算法的区别。

考虑一个非线性结构的动力响应问题，矩阵动力平衡方程的形式是：

$$M\ddot{u} + f(u,\dot{u}) = q(u,t) \text{，给定 } u_0 \text{，} \dot{u}_0 \qquad (2-1)$$

式中，$u(t)$，$\dot{u}(t)$，$\ddot{u}(t)$ 分别为位移、速度、加速度的 n 维与时间有关的矢量；M 为结构的质量矩阵，对称和正定；$f(u,\dot{u})$ 为结构中的内部抵抗力，可以依赖于位移和速度；$q(u,t)$ 为外力，一般情况随着时间变化，但是也可以依赖于位移；u_0，$\dot{u}_0$ 为位移和速度的初值。

在有限元求解时，假设在时刻 t_{n+1} 的位移和速度用线性差分公式近似，则运用于式（2-1）的时间积分算子总可写成如下形式：

$$\dot{u}_{n+1} = \frac{\alpha}{h}\ddot{u}_{n+1} + I(\dot{u}_n, \ddot{u}_n, \Lambda)$$
$$u_{n+1} = \frac{\beta}{h^2}\ddot{u}_{n+1} + m(u_n, \dot{u}_n, \ddot{u}_n, \Lambda) \qquad (2-2)$$

式中，h 是时间步长；α，β 是差分公式的特定系数。

1. 显式算法

如果两个系数 $\alpha = \beta = 0$，则方程（2-2）称为显式，可从时刻 t_n，t_{n+1} …的已知量推算位移 u_{n+1} 和速度 $\dot{u}_{n+1}$。

这些推算变成

$$\dot{u}_{n+1} = I(\dot{u}_n, \ddot{u}_n, \Lambda)$$
$$u_{n+1} = m(u_n, \dot{u}_n, \ddot{u}_n, \Lambda) \qquad (2-3)$$

并能根据以前时刻的解直接计算出来，然后解平衡方程以确定加速度。

$$\ddot{u}_{n+1} = M^{-1}[q(u_{n+1}, t) - f(u_{n+1}, \dot{u}_{n+1})] \qquad (2-4)$$

显然，显式积分本质上是一个非迭代技术，它涉及两个主要计算：计算外力和恢复力之间的平衡：

$$q(u_{n+1}, t) - f(u_{n+1}, \dot{u}_{n+1})$$

解一个相应于质量矩阵的线性系统，如果质量矩阵是对角形式，只涉及平常的运算。

显式方法在时间行进过程中所允许的步长受到公式稳定区的强烈限制，对

自由度之间的代数约束也不易处理。

2. 隐式算法

在隐式情况下，两个系数 α 和 β 都不等于零，加速度和速度变成 u_{n+1} 的函数，

$$\ddot{u}_{n+1} = \frac{h^2}{\beta}[u_{n+1} - m(u_n, \dot{u}_n, \ddot{u}_n, \Lambda)] + I(\dot{u}_n, \ddot{u}_n, \Lambda)$$

$$\dot{u}_{n+1} = \frac{\alpha h}{\beta}\ddot{u}_{n+1}[u_{n+1} - m(u_n, \dot{u}_n, \ddot{u}_n, \Lambda)] - I(\dot{u}_n, \ddot{u}_n, \Lambda)$$

$$(2-5)$$

对显式求解，准确度和稳定性要求支配步长的选择，检查数值不稳定性的一个方法是在整个动力响应过程中监测能量平衡。能量平衡的丧失是由于不稳定计算产生伪能量，这对非线性情况特别有效。若以 U_N，T_N 和 W_N 表示动能的离散值、内能的改变和外力做功的改变，则要求 $|U_n + T_n - W_n| \leqslant \delta E$，$\delta = 0.01$，$E$ 为总能量。一般可以取 $\delta = 0.01$，δ 要取 0.05 才能满足上式时可以认为响应是不稳定的。

在装甲车辆通过不同障碍路面时，结构非线性、材料非线性与接触非线性三种类型的非线性问题都存在于工况之中：负重轮与路面的刚性接触进入大变形状态，负重轮外圈以及弹性支座等材料均为弹塑性材料，负重轮与路面以及平衡肘与限制器接触过程中存在的接触力的变化等。可以说，整车结构通过路面障碍属于典型的接触－碰撞弹塑性大变形动力学计算分析问题。

3. 接触算法

在 ANSYS/LS-DYNA 程序中处理不同结构界面的接触碰撞和相对滑动是程序非常重要和独特有效的功能。有二十多种不同的接触类型可供选择。主要是变形体和变形体的接触、离散点与变形体的接触、变形体本身不同部分的单面接触、变形体与刚体的接触、变形结构固连以及根据失效准则解除固连，模拟钢筋在混凝土中固连和失效滑动的一维滑动线等。

ANSYS/LS-DYNA 程序处理接触－碰撞界面主要采用三种不同的算法，即：节点约束法、对称罚函数法和分配参数法。第一种算法现在仅用于固连界面。第三种算法仅用于滑动界面，例如炸药起爆燃烧的气体对结构的爆轰压力作用。炸药燃烧气体与被解除的结构之间只有相对滑动而没有分离。第二种算法是最常用的算法，这里对第一和第三种算法做概括介绍，重点介绍第二种算法。

不同结构可能相互接触的两个表面分别称为主表面（其中的单元表面称为

主面、节点称为主节点）和从表面（其中的单元表面称为从面，节点称为从节点）。

对称罚函数法是一种新的算法，1982 年 8 月开始用于 DYNA2D 程序。其原理比较简单：每一时步先检查各从节点是否穿透主表面，没有穿透则对该从节点不做任何处理。如果穿透，则在该从节点与被穿透主表面之间引入一个较大的界面接触力，其大小与穿透深度、主面刚度成正比，称为罚函数值。它的物理意义相当于在从节点和被穿透主表面之间放置一个法向弹簧，以限制从节点对主表面的穿透。对称罚函数法同时对各主节点处理一遍，其算法与从节点一样。对称罚函数法编程简单，很少激起网格沙漏效应，没有噪声，这是由于算法具有对称性、动量守恒准确，不需要碰撞和释放条件。罚函数值大小受到稳定性限制。若计算中发生明显穿透，可以放大罚函数值或者缩小时步长来调节。它在每一时步分别对从节点和主节点循环处理一遍，算法相同，这里介绍从节点的处理方法。

对任一从节点 n_s 的计算步骤如下：

（1）从节点 n_s 搜索，确定与它最靠近的主节点 m_s。

（2）检查与主节点 m_s 有关的所有主片，确定从节点 n_s 穿透主表面时可能接触的主片 s_1，s_2，…，如图 2 - 1 所示。

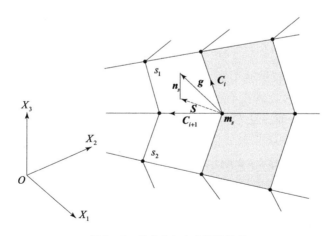

图 2 - 1　从节点与主表面的接触

若主节点 m_s 与从节点 n_s 不重合，当满足式（2 - 6）时，从节点 n_s 与主单元面 s_i 接触。

$$\begin{cases} (\boldsymbol{C}_i \times \boldsymbol{S})(\boldsymbol{C}_i \times \boldsymbol{C}_{i+1}) > 0 \\ (\boldsymbol{C}_i \times \boldsymbol{S})(\boldsymbol{S} \times \boldsymbol{C}_{i+1}) > 0 \end{cases} \qquad (2 - 6)$$

式中，C_i 和 C_{i+1} 是主面单元上在 m_s 点的两条边矢量；矢量 S 是矢量 g 在单元上的投影；g 为主节点 m_s 指向从节点 n_s 的矢量。

$$S = g - (gm)m \qquad (2-7)$$

如果 n_s 接近或者位于两个单元面交线上，上述不等式可能不确定 $S = \max(gC_i/|C_i|)$ $i = 1, 2, \cdots$

（3）确定从节点 n_s 在主单元面上的接触点 c 位置。主单元面上任一点位置矢量可表示为

$$r = f_1(\xi, \eta)i_1 + f_2(\xi, \eta)i_2 + f_3(\xi, \eta)i_3 \qquad (2-8)$$

式中，$f_i(\xi, \eta) = \sum_{j=1}^{4} \phi_j(\xi, \eta)x_i^j$，$\phi_j(\xi, \eta) = \frac{1}{4}(1 + \xi_j\xi)(1 + \eta_j\eta)$，$x_i^j$ 是单元第 j 节点的 x_i 坐标值；i_1, i_2, i_3 是 x_1, x_2, x_3 坐标轴的单位矢量。接触点 $c(\xi_c, \eta_c)$ 位置为下式的解：

$$\begin{cases} \dfrac{\partial r}{\partial \xi}(\xi_c, \eta_c) \cdot [t - r(\xi_c, \eta_c)] = 0 \\ \dfrac{\partial r}{\partial \eta}(\xi_c, \eta_c) \cdot [t - r(\xi_c, \eta_c)] = 0 \end{cases} \qquad (2-9)$$

（4）检查从节点是否穿透主面。

若 $l = n_i[t - r(\xi_c, \eta_c)] < 0$，则表示从节点 n_s 穿透含有接触点 $c(\xi_c, \eta_c)$ 的主单元面。其中，n_i 是接触点处主单元面的外法线单元矢量：

$$n_i = \frac{\partial r}{\partial \xi}(\xi_c, \eta_c) \times \frac{\partial r}{\partial \eta}(\xi_c, \eta_c) \Big/ \left| \frac{\partial r}{\partial \xi}(\xi_c, \eta_c) \times \frac{\partial r}{\partial \eta}(\xi_c, \eta_c) \right| \qquad (2-10)$$

如果 $l \geqslant 0$，则表示从节点 n_i 没有穿透主单元面，也即两物体没有发生接触－碰撞，不做任何处理，从节点 n_i 处理结束，开始搜索下一个从节点 n_{i+1}。从节点与主单元面的关系如图 2－2 所示。

（5）若从节点穿透主面，则在从节点 n_s 和接触点 c 之间施加法向接触力

$$f_s = - lk_i n_i \qquad (2-11)$$

式中，k_i 为主单元面的刚度因子，有

$$k_i = \begin{cases} fK_iA_i^2/V_i & \text{实体} \\ fK_iA_i/V_i & \text{单元} \end{cases}$$

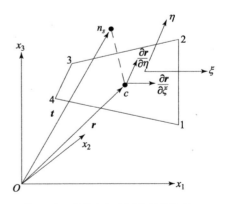

图 2－2　从节点与主面单元的关系

式中，K_i 为接触单元的体模量；A_i 为主单元面面积；V_i 为主单元体积；L_i 为板壳单元最大对角线长度；f 为接触刚度比例因子，默认值为 0.10。在 ANSYS/LS－

DYNA 计算过程中发现穿透量过大时，可以修改控制参数放大罚函数因子，但是如果取 $f > 0.4$ 时可能会造成计算不稳定，除非减小时间步长。

在节点 $\boldsymbol{n}_s$ 上附加接触力矢量 $\boldsymbol{f}_s$，根据牛顿第三定律，在主单元面的接触点 c 作用一个反方向的作用力 $-\boldsymbol{f}_s$，按照式（2 - 12）将 c 点的接触力等效分配到主单元的节点上：

$$f_{jm} = -\phi_j(\xi_c, \eta_c)\boldsymbol{f}_s \quad j = 1,2,3,4 \tag{2 - 12}$$

$\phi_j(\xi_c, \eta_c)$ 为主单元面上的二维形函数，且在接触点 c，有 $\sum\limits_{j=1}^{4} \phi_j(\xi_c, \eta_c) = 1$。

（6）计算切向接触力（摩擦力）。

若从节点 $\boldsymbol{n}_s$ 的法向接触力为 $\boldsymbol{f}_s$，则它的最大摩擦力为：

$$\boldsymbol{F}_y = \mu |\boldsymbol{f}_s| \tag{2 - 13}$$

式中，μ 为摩擦系数。设在上一时刻（t_n）从节点 $\boldsymbol{n}_s$ 的摩擦力为 $\boldsymbol{F}^n$，则现在时刻（t_{n+1}）可能的摩擦力（试探摩擦力）为 $\boldsymbol{F}^*$（$\boldsymbol{F}^* = \boldsymbol{F}^n - k\Delta\boldsymbol{\alpha}$），$k$ 为界面刚度，$\Delta\boldsymbol{\alpha} = \boldsymbol{r}^{n+1}(\xi_c^{n+1}, \eta_c^{n+1}) - \boldsymbol{r}^{n+1}(\xi_c^n, \eta_c^n)$。现时刻的摩擦力由下式确定：

$$\boldsymbol{F}^{n+1} = \begin{cases} \boldsymbol{F}^* & 若 |\boldsymbol{F}^*| \leqslant \boldsymbol{F}_Y \\ \boldsymbol{F}_y / |\boldsymbol{F}^*| & 若 |\boldsymbol{F}^*| > \boldsymbol{F}_Y \end{cases} \tag{2 - 14}$$

按照作用力与反作用力原理，计算主单元面上各节点的摩擦力。若静摩擦力系数为 μ_d，用指数差值函数平滑：

$$\mu = \mu_d + (\mu_s - \mu_d)\mathrm{e}^{-c|V|} \tag{2 - 15}$$

式中，$V = \Delta e / \Delta t$，Δt 为时间步长；c 为衰减因子。

由库伦摩擦造成界面的剪应力，在某些情况下，可能非常大，以致超过材料承受最大剪应力的能力、程序采用某种限制措施，令：

$$\boldsymbol{f}^{n+1} = \min(\boldsymbol{f}_c^{n+1}, kA_i) \tag{2 - 16}$$

式中，$\boldsymbol{f}_c^{n+1}$ 是考虑库伦摩擦摩擦计算的 t_{n+1} 时刻的摩擦力；A_i 是主面的表面积；k 是黏性系数。

（7）将接触力矢量 $\boldsymbol{f}_s$，$\boldsymbol{f}_{jm}$ 和摩擦力矢量作为已知向量，组装到总体载荷矢量阵 $\{\boldsymbol{P}\}$ 中，进行动力学分析。

对称罚函数方法是将上述算法对从节点和主节点分别循环处理，如果仅仅对从节点循环处理，称之为"分离和摩擦滑动一次算法"，主要应用于接触主体近似刚体的情况，可以节省计算时间。

近年来，有限元程序对表面和表面的接触算法又做了不少改进。主要是为了使薄板模压成型问题计算更加精确，例如接触搜索，采用刚体近似冲压模具时有的单元长宽比很不好。搜索与从节点最靠近的主节点时会造成困难，为了防止这类问题的发生，采用搜索最接近的主面位置来代替搜索最接近的主节

点。又例如在接触计算中考虑壳单元的厚度。在薄板模压成型时，壳单元的厚度变化对接触表面摩擦力影响很大。计算中接触表面位置考虑到单元厚度。另外在接触运算中增加黏性接触阻尼项，以模拟薄板模压成型计算过程中垂直于接触表面的振荡。

4. 疲劳寿命估算方法

机械零件的疲劳失效与静强度失效有本质区别。静强度失效是由于零件的危险截面上的应力大于其抗拉强度导致断裂失效，或大于屈服极限产生过大的残余变形导致失效；疲劳失效是由于零件局部应力最大处在循环应力作用下形成微裂纹，然后逐步扩展为宏观裂纹，宏观裂纹再继续扩展而最终导致断裂[39]。

在常温下工作的结构和机械的疲劳破坏取决于外载荷的大小。在循环应力水平较低时，弹性应变起主导作用，此时疲劳寿命较长，称为应力疲劳或高周疲劳；在循环应力水平较高，接近甚至超过其屈服极限时，塑性应变起主导作用，此时疲劳寿命较短，成为应变疲劳或者低周疲劳，其疲劳寿命一般低于 5×10^4 次。根据不同的疲劳形式，形成两种主要的疲劳研究方法：名义应力法和局部应力应变法。

（1）名义应力法。

以名义应力为基本参数的疲劳研究方法称为名义应力法，也称 S－N 曲线法或应力寿命法，是最早使用的方法。具体做法是，以材料 S－N 曲线为基础，计入有效应力集中系数、零件尺寸系数、表面系数和平均应力系数等影响因素，得到零件的 S－N 曲线。并根据零部件的 S－N 曲线，按照疲劳累积损伤理论，进行疲劳寿命估计。

名义应力法估算构件或结构的寿命，适用于构件或结构所承受的载荷不大，断面的应力小于材料的屈服极限，应力应变为线性关系，构件及结构的寿命较大，属高周疲劳的情况。因此，疲劳寿命估算的依据是载荷谱或应力谱、S－N 曲线以及累积损伤理论等。

（2）局部应力应变法。

当应力水平较高时，零部件局部最大应力处可能会出现塑性屈服的现象。这时，只用应力参量已不能很好地表述零部件的疲劳特性。以零部件应力集中处的局部应力、应变为基本设计参数的疲劳寿命研究方法，称为局部应力应变法。局部应力应变法应用了低周疲劳的相关理论，用 $\varepsilon - N$ 曲线代替了 S－N 曲线，应力与应变之间的关系用循环应力－应变曲线代替了单调的 $\sigma - \varepsilon$ 曲线。经研究，零部件的破坏都是从应力集中部位或应力最高处开始的，应力集中处的塑性变形是疲劳裂纹形成和扩展的主要控制参量，因此局部最大应变决定了零部件的疲劳寿命。一般，低周疲劳是指在 $10^2 \sim 10^5$ 次循环范围内的失效现象。

5. 疲劳累积损伤

累积损伤是有限寿命设计的核心问题。当零部件承受高于疲劳极限的应力时，每一循环都使材料内部产生一定量的损伤。在循环载荷的作用下，疲劳损伤会不断累积，当损伤累积到临界值时会发生疲劳破坏。不同研究者根据他们对损伤累积方式的不同假设，提出了不同的疲劳累积损伤理论，归纳起来可分为三大类：

（1）线性疲劳累积损伤理论。材料在各个应力下的疲劳损伤是独立的，总损伤可以线性地累加起来。其中最有代表性的是 Palmgren – Miner 理论。

（2）非线性疲劳累积损伤理论。基于假定载荷历程和损伤之间存在着相互干涉作用，即在某应力下产生的损伤与前面应力作用的水平和次数有关。其中最具代表性的是损伤曲线法和 Corten – Dolan 理论。

（3）其他累积损伤理论。大都是从实验、观测和分析推导出来的损伤公式，多属于经验和半经验公式，如 Levy 理论、Kozin 理论等。

由于 Palmgren – Miner 线性累积损伤法则简单实用，在工程上得到了广泛的应用。Palmgren – Miner 理论认为，在疲劳试验中，材料在各个应力下的疲劳损伤是独立进行的，并且总损伤可以线性地累加起来，如图 2 – 3 所示。

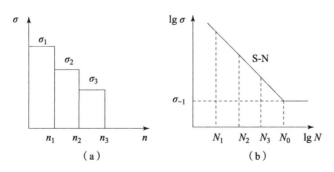

图 2 – 3　Miner 疲劳累积损伤示意图

（a）实际应力加载曲线；（b）S – N 曲线

Palmgren – Miner 理论有如下假设：

（1）载荷必须是对称循环的，即平均载荷为零；

（2）在受载过程中，每一个载荷循环都损耗一定的有效寿命分量；

（3）疲劳损伤与其所吸收的功成正比，这个功的作用循环次数和在该应

力下达到的循环次数成正比；

（4）达到破坏时的总损伤量是一个常数；

（5）损伤与载荷的作用次序无关；

（6）各循环应力产生的所有损伤分量相加为常数时，就发生破坏。

如图 2-3 所示，应力 σ_1 作用 n_1 次，在该应力水平下达到的总循环次数为 N_1，设 D 为最终失效时的损伤临界值，根据线性疲劳累积损伤理论，应力 σ_1 每作用一次对材料的总损伤为 D/N_1，经 n_1 次循环作用后，对材料的损伤为 $n_1 D/N_1$。同样，应力 σ_2 作用 n_2 次，产生的损伤为 $n_2 D/N_2$；应力 σ_3 作用 n_3 次，产生的损伤为 $n_3 D/N_3$。当各级应力对材料的损伤总和达到临界值 D 时，材料即发生破坏，公式如下所示：

$$\frac{n_1 D}{N_1} + \frac{n_2 D}{N_2} + \frac{n_3 D}{N_3} = D \qquad (2-17)$$

即

$$\frac{n_1}{N_1} + \frac{n_2}{N_2} + \frac{n_3}{N_3} = 1 \qquad (2-18)$$

推广到更普遍的情况：

$$\sum_{i=1}^{\infty} \frac{n_i}{N_i} = 1 \qquad (2-19)$$

2.1.3　结构仿真技术的通用流程及应用软件

装甲车辆结构分析目前已经广泛应用于装甲车辆设计的各个阶段，通过商用通用有限元分析软件或经过多个型号验证过的软件对零部件强度进行强度分析，预测零部件强度设计方案的可行性，同时优化设计方案；进而根据模拟分析结果指导、完善强度试验方案。

2.1.3.1　分析步骤

（1）根据分析类型确定有限元分析软件；

（2）确定零部件的材料模型及单位制；

（3）导入三维 CAD 模型，进行几何处理；

（4）划分网格，设置载荷及边界条件；

（5）设置求解；

（6）分析及评价零部件强度。

具体装甲车辆结构分析流程图如图 2-4 所示。

具体装甲车辆疲劳寿命分析流程图如图 2-5 所示。

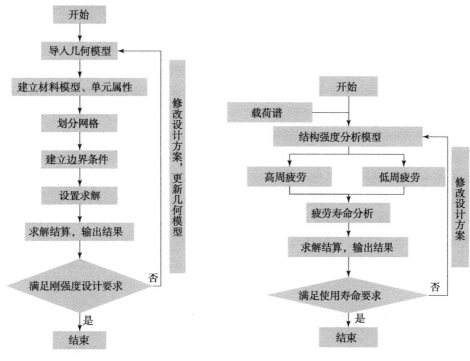

图 2-4 装甲车辆结构分析流程图　　　　图 2-5 装甲车辆疲劳寿命分析流程图

2.1.3.2 分析软件

经过多年的发展，装甲车辆行业用于结构及疲劳分析的软件已经很多，主要有以下软件：

1. HyperMesh 软件

HyperMesh 是 Altair 公司开发的一款高性能通用有限元前、后处理器，能建立各种有限元模型，支持在交互及可视化的环境下分析设计方案性能。它有如下优点：

（1）具有各种不同的 CAD 软件接口，如 UG、Pro/E、CATIA 等，可进行多种 CAD 模型及有限元模型的直接读入，大大减少了重复性建模工作。

（2）具有全面的梁杆、板壳单元、四面体或六面体单元的自动网格划分或半自动网格划分能力，大大减少了复杂有限元模型前处理的工作量。

（3）配有各种有限元求解器的接口，为各种有限元求解器写出数据文件及读取不同的求解器结果文件。

（4）可实现不同有限元计算软件之间的模型转换功能，极大地提升了工作效率。

2. ANSYS Mechanical 软件

ANSYS Mechanical 包含通用结构力学分析部分（Structure 模块）、热分析部分（Professional）及耦合分析功能。

ANSYS Mechanical 具有一般静力学、动力学和非线性分析能力，也具有稳态、瞬态、相变等所有的热分析能力以及结构和热的耦合分析能力，可以处理任意复杂的装配体，涵盖各种金属材料以及橡胶、泡沫、岩土等非金属材料。

ANSYS Mechanical 的耦合场分析功能具有声学分析、压电分析、热/结构耦合分析和热/电耦合分析能力。

ANSYS Mechanical 也可与 ANSYSCFX 专业流体分析模块进行实时双向的流固耦合分析。

3. ABAQUS 软件

ABAQUS 是一套功能强大的工程模拟有限元软件，其既可解决相对简单的线性分析问题，也能处理许多复杂的非线性问题。ABAQUS 包括一个丰富的、可模拟任意几何形状的单元库。并拥有各种类型的材料模型库，可以模拟典型工程材料的性能，其中包括金属、橡胶、高分子材料、复合材料、钢筋混凝土、可压缩超弹性泡沫材料以及土壤和岩石等地质材料。作为通用的模拟工具，ABAQUS 除了能解决大量结构（应力/位移）问题，还可以模拟其他工程领域的许多问题，例如热传导、质量扩散、热电耦合分析、声学分析、岩土力学分析（流体渗透/应力耦合分析）及压电介质分析。

ABAQUS 为用户提供了多种功能，且使用起来非常简单。大量的复杂问题可以通过选项块的不同组合很容易地模拟出来。例如，对复杂多构件问题的模拟是通过把定义每一构件的几何尺寸的选项块与相应的材料性质选项块结合起来实现的。在大部分模拟中，即使是高度非线性问题，用户也只需提供一些工程数据，像结构的几何形状、材料性质、边界条件及载荷工况。在非线性分析中，ABAQUS 能自动选择相应载荷增量和收敛限度。它不仅能够选择合适的参数，而且能连续调节参数以保证在分析过程中有效地得到精确解。用户只要准确地定义参数就能很好地控制数值计算结果。

ABAQUS 有两个主求解器模块——ABAQUS/Standard 和 ABAQUS/Explicit。ABAQUS 还包含一个全面支持求解器的图形用户界面，即人机交互前后处理模块——ABAQUS/CAE。ABAQUS 对某些特殊问题还提供了专用模块来加以解决。

ABAQUS 被广泛地认为是功能最强的有限元软件，可以分析复杂的固体力学结构力学系统，特别是能够驾驭非常庞大复杂的问题和模拟高度非线性问题。ABAQUS 不但可以做单一零件的力学和多物理场的分析，同时还可以做系统级的分析和研究。ABAQUS 系统级分析的特点相对于其他分析软件来说是独一无二的。ABAQUS 由于优秀的分析能力和模拟复杂系统的可靠性而被广泛用于各国的工业和研究领域。ABAQUS 产品在大量的高科技产品研究中都发挥着巨大作用。

4. LS – DYNA 软件

LS – DYNA 是以显式为主、隐式为辅的通用非线性动力分析有限元程序，特别适合求解各种二维、三维非线性结构的高速碰撞、爆炸和金属成形等非线性动力冲击问题，同时可以求解传热、流体及流固耦合问题。

DYNA 程序系列最初是 1976 年在美国劳伦斯·利弗莫尔实验室由 J. O. Hallquist 博士主持开发完成的，主要是为武器设计提供分析工具，后经 1979、1981、1982、1986、1987、1988 年版的功能扩充和改进，成为国际著名的非线性动力分析软件，在武器结构设计、内弹道和终点弹道、军用材料研制等方面得到了广泛应用。

1988 年 J. O. Hallquist 创建 LSTC 公司，推出 LS – DYNA 程序系列，主要包括显式 LS – DYNA2D、LS – DYNA3D，隐式 LS – NIKE2D、LS – NIKE3D，热分析 LS – TOPAZ2D、LS – TOPAZ3D，前后处理 LS – MAZE、LS – ORION、LS – INGRID、LS – TAURUS 等商用程序，为进一步规范和完善 DYNA 的研究成果，陆续推出了 930 版（1993 年）、936 版（1994 年）、940 版（1997 年），950 版（1998 年）增加了汽车安全性分析（汽车碰撞、气囊、安全带、假人）、薄板冲压成形过程模拟以及流体与固体耦合（ALE 和欧拉算法）等新功能，使 LS – DYNA 程序系统在国防和民用领域的应用范围进一步扩大，并建立了完备的质量保证体系。

1997 年 LSTC 公司将 LS – DYNA2D、LS – DYNA3D、LS – TOPAZ2D、LS – TOPAZ3D 等程序合成为一个软件包，称为 LS – DYNA，LS – DYNA 的最新版本是 2008 年 5 月推出的 971 版，它在 970 版基础上增加了不可压缩流体求解程序模块，并增加了一些新的材料模型和新的接触计算功能，详见以下介绍。

LS – DYNA 程序 971 版是功能齐全的几何非线性（大位移、大转动和大应

变）、材料非线性（140 多种材料动态模型）和接触非线性（40 多种接触类型）程序。它以拉格朗日算法为主，兼有 ALE 和欧拉算法；以显式求解为主，兼有隐式求解功能；以结构分析为主，兼有热分析、流体－结构耦合功能；以非线性动力分析为主，兼有静力分析功能（如动力分析前的预应力计算和薄板冲压成形后的回弹计算）；是军用和民用相结合的通用非线性结构分析有限元程序。

5. 疲劳分析软件 nCode

nCode 软件是一款专业疲劳分析软件，ICE－flowDesignLife 是其核心部分。nCode 拥有非常友好的操作界面和强大的数据处理功能，能够非常便捷地进行疲劳分析计算。疲劳分析过程主要采用搭建框架图的形式完成。左侧工具栏主要包括 MainMenu、Application、Tools、Manuals 等模块，其中最常用的是 MainMenu 中的 GlyphWorks 和 DesignLife 两个功能。nCode 采用模块化的分析流程，在界面右侧有功能齐全的数据分析处理模块，主要包括模型的导入、不同类型的疲劳分析以及后处理模块。这些模块可以基于不同的分析任务进行组合连接，以实现不同的分析流程。本节主要应用 nCode 进行数据的处理以及疲劳分析计算工作。图 2－6 所示为 nCode 界面。

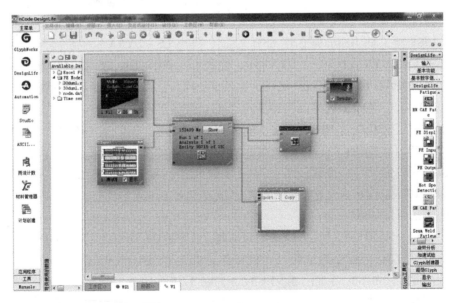

图 2－6　nCode 软件界面

|2.2　动力学仿真技术|

2.2.1　动力学仿真技术概述

　　装甲车辆是一个十分复杂的武器系统，在以往的研制过程中需要反复几轮试制样机并进行各种试验，以验证设计的正确性和产品的适用性。这种对物理样机进行试制、试验的方法，大大延长了装甲车辆的研发周期和增加了研发费用。

　　随着数字仿真技术在设计中的应用发展，新产品开发的设计与制造流程发生了巨大的变化，开始向着数字化、集成化的方向发展。近几年来，多体动力学仿真技术开始应用于装甲车辆的研制工作，也大大改变了装甲车辆研制工作的状态。该技术从分析解决产品整体性能及其相关问题的角度出发，解决传统设计与制造过程的弊端。在该技术中，工程设计人员可以利用 CAD 系统所提供的各零部件的物理信息及几何信息，在计算机上定义零部件间的连接关系，并对机械系统进行虚拟装配，从而获得机械系统的虚拟样机，使用系统仿真软件在各种虚拟环境中真实地模拟系统的运动，并对其在各种工况下的运动和受力情况进行仿真分析，特别是对物理样机而言难以进行或根本无法进行的试验进行仿真，在计算机上方便地修改设计缺陷，仿真试验不同的设计方案，不断对整个系统进行改进，直至获得最优设计方案以后，再做出物理样机。这不但使研发周期大大缩短、研发成本大大降低，而且确保了最终产品一次安装成功。

　　近年来，兵器行业在装甲车辆研制中应用数字仿真技术对设计方案进行论证和优化，并对技术指标进行试验仿真取得了很大的进展，如在某某工程建立了参数化的三维模型，进行了数字化预装配，干涉检查、整车性能优化分析及有限元仿真分析，并对某些整车性能指标进行了仿真试验。目前，在装甲车辆的研制过程中已初步建立了装甲车辆的数字仿真研制系统，并对其进行了仿真分析试验。例如，利用 ADAMS 软件进行了装甲车辆制动性能、转向性能、平顺性能的仿真分析试验等。

　　现代战争对坦克装甲车辆的要求不断提高，提高车辆的机动性能成为重要课题。坦克装甲车辆出现于 200 多年前，但真正的发展是在第二次世界大战之后。这是由于坦克装甲车辆本身是一个非常复杂的机械系统，而且其使用环境十分复杂多变。由于缺乏对路面特性的认识和车辆对路谱响应的研究，人们很

难对车辆的机动性能有深刻全面的认识，所以在坦克装甲车辆出现后的很长一段时间里，对其的研究一直处于"经验加试验"阶段，设计—试制—试验—改进一直是坦克装甲车辆研究的传统模式。这种模式的弊端是很明显的，它是建立在经验公式和大量试验基础之上的，需要大量的人力、物力，研制周期长。

第二次世界大战后，随着对坦克装甲车辆需求的增加和相关基础理论的发展和完善，人们对坦克装甲车辆的认识更加深刻了，并将其研究推进到新的水平。首先是地面力学的发展和完善，使车辆 – 地面间的作用力关系不再神秘，特别是 Bekker 的压力 – 沉陷关系，使对坦克装甲车辆在某些路面上的力学性能的预估成为可能。其次，计算机的出现、发展和数值算法在计算机上的实现，使得描述车辆动力学性能的大量代数/微分方程得以求解，数值仿真得以实现。最后，近年来多体动力学的发展为解决坦克装甲车辆自身复杂性的问题提供了出路。运用多体力学的方法，可以把构成坦克装甲车辆的各个部件作为刚性体或柔性体，通过各种约束组合起来，求解约束方程和动力学方程就可以获得车辆的动力学性能。这些理论的发展和完善为通过建模仿真技术来研究坦克装甲车辆的动力学性能奠定了基础。

仿真技术伴随着计算机的发展日臻成熟，它对坦克装甲车辆的研究具有重要意义。随着坦克装甲车辆的重型化和机动性能的提高，仅仅通过试验手段获取数据已经显得力不从心，各国新型坦克装甲车辆的研制周期不断缩短，这也促使人们运用仿真技术来研究坦克装甲车辆。

2.2.2 动力学仿真技术的理论基础

坦克装甲车辆动力学建模与仿真的目的可分为：转向性分析、平稳性分析、地面压力分布和牵引特性的预估。针对不同履带车辆的不同动力学特性，人们建立了不同的车辆模型。

1. 平稳性模型

履带对负重轮的围包作用使坦克装甲车辆的平稳性更为复杂。Murphy N. R. 和 Ahlvin R. B.（1976）提出的 NR – MM 模型是较早的坦克装甲车辆模型。该模型假设车体为刚体，可以做垂直运动、俯仰运动和平动。负重轮被模化为由周向均布的径向弹簧构成，只能做垂直运动。悬挂系统被简化为平动弹簧阻尼元件。这个模型也体现了履带效应，在相邻负重轮轮心上连接有弹簧。当一个负重轮相对于车体有位移时，弹簧会牵动相邻的负重轮运动，以体现履带对负重轮的托带作用。同样在负重轮与主动轮、诱导轮之间也加装了弹簧。

Mcllough M. K. 在他的模型中，把悬挂系统作为一个子系统，用矢量变分的方法详细刻画了车体、平衡肘、负重轮、主动轮、履带之间的作用力关系。这个模型对负重轮 - 履带 - 地面的接触力的刻画也非常详细，它把三者之间的相互关系分为三种情况：负重轮与履带、地面均不接触；负重轮与履带接触，但履带不与地面接触；负重轮、履带、地面均接触。根据这三种情况，对三者之间的接触力关系进行了分析。这个模型还考虑了履带桥的效应。由于该模型对履带车辆各个部件之间、车辆与地面之间的相互作用力关系的分析非常细致，因此对平稳性的预估是比较准确的。

1994 年 Dhir A. , Sanker S. 建立了一个二维的坦克装甲车辆模型。车体垂直位移和俯仰角以及负重轮的垂直位移为广义坐标。悬挂系统被模化为独立的悬挂结构，弹簧、阻尼为线性或非线性，假定履带为无质量连续的带子，假定地面不变形。负重轮与履带板的接触模化为连续径向弹簧阻尼结构。这个模型还考虑了履带动张力的影响。

2. 地面压力分布及通过性模型

由于对车辆 - 路谱响应及路面特性缺乏认识，对坦克装甲车辆通过性的估计往往都是用"经验加试验"的办法，如用初样车在具有代表性的物理性质不同的路面上进行实车试验，通过仪器测量（如圆锥穿入仪）来确定车辆对地面的压力分布，预测车辆的通过性能。这种方法对于估计相似车辆在相似行驶条件下的通过性能是有效的，但对不同车辆或不同行驶状况就无能为力了。

用建模仿真的方法预测坦克装甲车辆的通过性能与试验方法有本质不同。它建立在对车辆 - 路面相互作用力和作用原理有深刻了解的基础之上。它要考虑坦克装甲车辆的主要结构特征（如牵引装置、悬挂系统、履带性能等），地面的基本特征以及履带对地面的压应力、剪切应力等。Wong J Y 在这方面所建立的坦克装甲车辆模型具有代表性。模型考虑了坦克装甲车辆的主要设计参数：悬挂质量、非悬挂质量、车辆质心、负重轮数量、负重轮尺寸及布置情况、主动轮和诱导轮尺寸和布置、履带结构和性能、履带行驶系统的接近角和离去角等。

3. 转向性模型

转向性模型都假设车辆是在水平刚性路面上转向，每个负重轮承受相同地面压力，履带 - 地面间的剪切应力假设为库仑摩擦。常见的转向模型有 Hock模型、IABG 模型以及 Kitano 模型。Hock 模型认为转向摩擦力是由履带侧滑引起的。而 IABG 模型还考虑了转向时由离心力引起的载荷转移、外侧履带摩擦

力大于内侧等因素对转向力矩的影响。Kitano 模型不仅考虑了以上因素，还对转向时履带张力变化以及履带周向滑动的影响加以考虑。

2.2.3 动力学仿真技术的通用流程及应用软件

目前坦克装甲车辆进行动力学仿真的软件主要有三个，即 ADAMS、RecurDyn、Motion，Motion 提供了一个履带车辆仿真模块（Track），在这个模块中输入履带车辆行驶系的有关参数，如负重轮、履带等的物理及结构参数，路面参数，并结合车体的多体模型就可以较好地对坦克装甲车辆进行动力学仿真。ADAMS 也提供了坦克装甲车辆仿真模块（ATV）。它将不同结构的负重轮、悬挂系统等做成可供选择的实体包，用户可以很方便地进行选取组合，然后通过履带组装就可以完成履带车辆行驶系统的建模，进而进行仿真。RecurDyn 是韩国推出的多体动力学仿真软件，提供了高速履带模块和低速履带模块。可以很方便地选择行驶系统的构件，通过履带组装完成建模。由于它采用的是相对坐标的递归算法，运算速度令人满意。

国内外普遍采用的履带车辆动力学仿真软件有 RecurDyn、ATV、LMS Virtual. Lab Track Motion，根据现有情况我们将选用 ATV。下面是三种软件的基本情况。

1. 系统级多体动力学分析软件 RecurDyn

RecurDyn（Recursive Dynamic）是由韩国 FunctionBay 公司基于递归算法开发出的多体系统动力学仿真软件。它采用相对坐标系运动方程理论和完全递归算法，适合于求解大规模及复杂接触的多体系统动力学问题。

传统的动力学分析软件对于机构中普遍存在的接触碰撞问题解决得不够完善，其中包括过多的简化、求解效率低下、求解稳定性差等问题。FunctionBay 公司利用新的多体动力学理论，基于相对坐标系建模和递归求解，开发出 RecurDyn 软件。该软件具有求解速度快与稳定性好等特点，解决了机构接触碰撞中发生的上述问题。RecurDyn 借助多柔体动力学（Multi Flexible Body Dynamics，MFBD）技术，可以更加真实地分析出机构运动中部件的变形、应力、应变。RecurDyn 中的 MFBD 技术用于分析柔性体的大变形非线性问题，以及柔性体之间的接触，柔性体和刚性体相互之间的接触问题。传统的多体动力学分析软件只可以考虑柔性体的线型变形、对于大变形、非线性，以及柔性体之间的相互接触问题就很难涉及。

2. ADAMS 履带式车辆工具包 ATV

ATV 系统是基于 ADAMS 软件的一个工具包，作为分析军用或商用履带式车辆各种动力学性能的理想工具，它具有在一个模型中拥有多履带系统、全3D 能力、不同的拓扑结构、全动力学履带模型以及软、硬泥土路面接口等特点。基于 ATV 行驶仿真系统可以对履带车辆系统进行性能预测、疲劳分析以及系统的优化设计。由于 ATV 工具箱是 ADAMS 用于履带/轮胎式车辆的专用工具箱，能研究车辆模型在各种路面、不同的车速和使用条件下的动力学性能；是分析军用或商用履带/轮胎式车辆各种动力学性能的理想工具；行驶仿真计算可以获取大量与履带车辆的结构设计和动态性能密切相关的数据，可为最终实现履带车辆的虚拟制造、优化设计以及性能预测提供一条行之有效的技术途径。

3. LMS Virtual. Lab Track Motion 履带动力学

LMS Virtual. Lab Track Motion 专门为履带车辆工程提供了强大的模拟能力，从简单的底盘总体运动预测到包括履带、链轮、张紧皮带轮、行走轮等很多细节的详细模型。它提供两个选择，或者用简化的"超级单元"模型做快速分析，或者用多连杆模型做深入分析。实体建模器可以实现几何体和机械单元完全的参数化，例如弹簧、运动副和接触。

LMS Virtual. Lab Track Motion 能评估不同地形与车辆的相互作用，以研究在斜坡上、加速中、制动中或车道改变时的稳定性；评价车辆的操纵稳定性，并优化驾驶员和乘员的舒适性；可以计算履带连杆与悬架部件之间的载荷，还有车身上的载荷。它也同时给弹簧和减震器的特性，为车轮、张紧皮带轮、链轮等的最优位置提供了导向。

2.2.4　坦克装甲车辆动力学仿真技术的展望

计算机技术的发展推动了仿真技术的迅速发展，坦克装甲车辆的仿真技术也取得了很大成绩。由于坦克装甲车辆的仿真技术是建立在对地面特性和车辆－地面关系深刻了解的基础之上的，所以坦克装甲车辆仿真技术的进一步发展应在以下方面有较大突破：地面对坦克装甲车辆动态载荷的响应。目前对坦克装甲车辆机动性能的预估都是基于车辆是稳态的，而实际上当车辆经过随机路面时是以动态载荷的形式出现的。同样，地面对这种动态载荷的等效刚度、等效阻尼的建模也值得研究。对车辆在可变形路面上的平稳性模型、转向性模型应进一步研究。目前这类模型都是在刚性路面上的模型，在更能反映实际路况的可变形路面上的模型还有待研究。

|2.3 流场仿真技术|

2.3.1 流场仿真技术概述

流场仿真是应用计算流体动力学的思想和方法,针对研究对象构建一个完整的流域,采用数值离散结合有限体积法、有限差分法等方法模拟实际工况,获取研究对象在流动流体中效能的一种数值计算技术,被广泛用于军民用产品的研制中以获取对象的状况和性能。综合来说,流场仿真技术"大厦"的基石是计算流体动力学。

计算流体动力学是力学的一个分支,主要研究在各种力的作用下,流体本身的静止状态和运动状态以及流体和固体界壁间有相对运动时的相互作用和流动规律。在20世纪初,理查德就已提出用数值方法来解流体力学问题的思想。但是由于这种问题本身的复杂性和当时计算工具的落后,这一思想并未引起人们的重视。自20世纪40年代中期电子计算机问世以来,利用电子计算机进行数值模拟和计算才成为现实。1963年美国的哈洛和弗罗姆用当时的IBM7090计算机,成功地解决了二维长方形柱体的绕流问题并给出尾流涡街的形成和演变过程,受到普遍重视。1965年,哈洛和弗罗姆发表《流体动力学的计算机实验》一文,对计算机在流体力学中的巨大作用做了引人注目的介绍。因此,一般而言,人们把20世纪60年代中期看成是计算流体动力学兴起发展的时间。

计算流体动力学在最近20年中得到飞速发展,除了计算机硬件工业的发展给它提供了坚实的物质基础外,还主要是因为无论分析的方法或实验的方法都有较大的限制,例如由于问题的复杂性,既无法作分析解,也因费用昂贵而无力进行实验确定,而计算流体动力学的方法具有成本低和能模拟较复杂或较理想的过程等优点。经过一定考核的计算流体力学软件可以拓宽实验研究的范围,减少成本昂贵的实验工作量。在给定的参数下用计算机对现象进行一次数值模拟相当于进行一次数值实验,历史上也曾有过首先由计算流体动力学数值模拟发现新现象而后由实验予以证实的例子。

计算流体动力学方法因具有先验性且成本低、周期短,被广泛用于国内外的各种科研领域,例如航空航天领域应用计算流体动力学分析飞机、火箭、导弹等的飞行姿态、动力性能和航行路线等,也应用计算流体动力学结合传热学计算燃料燃烧、壁面摩擦生热及隔热、辐射等各种情况；舰船应用计算流体动力学进行动力和阻力计算、俯仰等姿态分析，发射弹射各类飞行器产生的作用力下的稳定性、耐波性分析等；地面坦克装甲车辆等应用计算流体动力学进行整车陆上风阻分析、水上阻力分析、动力舱散热匹配、风扇性能计算、发动机辅助系统优化等；空调系统通过对冷凝、蒸发及管路流动、压缩机和室内风机等的研究进行整个系统的效率计算；洗衣机通过计算滚筒或波轮的旋转带动缸内水流分析洗衣的洁净程度和效率等。总之计算流体动力学在科研设计的全寿命周期中发挥着极其重要的作用。

流场仿真根据分析对象和工作环境，可分为多种相对的情况，其中主要分析类型区分如下：

（1）可压缩流体与不可压缩流体。

流体可压缩性主要考察的是流体在流动过程中，其密度是否变化的情况，如果流动过程中密度变化可以忽略，称为不可压缩流动；如果流动过程中密度变化会对流动产生较大影响，则不能忽略，这样的流动称为可压缩流体。一般来说，液体可以视为不可压流体；对于气体，流动速度在 0.3 马赫数以下视为不可压流体，大于 0.3 马赫数须用可压流动计算。

在实际工程计算应用中，要不要考虑流体的压缩性，要视具体情况而定。例如，研究管道中水击和水下爆炸时，水的压强变化较大，而且变化过程非常迅速，这时水的密度变化就不可忽略，即要考虑水的压缩性，把水当作可压缩流体来处理。又如，在锅炉尾部烟道和通风管道中，在整个流动过程中，气体的压强和温度的变化都很小，其密度变化很小，可作为不可压缩流体处理。再如，当气体对物体流动的相对速度比声速要小得多时，气体的密度变化也很小，可以近似地看成是常数，也可当作不可压缩流体处理。

（2）定常和非定常分析。

流体定常和非定常性主要考虑流体流动时，流体中任何一点的压力、速度和密度等物理量是否随时间变化，如果都不随时间变化，则这种流动就称为定常流动，也可称为"稳态流动"或者"恒定流动"；但只要压力、速度和密度中任意一个物理量随时间变化，流体就是做非定常流动或者说流体做时变流动。

按流动随时间变化的速率，非定常流动可分为三类：

①流场变化速率极慢的流动：流场中任意一点的平均速度随时间逐渐增加或减小，在这种情况下可以忽略加速度效应，这种流动又称为准定常流动。水库的排灌过程就属于准定常流动。可认为准定常流动在每一瞬间都服从定常流动方程，时间效应只以参量形式表现出来。

②流场变化速率很快的流动：在这种情况下须考虑加速度效应。活塞式水泵或真空泵所造成的流动、飞行器和船舶操纵问题中所考虑的流动都属这一类。这和定常流动有本质上的差别。例如，用伯努利方程描述这类流动，就须增加一个与加速度有关的项，成为

$$\int_A^B \frac{\mathrm{d}p}{\rho} + \frac{v_B^2 - v_A^2}{2} + g(z_B - z_A) + \int_A^B \frac{\partial v_s}{\partial t}\mathrm{d}s = 0$$

式中，v 为理想流体沿流线的速度分布；A 和 B 表示同一流线上的两个点；p 为压强；ρ 为密度；g 为重力加速度；z 为重力方向上的坐标；$\mathrm{d}s$ 为流线上的长度元。

③流场变化速率极快的流动：在这种情况下流体的弹性力显得十分重要，例如瞬间关闭水管的阀门。阀门突然被关闭时，整个流场中流体不可能立即完全静止下来，速度和压强的变化以压力波（或激波）的形式从阀门向上游传播，产生很大的振动和声响，即所谓水击现象。这种现象不仅发生在水流中，也发生在其他任何流体中。在空气中的核爆炸也会发生类似现象。

除上述三类以外，某些状态反复出现的流动也被认为是一种非定常流动。典型的例子是流场各点的平均速度和压强随时间做周期性波动的流动，即所谓脉动流动，这种流动存在于汽轮机、活塞泵和压气机的进出口管道中。直升机旋叶的转动，飞机和导弹在飞行时的颤振，高大建筑物、桥墩以及水下电缆绕流中的卡门涡街等也都会形成这种非定常流动。流体运动稳定性问题中所涉及的流动也属于这种非定常流动。但是一般并不把湍流的脉动归入这种流动。两者之间的差别在于：湍流脉动参量偏离其平均值要比非定常流动小得多，变化的时间尺度也短得多。

（3）恒温和传热分析。

流体恒温和传热分析的区别主要是流体流动过程中是否要考虑温度变化对流动的影响，即能量方程是否起作用，如果温度基本不变化或对流动影响较小，则可用恒温分析；如果影响较大，则需要进行包括固体传热、辐射、对流换热等计算，并添加工质随温度变化的情况。

（4）黏性流动和无黏流动。

流体流动中通常都呈现黏性，黏性是分子热运动和分子间力造成的动量传递的宏观表现。因此，所谓黏性流体亦即实际流体，其黏性用黏度或表观黏度来表征。实际流体的这种黏性作用一般仅限于壁面附近的流体层，称为边界层。边界层理论是黏性流体流动的基本理论。作为一种假设，将无黏性的流体称为理想流体。当黏性流体绕过物体表面流动时，通常把距离该物体表面相当远处、无速度梯度的流体视为理想流体。实际流体宏观运动的一种简化模型，

是动量传递的主要研究对象。这种模型把流体看成由流体微团组成的连续介质，可使用连续函数的数学工具予以描述。

2.3.2 流场仿真技术的理论基础

2.3.2.1 流体力学的三大方程

为了求解科学技术和工程实践中的流体力学问题，首先应对问题中的流体性质和运动现象进行简化，提出反映问题本质的理论模型，并运用基本的物理定律和反映此模型特点的特殊规律建立流体力学基本方程。流体力学三大基本方程如下：

（1）质量守恒方程，也称连续性方程，因为确定的流体的质量在运动过程中不生不灭。

$$\frac{\partial \rho}{\partial t} + \nabla \cdot (\rho v) = 0$$

（2）动量守恒方程，是指确定的流体其总动量变化率等于作用于其上的体力和面力的总和。描述黏性不可压缩流体动量守恒的运动方程也即纳维－斯托克斯方程，简称 N－S 方程。在此基础上后人又导出适用于可压缩流体的 N－S 方程。以应力表示的运动方程，需补充方程才能求解。

$$\rho \frac{dV}{dt} = \rho g - \nabla p + \mu \nabla^2 V$$

（3）能量守恒方程，又称伯努利方程，是在密度均匀情况下反映机械能守恒的方程；在考虑密度、温度、内能变化时，反映包含内能的能量守恒定律（见热力学第一定律）的方程。能量方程中包含动能、彻体力（如重力）的势能（对于气体，如果空间范围不大，重力的势能可忽略不计）和功（压力做的功或黏性力做的功）。

$$P_1 + \frac{1}{2}\rho v_1^2 + \rho g h_1 = P_2 + \frac{1}{2}\rho v_2^2 + \rho g h_2$$

2.3.2.2 计算流体动力学的离散

在计算机上进行流体力学仿真分析，需要对方程进行离散的数值求解，数值求解方法有很多种，其数学原理各不相同，但有两点是所有方法都具备的，即离散化和代数化。总的来说其基本思想是：将原来连续的求解区域划分成网格或单元子区域，在其中设置有限个离散点（称为节点），将求解区域中的连续函数离散为这些节点上的函数值；通过某种数学原理，将作为控制方程的偏微分方程转化为联系节点上待求函数值之间关系的代数方程（离散方程），求

解所建立起来的代表方程以获得求解函数的节点值。

不同的数值方法，其主要区别在于求解区域的离散方式和控制方程的离散方式上。在流体力学数值方法中，应用比较广泛的是有限元法、有限差分法、边界元法、有限体积法和有限分析法，介绍如下：

（1）有限元法也叫有限单元法（Finite Element Method，FEM），是随着电子计算机的发展而迅速发展起来的一种弹性力学问题的数值求解方法。20 世纪 50 年代初，它首先应用于连续体力学领域——飞机结构静、动态特性分析中，用以求得结构的变形、应力、固有频率以及振型。由于这种方法的有效性，有限单元法的应用已从线性问题扩展到非线性问题，分析的对象从弹性材料扩展到塑性、黏弹性、黏塑性和复合材料，从连续体扩展到非连续体。

有限元法最初的思想是把一个大的结构划分为有限个称为单元的小区域，在每一个小区域里，假定结构的变形和应力都是简单的，小区域内的变形和应力都容易通过计算机求解出来，进而可以获得整个结构的变形和应力。事实上，当划分的区域足够小，每个区域内的变形和应力总是趋于简单，计算的结果也就越接近真实情况。理论上可以证明，当单元数目足够多时，有限单元解将收敛于问题的精确解，但是计算量相应增大。为此，实际工作中总是要在计算量和计算精度之间找到一个平衡点。

有限元法中的相邻的小区域通过边界上的节点连接起来，可以用一个简单的插值函数描述每个小区域内的变形和应力，求解过程只需要计算出节点处的应力或者变形，非节点处的应力或者变形是通过函数插值获得的，换句话说，有限元法并不求解区域内任意一点的变形或者应力。大多数有限元程序都是以节点位移作为基本变量，求出节点位移后再计算单元内的应力，这种方法称为位移法。

有限元法本质上是一种微分方程的数值求解方法，认识到这一点以后，从 20 世纪 70 年代开始，有限元法的应用领域逐渐从固体力学领域扩展到其他需要求解微分方程的领域，如流体力学、传热学、电磁学、声学等。

有限元法在工程中最主要的应用形式是结构的优化，如结构形状的最优化、结构强度的分析、振动的分析等。有限元法在超过五十年的发展历史中，解决了大量的工程实际问题，创造了巨大的经济效益。有限元法的出现，使得传统的基于经验的结构设计趋于理性，设计出的产品越来越精细，尤为突出的一点是，产品设计过程的样机试制次数大为减少，产品的可靠性大为提高。压力容器的结构应力分析和形状优化，机床切削过程中的振动分析及减振，汽车试制过程中的碰撞模拟，发动机设计过程中的减振降噪分析，武器设计过程中爆轰过程的模拟、弹头形状的优化等，都是目前有限元法在工程中典型的应用。

经过半个多世纪的发展和在工程实际中的应用，有限元法被证明是一种行之有效的工程问题的模拟仿真方法，解决了大量的工程实际问题，对工业技术的进步起到了巨大的推动作用。但是有限元法本身并不是一种万能的分析、计算方法，并不适用于所有的工程问题。对于工程中遇到的实际问题，有限元法的使用取决于如下条件：产品实验或制作样机成本太高，实验无法实现，而有限元计算能够有效地模拟出实验效果、达到实验目的，计算成本也远低于实验成本时，有限元法才成为一种有效的选择。

（2）有限差分法（FDM）是计算机数值模拟最早采用的方法，至今仍被广泛运用。该方法将求解域划分为差分网格，用有限个网格节点代替连续的求解域。有限差分法使用泰勒级数展开等方法，把控制方程中的导数用网格节点上的函数值的差商代替进行离散，从而建立以网格节点上的值为未知数的代数方程组。该方法是一种直接将微分问题变为代数问题的近似数值解法，数学概念直观，表达简单，是发展较早且比较成熟的数值方法。

对于有限差分格式，从格式的精度来划分，有一阶格式、二阶格式和高阶格式。从差分的空间形式来考虑，可分为中心格式和逆风格式。考虑时间因子的影响，差分格式还可以分为显格式、隐格式、显隐交替格式等。目前常见的差分格式，主要是上述几种形式的组合，不同的组合构成不同的差分格式。差分方法主要适用于有结构网格，网格的步长一般根据实际地形的情况和柯朗稳定条件来决定。

构造差分的方法有多种形式，目前主要采用的是泰勒级数展开方法。其基本的差分表达式主要有四种形式：一阶向前差分、一阶向后差分、一阶中心差分和二阶中心差分等，其中前两种格式为一阶计算精度，后两种格式为二阶计算精度。通过对时间和空间这几种不同差分格式的组合，可以组合成不同的差分计算格式。

（3）边界元法：边界元法是在经典积分方程和有限元法基础上发展起来的求解微分方程的数值方法，其基本思想是：将微分方程相应的基本解作为权函数，应用加权余量法并应用格林函数导出联系解域中待求函数值与边界上的函数值与法向导数值之间关系的积分方程；令积分方程在边界上成立，获得边界积分方程，该方程表述了函数值和法向导数值在边界上的积分关系，而在这些边界值中，一部分是在边界条件中给定的，另一部分是待求的未知量，边界元法就是以边界积分方程作为求解的出发点，求出边界上的未知量；在所导出的边界积分方程基础上利用有限元的离散化思想，把边界离散化，建立边界元代数方程组，求解后可获得边界上全部节点的函数值和法向导数值；将全部边

界值代入积分方程中，即可获得内点函数值的计算表达式，它可以表示成边界节点值的线性组合。

边界元法的优点是：

● 将全解域的计算化为解域边界上的计算，使求解问题的维数降低了一维，减少了计算工作量。

● 能够方便地处理无界区域问题。例如对于势流等的无限区域问题，使用边界元法求解时由于基本解满足无穷远处边界条件，在无穷远处边界上的积分恒等于零。因此对于无限区域问题，例如具有无穷远边界的势流问题，不需要确定外边界，只需在内边界上进行离散即可。

● 边界元法的精度一般高于有限元法。边界元法的主要缺点是边界元方程组的系数矩阵是不对称的满阵，该方法目前只适用于线性问题。

（4）有限体积法（FVM）又称为控制体积法，是近年发展非常迅速的一种离散化方法，其特点是计算效率高。目前在 CFD 领域得到了广泛的应用。其基本思路是：将计算区域划分为一系列不重复的控制体积，并使每个网格点周围有一个控制体积；将待解的微分方程对每一个控制体积积分，便得出一组离散方程。其中的未知数是网格点上的因变量的数值。为了求出控制体积的积分，必须假定值在网格点之间的变化规律，即假设值的分段、分布剖面。

从积分区域的选取方法来看，有限体积法属于加权剩余法中的子区域法；从未知解的近似方法来看，有限体积法属于采用局部近似的离散方法。简言之，子区域法属于有限体积法的基本方法。

有限体积法的基本思路易于理解，并能得出直接的物理解释。离散方程的物理意义，就是因变量在有限大小的控制体积中的守恒原理，如同微分方程表示因变量在无限小的控制体积中的守恒原理一样。有限体积法得出的离散方程，要求对任意一组控制体积都满足因变量的积分守恒，对整个计算区域，自然也满足。这是有限体积法吸引人的优点。有一些离散方法，例如有限差分法，仅当网格极其细密时，离散方程才满足积分守恒；而有限体积法即使在粗网格情况下，也显示出准确的积分守恒。

就离散方法而言，有限体积法可视作有限单元法和有限差分法的中间方法。有限单元法必须假定值在网格点之间的变化规律（即插值函数），并将其作为近似解。有限差分法只考虑网格点上的数值而不考虑值在网格点之间如何变化。有限体积法只寻求网格的结点值，这与有限差分法相类似；但有限体积法在寻求控制体的积分时，必须假定值在网格点之间的分布，这又与有限单元法相类似。在有限体积法中，插值函数只用于计算控制体积的积分，得出离散方程之后，便可忘掉插值函数；如果需要，可以对微分方程中不同的项采取不同的插值函数。

（5）有限分析法：有限分析法在某种意义上是在有限元法基础上发展起来的一种数值方法，其基本思想是：将求解区域划分成矩形网格，网格线的交点为计算节点，每个节点与相邻的四个网格组成一个计算单元，即一个计算单元由一个中心节点与 8 个相邻节点组成；在每个单元中函数的近似解不是像有限元方法那样采用单元基函数的线性组合来表达，而是以单元中未知函数的分析解来表达；为了获得单元中的分析解，单元边界条件采用插值函数来逼近，在单元中把控制方程中非线性项局部线性化（如 N－S 方程中的对流项中认为其流速为已知），并对单元中待求函数的组合形式作出假设，找出其系数用单元边界节点上待求函数值表达的分析解；利用单元分析解确定单元中心节点与 8 个相邻节点间待求函数值之间关系的一个代数方程，称为单元有限分析方程；将所有内点上的单元有限分析方程联立，就构成总体有限分析方程，通过代数方程组求解，即可获得求解区域中全部离散点的函数值。

虽然有限分析解获得的是求解区域中离散点的函数值，但是由于每个单元内部都有与其中心节点对应的分析解表达式，因此有限分析解在每一个节点的局部区域内都是连续可微的，这对于需要计算求解函数导数的计算流体力学问题具有明显的优势。

该计算方法与有限元、有限差分法比较具有较高的精度。此外，有限分析法具有自动迎风特性，能准确地模拟对流项，同时不存在数值振荡失真问题。有限分析法的缺点是对复杂形状的求解区域适应性较差。

2.3.2.3　计算流体动力学的湍流模型

流体流动经常是不规则、多尺度、有结构的流动，一般是三维、非定常的，具有很强的扩散性和耗散性。从物理结构上看，湍流是由各种不同尺度的带有旋转结构的涡叠合而成的流动，这些涡的大小及旋转轴的方向分布是随机的。大尺度的涡主要由流动的边界条件决定，其尺寸可以与流场的大小相比拟，它主要受惯性影响而存在，是引起低频脉动的原因；小尺度的涡主要是由黏性力决定的，其尺寸可能只有流场尺度的千分之一的量级，是引起高频脉动的原因。大尺度的涡破裂后形成小尺度的涡，较小尺度的涡破裂后形成更小尺度的涡。在充分发展的湍流区域内，流体涡的尺寸可在相当宽的范围内连续变化。大尺度的涡不断地从主流获得能量，通过涡间的相互作用，能量逐渐向小尺寸的涡传递。最后由于流体黏性的作用，小尺度的涡不断消失，机械能就转化为流体的热能。同时由于边界的作用、扰动及速度梯度的作用，新的涡旋又不断产生，湍流运动得以发展和延续。

无论湍流运动多么复杂，非稳态的连续方程和 N – S 方程对于湍流的瞬时运动都是适用的。但是，湍流所具有的强烈瞬态性和非线性使得与湍流三维时间相关的全部细节无法用解析的方法精确描述，况且湍流流动的全部细节对于工程实际来说意义不大，因为人们所关心的经常是湍流所引起的平均流场变化。这样，就出现了对湍流进行不同简化处理的数学计算方法。其中，最原始的方法是基于统计平均或其他平均方法建立起来的时均化模拟方法。但这种基于平均方程与湍流模型的研究方法只适用于模拟小尺度的湍流运动，不能够从根本上解决湍流计算问题。为了使湍流计算更能反映不同尺度的旋涡运动，研究人员后来又发展了大涡模拟、分离涡模拟与直接数值模拟等方法。总体来说，湍流的计算方法主要分为 3 种：雷诺时均模拟、尺度解析模拟和直接数值模拟。其中，前 2 种方法可看成是非直接数值模拟方法。

（1）雷诺时均模拟方法：是指在时间域上对流场物理量进行雷诺平均化处理，然后求解所得到的时均化控制方程。比较常用的模型包括一方程模型如 Spalart – Allmaras 模型，二方程模型如 $k – \varepsilon$ 模型、$k – \omega$ 模型等，还有雷诺应力模型等。雷诺时均模拟方法计算效率较高，解的精度也基本可以满足工程实际需要。

（2）尺度解析模拟方法：是指对流场中一部分湍流进行直接求解，其余部分通过数学模型来计算。比较常用的模型包括大涡模拟、尺度自适应模拟、分离涡模拟和嵌入式大涡模拟等。这种方法对流场计算网格要求较高，特别是近壁区的网格密度要远大于雷诺时均法，因此所需要的计算机资源较大，但在求解瞬态性和分离性比较强的流动，特别是流体机械偏离设计工况的流动时具有优势。

（3）直接数值模拟方法（Direct Numerical Simulation，DNS）：是直接用瞬态 N – S 方程对湍流进行计算，理论上可以得到准确的计算结果。但是，在高雷诺数的湍流中包含尺度为 $10 \sim 100\ \mu m$ 的涡，湍流脉动的频率常大于 10 kHz，只有在非常微小的空间网格长度和时间步长下，才能分辨出湍流中详细的空间结构及变化剧烈的时间特性。对于这样的计算要求，现有的计算机能力还是比较困难的，DNS 目前还无法用于真正意义上的工程计算。但是，局部时均化模型为开展 DNS 模拟提供了一种间接方法。该模型是一种桥接模型，通过控制模型参数可以实现从雷诺时均模拟到接近 DNS 的数值计算，是一种有着发展潜力的计算模型。

湍流模型和应用场景如表 2 – 1 所示。

表 2 - 1　湍流模型和应用场景

模型	应用
Spalart - Allmaras 模型	气动问题（跨声速流动）
$k - \varepsilon$ 模型	一般问题，复杂几何的外部流动
$k - \omega$ 模型	一般问题，内部流动，射流，大曲率流，分离流
雷诺应力模型	旋风、强旋转以及其他复杂流动
各种转捩模型	介于层流与湍流之间的流动
LES 模型	热疲劳，振动，浮力流（船舶设计）
DES，DDES，IDDES 模型	外部气动力，气动声学，壁面湍流
DNS 模拟	基础理论研究及湍流模型构建

2.3.3　流场仿真技术的通用流程和应用软件

本节介绍通用方法，并介绍在每个进程中可选用的仿真软件和软件简介。

流场仿真通用流程如图 2 - 7 所示，可以分为 6 步，基本上包括所有流场仿真所涉及的各个方面。

几何构建　几何清理及简化　网格划分及前处理　模型特性设定　求解　后处理及结果输出

图 2 - 7　流场仿真通用流程

按照流程中间过程步骤所设计的仿真软件及介绍如下：

（1）几何构建：采用的建模软件与分析模型具有一定的相关性，如在三维仿真时多数采用通用的三维设计软件如 Creo、UG、SolidWorks、CATIA、AutoCAD 等，一些较特殊的分析如叶轮机械分析等可能会采用 BladeGen 等构建，也有可能通过流场仿真前处理软件进行简单的构建。流场仿真前处理软件在后面的步骤中详细介绍，此处着重介绍 BladeGen 软件。

BladeGen：是 CFX 下的一个叶轮机械设计模块，现已与 CFX 整体被集成至 ANSYS 中。BladeGen 是交互式涡轮机械叶片设计工具，集成了 AEA Technology 多年旋转机械设计和分析的专业经验，可以设计各种旋转和静止叶片元件，适用于广泛的轴向流和径向流叶型，如导流轮、泵、压缩机、涡轮机、扩压机、涡轮增压机、风扇、鼓风机等。

（2）几何清理及简化：通过专业的设计软件或采用前处理软件进行几何设计建模的，建立时已考虑后面分析求解过程，基本不需要进行几何清理和简化工作，而采用通用的三维设计工具建模，构建的模型一般较为详细，涉及模

型的细节较多，因此需要进行清理，采用的软件一般亦是通用的三维设计软件，还有一些也可以在仿真分析前处理中进行削平、填坑等处理。

（3）网格划分及前处理：涉及软件较多，采用的求解模型、求解器和算法模型等包括 Gambit、ANSYS ICEM CFD、ANSYS Mesh、HyperMesh、TGrid、PointWise、GridPro、ANSA、TurboGrid 等。

● Gambit（Fluent Inc）：

面向 CFD 分析的高质量的前处理器，其主要功能包括几何建模和网格生成。需要使用 Exceed，功能强大，占用内存较多。可以导入 Pro/E、UG、CATIA、SolidWorks、ANSYS、PATRAN 等大多数 CAD/CAE 软件所建立的几何和网格。导入过程新增自动公差修补几何功能，以保证 GAMBIT 与 CAD 软件接口的稳定性和保真性，使得几何质量高，并大大减少工程师的工作量。

GAMBIT 软件基于 ACIS 内核基础上的全面三维几何建模能力，通过多种方式直接建立点、线、面、体，而且具有强大的布尔运算能力，该功能大大领先于其他 CAE 软件的前处理器；可对自动生成的 Journal 文件进行编辑，以自动控制修改或生成新几何与网格；强大的几何修正功能，在导入几何时会自动合并重合的点、线、面；新增几何修正工具条，在消除短边、缝合缺口、修补尖角、去除小面、去除单独辅助线和修补倒角时更加快速、自动、灵活，而且准确保证几何体的精度；强大的网格划分能力，可以划分包括边界层等 CFD 特殊要求的高质量网格。GAMBIT 中专用的网格划分算法可以保证在复杂的几何区域内直接划分出高质量的四面体、六面体网格或混合网格；先进的六面体核心（HEXCORE）技术是 GAMBIT 所独有的，集成了笛卡儿网格和非结构网格的优点，使用该技术划分网格时更加容易，而且大大节省网格数量、提高网格质量；GAMBIT 可高度智能化地选择网格划分方法，可对极其复杂的几何区域划分出与相邻区域网格连续的完全非结构化的混合网格。

● ANSYS ICEM CFD：

ICEM CFD 如今是 ANSYS 软件中的一个前处理模块，自从被 ANSYS 收归旗下之后，ANSYS 就将其作为主打前处理软件，后来收购了 CFX 软件，ANSYS 果断放弃了 CFX 原有的前处理模块（CFX – Build，一款以 Patran 为基础开发的 CFD 前处理模块），从 CFX 被收购后的第一个版本（CFX5.7）起，ICEM CFD 就被作为 CFX 的御用前处理器。而在 2005 年 ANSYS 收购 FLUENT 后，ANSYS 更是逐渐淡化 GAMBIT 作为 FLUENT 的前处理器作用，转而将 ICEM CFD 作为 FLUENT 的前处理器，同时在 ANSYS14.5 版本之后，将 ICEM CFD 作为 Workbench 中的模块（之前一直作为独立软件包）。如今 ICEM CFD 已经作为 ANSYS CFD 软件的前处理器。ICEM CFD 是一款功能全面的 CFD 网格生成工具，其不仅支持 block 形式的六面体网格，还支持生成四面体、五面体（金字搭）、三棱柱、笛卡儿网格等形式的网格，足以应对任何复杂程度几何模型的网格生成工作。ICEM CFD 作为专业的前处理软件，为所有世界流行的 CAE 软件提供高效可靠的分析模型。它拥有强大的 CAD 模型修复能力、自动中面抽取、独特的网格"雕塑"技术、网格编辑技术以及广泛的求解器支持能力。同时作为 ANSYS 家族的一款专业分析环境，还可以集成于 ANSYS Workbench 平台，获得 Workbench 的所有优势。ICEM CFD 软件具有直接几何接口（CAT-IA，CADDS5，ICEM Surf/DDN，I – DEAS，SolidWorks，Solid Edge，Pro/E 和 Unigraphics），可以忽略细节特征设置，自动跨越几何缺陷及多余的细小特征，软件对 CAD 模型的完整性要求很低，它提供完备的模型修复工具，方便处理"烂模型"；软件的网格雕塑技术可实现任意复杂的几何体纯六面体网格划分，软件可自动检查网格质量，自动进行整体平滑处理，坏单元自动重划，可视化修改网格质量，软件具备超过 100 种求解器接口，如 FLUENT、Ansys、CFX、Nastran、Abaqus、LS – DYNA ICEM CFD 的网格划分模型。软件采用了先进的 O – Grid 等技术，用户可以方便地在 ICEM CFD 中对非规则几何形状划出高质量的"O"形、"C"形、"L"形六面体网格。

- ANSYS Mesh：

ANSYS Mesh 其实是 ANSYS Workbench 的网格模块，为 ANSYS Worbench 中的求解器（结构、电磁、流体等）提供网格。随着 ANSYS 版本的更新，该模块的网格生成功能也日益强大。据说该模块在不断地吸收 GAMBIT、ICEM CFD 及 TGrid（都是 ANSYS 收购的软件）的网格生成算法，按照 ANSYS 的发展策略，可以预测将来 ANSYS 将会以此模块作为主打网格生成器。

- HyperMesh：

HyperMesh 软件是美国 Altair 公司的产品，是世界领先的、功能强大的 CAE 应用软件包，也是一个创新、开放的企业级 CAE 平台，它集成了设计与分析所需的各种工具，具有无与伦比的性能以及高度的开放性、灵活性和友好的用户界面。

在 CAE 工程技术领域，HyperMesh 最著名的特点是它所具有的强大的有限元网格划分前处理功能。一般来说，CAE 分析工程师 80% 的时间都花费在了有限元模型的建立、修改和网格划分上，而真正的分析求解时间消耗在计算机工作站上，所以采用一个功能强大、使用方便灵活，并能够与众多 CAD 系统和有限元求解器方便地进行数据交换的有限元前后处理工具，对于提高有限元分析工作的质量和效率具有十分重要的意义。HyperMesh&reg 是一个高性能的有限元前后处理器，它能让 CAE 分析工程师在高度交互及可视化的环境下进

行仿真分析工作。与其他的有限元前后处理器相比，HyperMesh 的图形用户界面易于学习，特别是它支持直接输入已有的三维 CAD 几何模型（UG，Pro/E，CATIA 等）、有限元模型，并且导入的效率和模型质量都很高，可以大大减少很多重复性的工作，使得 CAE 分析工程师能够将更多的精力和时间投入分析计算工作中。同样，HyperMesh 也具有先进的后处理功能，可以保证形象地表现各种各样的复杂的仿真结果，如云图、曲线标和动画等。

在处理几何模型和有限元网格的效率和质量方面，HyperMesh 具有很好的速度、适应性和可定制性，并且模型规模没有软件限制。其他很多有限元前处理软件对于一些复杂的、大规模的模型在读取数据时，需要很长时间，而且很多情况下并不能够成功导入模型，这样后续的 CAE 分析工作就无法进行；而如果采用 HyperMesh，其强大的几何处理能力使得 HyperMesh 可以很快地读取那些结构非常复杂、规模非常大的模型数据，从而大大提高了 CAE 分析工程师的工作效率，也使很多应用其他前后处理软件很难或者不能解决的问题迎刃而解。

- TGrid：

这是一个非结构网格生成器，原本属于 FLUENT，在 ANSYS 收购 FLUENT 时被一起打包收购。据说该软件生成非结构网格能力超强，可以毫不费劲地生成千万级别的网格。目前该软件已经被集成进 FLUENT 软件，作为 FLUENT Meshing 模式。

- PointWise：

PointWise 源于 Gridgen，是 Gridgen 换了副面孔后的结构。Gridgen 来源于通用动力公司开发 F16 战斗机时的遗留品，目前在 CFD 网格领域占有很大的比重。该软件提供了众多的网格操纵功能，在结构网格与非结构网格划分方面均提供了良好的性能，输入/输出接口也相当丰富，能够支持绝大多数 CAD 文件格式，也支持绝大多数 CFD 求解器。对于打算长期从事 CFD 行业的人们来讲，PointWise 是不错的选择。

- GridPro：

GridPro 是一款 CFD 专用网格生成软件。该软件早期版本仅能生成六面体网格，不过该软件新版本可以生成四面体网格，同时实用性也得到提高。该软件采用类似 ICEM CFD 的 block 网格生成思路，先创建块，再将块与几何进行关联，之后在块上生成网格，并将块上的网格映射到几何模型上，形成最终的网格。

- ANSA：

ANSA 是一款希腊人开发的软件，号称是操作最快的软件。打开软件就明白这款软件快的理由：所有的功能按钮都是单级，省去了其他软件多级菜单的寻找时间。单级按钮虽然操作方便，但有密集恐惧症的使用者肯定不会这么想。ANSA 的优势在于其面网格生成功能，因此尤其适合于汽车工业的有限元计算网格。对于 CFD 计算所需的体网格，虽然也可以生成，但更多的是利用 ANSA 生成初始面网格，再利用其他的体网格生成软件导入面网格，并生成体网格。

- TurboGrid：

TurboGrid 是一款专业的涡轮叶栅通道网格划分软件，已被 ANSYS 收购。ANSYS TurboGrid 强调了它在旋转机械领域的强大优势。它能在短时间内给形状复杂的叶片和叶栅通道划出高质量的结构化网格，整个流程用时一般小于10 分钟。

ANSYS TurboGrid 用户界面友好，整个过程自动化，系统会自动提示下一步信息。ANSYS TurboGrid 可以直接读入几何模型，还内置丰富的拓扑模板，可以根据叶片形状和使用要求生成不同的拓扑结构。系统自动生成高质量的结构化网格，并且有多种方式调节网格质量。

（4）模型特性设定及求解。由于模型特性设定一般在求解器中进行，因此，将模型特性设定和求解统一说明。此模块采用的软件与分析模型具有一定的相关性，如通用的流体或传热仿真多数采用通用的仿真软件如 ANSYS CFX、ANSYS FLUENT、STAR – CCM +、STAR – CD 等，一些较特殊的分析如叶轮机械分析等可能会采用 NUMECA，具体情况介绍如下。

- ANSYS CFX：

ANSYS CFX 软件是一款高性能的流体动力学多用途程序，20 多年来，此软件备受工程师青睐，常用于解决各种各样的流体流动问题。CFX 以先进的求解器技术为核心，可快速稳健地提供可靠、准确的解决方案。以此高度平行的先进求解器为基础，可提供丰富的物理模型选择，从而虚拟捕获流体流动相关的任何类型现象。求解器和模型采用先进、直观且灵活的 GUI 及用户环境，同时配备各种自定义功能和自动化操作，支持各种会话文件、脚本和强大的表达语言。

ANSYS CFX 是全球第一个通过 ISO 9001 质量体系认证的大型商业 CFD 软件，是全球第一个在复杂几何、网格、求解这三个 CFD 传统瓶颈问题上均获得重大突破的大型商业 CFD 软件，是全球第一个发展和使用全隐式多网格耦合求解技术的大型商业 CFD 软件。

ANSYS CFX 求解器采用了基于有限元的有限体积法，在保证了有限体积法的守恒特性的基础上，吸收了有限元法的数值精确性——精确的数值方法，全隐式多网格耦合求解技术加上自适应多网格技术，使 CFX 的计算速度和稳

定性较传统方法提高了 1～2 个数量级，同时获得优异的并行效率——加速比随 CPU 数几乎线性增长；ANSYS CFX 具有丰富的物理模型使 CFX 拥有包括流体流动、传热、辐射、多相流、化学反应、燃烧等问题的通用物理模型；还拥有气蚀、凝固、沸腾、多孔介质、相间传质、喷雾干燥、真实气体等大量复杂现象的实用模型；包括业界领先的 SST 湍流模型。

ANSYS CFX 后处理功能也较为强大，可为用户提供方便易用的二次开发语言——表达式语言（CEL）以及功能强大的用户子程序的用户接口程序，允许用户加入自己的特殊物理模型，进一步扩展了 CFX 的应用范围，为客户解决了许多高难度技术问题；可以集成环境与优化技术；同时，通过 ANSYS DesignXplorer 优化模块，可以方便地实现方案的优化设计。

- ANSYS FLUENT：

ANSYS FLUENT 是目前国际上比较流行的商用 CFD 软件包，凡是和流体、热传递和化学反应等有关的工业均可使用。它具有丰富的物理模型、先进的数值方法和强大的前后处理功能，在航空航天、汽车设计、石油天然气和涡轮机设计等方面都有着广泛的应用。

ANSYS FLUENT 软件包含基于压力的分离求解器、基于密度的隐式求解器、基于密度的显式求解器，多求解器技术使 ANSYS FLUENT 软件可以用来模拟从不可压缩到高超声速范围内的各种复杂流场。ANSYS FLUENT 软件包含非常丰富、经过工程确认的物理模型，由于采用了多种求解方法和多重网格加速收敛技术，因而 ANSYS FLUENT 能达到最佳的收敛速度和求解精度。灵活的非结构化网格和基于解的自适应网格技术及成熟的物理模型，可以模拟高超声速流场、传热与相变、化学反应与燃烧、多相流、旋转机械、动/变形网格、噪声、材料加工等复杂机理的流动问题。ANSYS FLUENT 的软件设计基于"CFD 计算机软件群的概念"，针对每一种流动的物理问题的特点，采用适合于它的数值解法在计算速度、稳定性和精度等各方面达到最佳。由于囊括了比利时 PolyFlow 和 Fluent Dynamical International（FDI）的全部技术力量（前者是公认的在黏弹性和聚合物流动模拟方面占领先地位的公司，后者是基于有限元方法 CFD 软件方面领先的公司），因此 FLUENT 具有以上软件的许多优点。

ANSYS FLUENT 软件采用基于完全非结构化网格的有限体积法，而且具有基于网格节点和网格单元的梯度算法；可以进行定常/非定常流动模拟；包含三种算法：非耦合隐式算法、耦合显式算法、耦合隐式算法，是商用软件中算法最多的；还包含丰富而先进的湍流模型，使得用户能够精确地模拟无黏流、层流、湍流。湍流模型包含 Spalart - Allmaras 模型、$k - \omega$ 模型组、$k - \varepsilon$ 模型组、雷诺应力模型（RSM）组、大涡模拟模型（LES）组以及最新的分离涡模拟（DES）和 V2F 模型等。另外用户还可以定制或添加自己的湍流模型。

ANSYS FLUENT 具有高效率的并行计算功能，提供多种自动/手动分区算法；内置 MPI 并行机制大幅提高并行效率。另外，FLUENT 特有动态负载平衡功能，确保全局高效并行计算。

- STAR – CCM + ：

STAR – CCM + 是 CD – adapco 公司采用最先进的连续介质力学数值技术（computational continum mechanics algorithms）开发的新一代 CFD 求解器。

它搭载了 CD – adapco 独创的最新网格生成技术，可以完成复杂形状数据输入、表面准备——如包面（保持形状、简化几何、自动补洞、防止部件接触、检查泄漏等功能）、表面网格重构、自动体网格生成（包括多面体网格、六面体核心网格、十二面体核心网格、四面体网格）等生成网格所需的一系列作业。

STAR – CCM + 使用 CD – adapco 倡导的多面体网格，相比于原来的四面体网格，在保持相同计算精度的情况下，可以实现计算性能 3 ~ 10 倍的提高。

STAR – CCM + 软件是由 CD – adapco Group 公司开发的新一代通用计算流体力学（CFD）分析软件。

STAR – CCM + 能很好地支持船的前期设计研究，在船类行业应用甚广。

- STAR – CD：

STAR – CD 是 CD – adapco 公司开发出来的全球第一个采用完全非结构化网格生成技术和有限体积方法来研究工业领域中复杂流动的流体分析商用软件包。采用基于完全非结构化网格和有限体积方法的核心解算器，具有丰富的物理模型，内存占用最少，具有良好的稳定性、易用性、收敛性和众多的二次开发接口。CD – adapco 集团公司与全球许多著名的高等院校、科研机构、大型跨国公司合作，不断丰富和完善 STAR – CD 的各种功能，例如先进的燃烧模型、湍流模型和气动声学等，其中自适应运动网格、流体/固体相互作用、HCCI 燃烧模型已经出现在 STAR – CD 的最新版本中，提供给广大客户使用。

STAR – CD 独特的全自动六面体/四面体非结构化网格技术，满足了用户对复杂网格处理的需求，因此它首先在汽车/内燃机领域获得了成功，并迅速扩展到航空、航天、核工程、电力、电子、石油、化工、造船、家用电器、铁路、水利、建筑、环境等几乎所有重要的工业和研究领域，在全世界拥有众多用户。

STAR – CD 使用的前后处理软件包称为 PROSTAR，核心解算器称为 STAR。PROSTAR 集成了建模、求解与后处理所必需的各种工具。其面向过程

的、易用的 GUI 和计算导航器 NAVCenter 对各种流动都是强大又方便的工具。它可以保证即使是新用户也能够很容易地解算复杂问题。

- FLOW – 3D：

FLOW – 3D 是高效能的计算仿真工具，工程师能够根据自行定义多种物理模型，应用于各种不同的工程领域。通过精确预测自由液面流动（free – surface flows），FLOW – 3D 可以协助用户在工程领域中改进现有制程。

FLOW – 3D 是一套全功能的软件，不需要额外加购网格生成模块或者事后处理模块。完全整合的图像式使用者界面，让使用者可以快速地完成仿真专案设定到结果输出。该软件具有网格与几何、流动定义选项、数值模型选项、流体模型选项、热模型选项、物理模型选项、特殊物理模型、金属铸造模型、紊流模型、多孔性材质模型、两相流体与两种以上材质物件组合模型、浅层流体模型及多处理器计算能力等，是国际知名流体力学大师 Dr. C. W. Hirt 毕生之作，从 1985 年正式推出后，其 CFD 解算技术 True V. O. F. 在实物问题的拟真与计算结果的准确度上皆受到使用者的赞誉与嘉许。其特别的 FAVOR 技巧更是针对自由液面（Free surface）如常见的金属压铸（Metal Casting）与大地水利学等复杂问题提供了更高精度、更高效率的解答。

不仅如此，FLOW – 3D 本身完整的理论基础与数值结构，也能满足各个不同领域中使用者的需要，如微小到柯达公司最高阶相片打印机的喷墨头计算，大到 NASA 超声速喷嘴与美国海军舰载输油系统的设计，近来更针对生物医学科技中的电泳进行新模块的开发及验证。

- NUMECA：

NUMECA 软件公司于 1992 年，在国际著名叶轮机械气体动力学及 CFD 专家、比利时王国科学院院士、布鲁塞尔自由大学流体力学系主任查尔斯 – 赫思（Charles HIRSCH）教授的倡导下成立。其核心软件是在该系 20 世纪 80—90 年代为欧洲宇航局（ESA）编写的 CFD 软件——欧洲空气动力数值求解器（EURANUS）的基础之上发展起来的。

分析软件包有 FINE/Turbo、FINE/Marine 和 FINE/Open 等，其中均包括前处理、求解器和后处理三个部分。FINE/Turbo 用于内部流动，FINE/Marine 用于跨介质流动，FINE/Open 可用内外部流动，但为非结构自适应网格。针对叶轮机械内部流动，在坦克装甲车辆中可用的是 FINE/Turbo，下面主要介绍 FINE/Turbo。

FINE/Turbo，可用于任何可压或不可压、定常或非定常、二维或三维的黏性或无黏内部（其中包括任何叶轮机械：轴流或离心风机、压缩机、泵、透平等。单级或多级，或整机，或任何其他内部流动：管流、涡壳、阀门等）流动的数值模拟。其中包括 IGG：网格生成器。可生成任何几何形状的结构网格。采用准自动的块化技术和模板技术。生成网格的速度及质量均远高于其他软件。

IGG/AutoGRID：网格生成器。可自动生成任何叶轮机械（包括任何轴流、混流、离心机械，可带有顶部、根部间隙，可带有分流叶片等）的 H 形、I 形和 HOH 形网格。该软件已经被国际工业部门认为是用于叶轮机械最好、最方便及网格质量最好的网格生成软件。

EURANUS：求解器。求解三维雷诺平均的 N – S 方程。采用多重网格加速技术，全二阶精度的差分格式及基于 MPI 平台的并型处理；可求解任何二维、三维、定常/非定常、可压/不可压、单级或多级，或整个机器的黏性/无黏流动；可处理任何真实气体；有多种转/静子界面处理方法；有自动冷却孔计算模块；可多级通流计算、自动初场计算、湿蒸汽计算、共额传热计算、气固两相流计算，等等。其多级（10 级以上）求解性能良好。

CFVIEW：功能强大的流动显示器。可做任何定性或定量的矢量、标量的显示图。特别是可处理和制作适合于叶轮机械的任何 S1 和 S2 面，及周向平均图。该软件已经被国际工业部门认为是用于叶轮机械最好的后处理软件。

FINE/Open：非结构网格 CFD 求解器。该模块的独特性在于：它所采用的网格全是六面体的非结构网格（这是目前最先进的方法之一）；采用自动自适应的多重网格求解器。

HEXPRESS：非结构网格生成器。可自动生成任意复杂三维几何体的全六面体非结构网格。可直接输入多种作图软件的数据，并对其有自动修补动能。

（5）后处理及结果输出。后处理一般可在求解器中进行，但除了利用求解器的后处理功能进行处理外，还可以使用如 Tecplot、EnSight、Matlab、Origin 等软件，求解器在上一节中已经介绍得较为详细，此节着重介绍其他软件，情况如下：

● Tecplot：

Tecplot 系列软件是由美国 Tecplot 公司推出的功能强大的数据分析和可视化处理软件。它包含数值模拟和 CFD 结果可视化软件 Tecplot 360、工程绘图软件 Tecplot Focus，以及油藏数值模拟可视化分析软件 Tecplot RS。

Tecplot 360 是一款将至关重要的工程绘图与先进的数据可视化功能结合为一体的数值模拟和 CFD 可视化软件。它能按照用户的设想迅速地根据数据绘图及生成动画，对复杂数据进行分析，进行多种布局安排，并将用户的结果与专业的图像和动画联系起来。当然 Tecplot 360 还能够帮助用户节省处理日常事务的时间和精力。

Tecplot 360 具备的功能包括：可直接读入常见的网格、CAD 图形及 CFD 软件（PHOENICS、FLUENT、STAR - CD）生成的文件。能直接导入 CGNS、DXF、EXCEL、GRIDGEN、PLOT3D 格式的文件。能导出的文件格式包括了 BMP、AVI、FLASH、JPEG、WINDOWS 等常用格式。能直接将结果在互联网上发布，利用 FTP 或 HTTP 对文件进行修改、编辑等操作。也可以直接打印图形，并在 Microsoft Office 上复制和粘贴。可在 Windows 9X \ Me \ NT \ 2000 \ XP 和 UNIX 操作系统上运行，文件能在不同的操作平台上相互交换。利用鼠标直接点击即可知道流场中任一点的数值，能随意增加和删除指定的等值线（面）。ADK 功能使用户可以利用 FORTRAN、C、C++ 等语言开发特殊功能。

- EnSight：

EnSight 由美国 CEI 公司研发，是一款尖端的科学工程可视化与后处理软件，基于图标的用户接口易于掌握，并且能够很方便地移动到新增功能层中。EnSight 能在所有主流计算机平台上运行，支持大多数主流 CAE 程序接口和数据格式。

EnSight 具有广泛的 CAE 支持特性、先进的数据处理能力，可同时查看多达 16 个数据集（仅限于 Standard、Gold 和 DR 版本），轻松编写内部求解器接口，可在客户端 - 服务器运行（仅限于 Standard、Gold 和 DR 版本），具有高效的数据处理能力、尖端的可视化工具、出色的图像质量、完全可自定义的图形窗口、虚拟现实及支持 Python 脚本等功能。

- Matlab：

Matlab 是功能十分强大的多元化软件，此处仅简单介绍。Matlab 是美国 MathWorks 公司出品的商业数学软件，用于算法开发、数据可视化、数据分析以及数值计算的高级技术计算语言和交互式环境，主要包括 Matlab 和 Simulink 两大部分。

Matlab 是 matrix&laboratory 两个词的组合，意为矩阵工厂（矩阵实验室），是由美国 MathWorks 公司发布的主要面对科学计算、可视化以及交互式程序设计的高科技计算环境。它将数值分析、矩阵计算、科学数据可视化以及非线性动态系统的建模和仿真等诸多强大功能集成在一个易于使用的视窗环境中，为科学研究、工程设计以及必须进行有效数值计算的众多科学领域提供了一种全面的解决方案，并在很大程度上摆脱了传统非交互式程序设计语言（如 C、Fortran）的编辑模式，代表了当今国际上科学计算软件的先进水平。

- Origin：

Origin 是由 OriginLab 公司开发的一个科学绘图、数据分析软件，支持在

Microsoft Windows 下运行。Origin 支持各种各样的 2D/3D 图形。Origin 中的数据分析功能包括统计、信号处理、曲线拟合以及峰值分析。Origin 中的曲线拟合是采用基于 Levernberg – Marquardt 算法（LMA）的非线性最小二乘法拟合。Origin 强大的数据导入功能，支持多种格式的数据，包括 ASCII、Excel、NI TDM、DIADem、NetCDF、SPC 等。图形输出格式多样，例如 JPEG、GIF、EPS、TIFF 等。内置的查询工具可通过 ADO 访问数据库数据。

2.3.4　流场仿真案例

2.3.4.1　整车陆上风阻计算，可用于方案设计阶段

在产品的方案设计阶段，需要初步了解产品的总体性能，依据此可以对分系统或零部件提出各种接口和性能需求。本节以履带式装甲车辆为例，对坦克装甲车辆车体及相关行动系统进行陆上风阻分析，可以充分了解装甲车辆在路上行进尤其是高速状态下车体周围流线、车体表面受力等，为装甲车辆整体设计及车身结构设计提供良好的基础支撑。

在进行风阻计算时，首先需全面考虑建模及模型清洗过程，边界如何设定及输出关注变量等。本节为减少计算量，默认车体左右对称，仅进行半模建模，建立模型时进行了一定的简化，把履带、主动轮、诱导轮、负重轮进行实心化，并消除细小边界、凸台等，建立的半模如图 2 – 8 所示。

按照建立流域的基本要求，建立长 22 m，高 5 m，宽 5 m 的流域，地面与履带底部实体接触，清除部分缝隙等，建立的流域如图 2 – 9 所示。图 2 – 10 为装甲车辆镜像后全模型在地面的示意图。

图 2 – 8　车体半模

图 2 – 9　构建的流域

按照总量控制来控制计算量和计算速度，结合局部加密确保计算精度的原则，对履带、负重轮周边进行加密，选取小尺度网格，在车体上选取中尺度网格，并切割出装甲车辆周围局部区域进行周边中尺度网格划分，并划分为体网格，在外部区域采用较大尺度网格。处理后的网格及边界条件如图 2 – 11 所示。

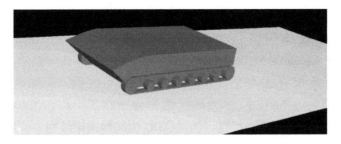

图 2 - 10　镜像后的车体与地面示意图

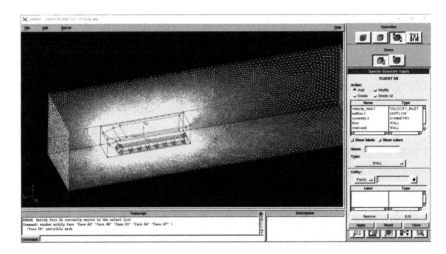

图 2 - 11　前处理结果

装甲车辆表面网格处理后如图 2 - 12 所示。

图 2 - 12　车体及履带等细节加密网格图

　　按照 2.3.3 介绍，在完成网格、边界命名后，将前处理完成的模型导入求解器 FLUENT 中，在导入网格后首先进行网格检查及显示，这样可以直观地获得网格的质量信息以及判断相关边界设置是否正确，能有效提高求解准确性和一次成功率，如图 2 - 13 所示。

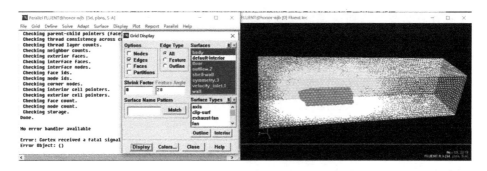

图2-13　网格检查及边界显示

在确认网格质量达到要求后，需要进行边界条件设定、离散模型选择、方程系数调整、计算时残差和关注量的观测设定等，设定后即可进行求解。

求解的过程中残差和关注量会随着计算的进行逐渐绘制出对应的曲线，如图2-14所示。

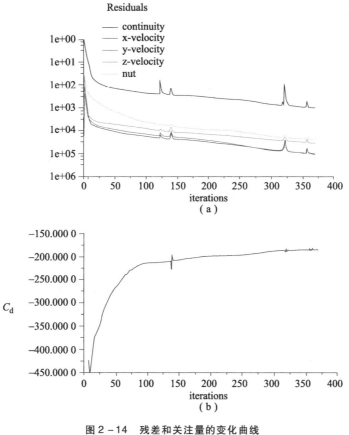

图2-14　残差和关注量的变化曲线

（a）残差收敛曲线；（b）车体阻力收敛曲线

在计算时残差达到设定的收敛标准或观察关注量长期稳定在特定数值附近，可以判定计算已经收敛，此时可结束计算，保存计算数据文件后进行后处理。

对于方案设计阶段设计人员，除了需要统计车辆行进间正向风阻外，还需要关注车体周边速度矢量图（图2-15），图2-17展示车体周边高低速流动情况。另外，对于车体表面压力云图也需要重点了解，对于了解车体阻力产生以及通过调整什么部位以降低车体的高速行进时车体阻力会提供极大帮助，如图2-16所示。图2-18所示为压力云图。

图2-15　显示对称面速度矢量图

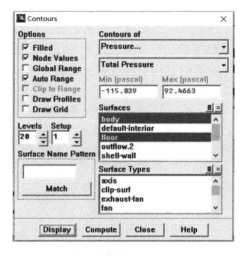

图2-16　显示车体表面和地面压力云图

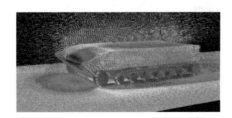

图2-17　车体周边速度矢量图

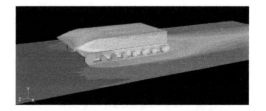

图2-18　车体表面及地面压力云图

观测车体周围迹线图是直观了解车体周围流动的较佳方法，如图2-19所示，显示出的迹线如图2-20所示，分别表示了车体艏部和车体艉部迹线，可以很清楚地得出艏部流线分流稍差，尤其是艏下装甲和底部装甲连接处有一个压缩。车体艉部在上下方向上有两个涡旋，存在大量能量损耗，可以通过优化车体上装甲尾部、底部装甲二者与后装甲连接角度来达到改善目的。

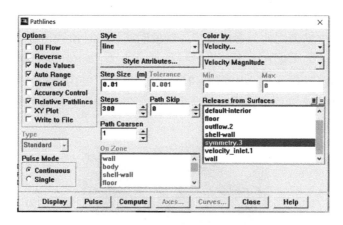

图 2 - 19　迹线显示方法

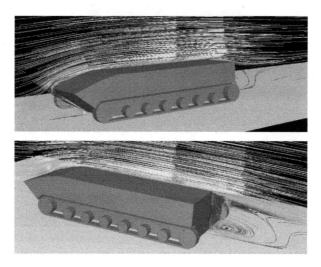

图 2 - 20　车体艏部和艉部迹线图

本节通过对简化的车体模型在方案设计阶段进行装甲车辆行进间的风阻分析，能够较快地获取车辆高速行进时风压、受力分布的稳定性等，为车辆的减阻设计提供了极好的参考，在两栖车辆水上行进时的减阻优化设计分析上，通过流场仿真计算，能够在不影响车体布置和动力推进的情况下有较大提升，尤其是在越峰点附近，值得读者深入分析探索。

2.3.4.2　导管螺旋桨的计算，可用于工程设计阶段

在工程设计阶段，设计者将会更加关注产品的设计细节以及产品的性能，在性能计算时也更加关注流场的具体变化、流线的分布以及影响产品性能的具

体奇异点、压力跳变点等，并由此进行优化设计等。

本节以水上推进用的导管螺旋桨为例说明工程设计阶段流场仿真的应用。

导管螺旋桨为车辆在水上行进时提供前向推力的动力转化装置，由导管、桨叶、支架和旋转轴组成，如图 2-21 所示，发动机经由传动装置以一定的转速将动力传递给旋转轴，旋转轴带动桨叶，在导管中经过整流后将水流推向后方，产生前向推力。

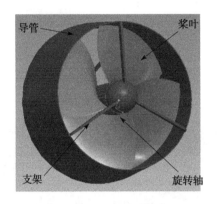

图 2-21　导管螺旋桨构造

对于导管螺旋桨的设计者，关注的是当前转速下导管螺旋桨的消耗功率和产生的推力，并观测流场流动情况、叶片表面所受压力等以进行优化设计。

针对导管螺旋桨的流场仿真，可以将支架简化去除，对整体性能仿真结果影响较小，但可以极大地加快仿真速度。另外，在去除支架后，导管螺旋桨是一个四分的轴对称结构，可以选取包括单桨叶的四分之一结构进行分析，构建四分之一模型需要关注周期面的连续性以及与桨叶的相互干扰作用。本例中采用流场仿真前处理软件 Gambit 的叶轮模块构建模型，通过切割桨叶片内、中、外三层位置，使用前缘尾缘线等，构建出的模型如图 2-22 所示。

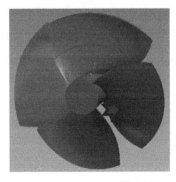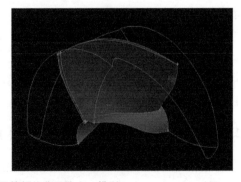

图 2-22　导管螺旋桨四分之一模型

　　模型构建完成后，最重要的是根据导管螺旋桨的实际使用工况规划出计算的流域。本节将导管螺旋桨放入敞口的开放的静水环境中，为了消除进出口边界条件设置影响，建立了一个如图 2 – 23 所示的流域，包括扩展的进出口流域、裁剪出的进出口壁面和导管内壁边界等。

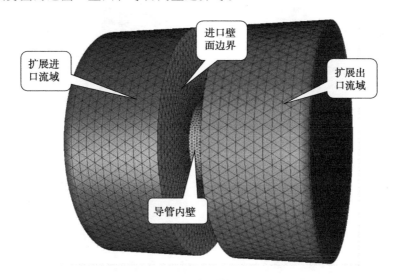

进口壁面边界

扩展进口流域

扩展出口流域

导管内壁

图 2 – 23　建立的导管螺旋桨流域

　　建立流域后，完成网格划分，此处网格划分与上一节类似，对导管螺旋桨的桨叶采用小尺度网格，对导管采用较小尺寸网格，经过进出口壁面边界过渡至进出口的较大尺度网格，如图 2 – 23 所示。

　　网格划分完成后，进行求解器、边界条件设定，湍流方程确定，从材料库中选取液态水作为工作介质，进行求解，求解过程与上一节相同，在监控残差和输出流量变化较小时停止计算。

　　对于导管螺旋桨的设计者来说，除了关注螺旋桨的功率消耗、产生的推力外，可能更加关注此产品是否能进行一定的优化，会否产生汽蚀，表面所受压力是否会导致桨叶的变形等，这些都需要对桨叶表面压力分布进行精确显示，如图 2 – 24 所示，即为桨叶压力面和吸力面表面静压分布。

　　经过计算得知，桨叶压力面表面分布较均匀，但吸力面上有部分较大负压，可能会产生汽蚀，因此设计时应在考虑整体性能的前提下尽量避免此类现象。

　　图 2 – 25 和图 2 – 26 所示为螺旋桨中剖面上的速度矢量和压力云图，通过此两图，设计者可以充分确定导管螺旋桨整体设计的优劣，对设计者进行优化设计具有重要意义。

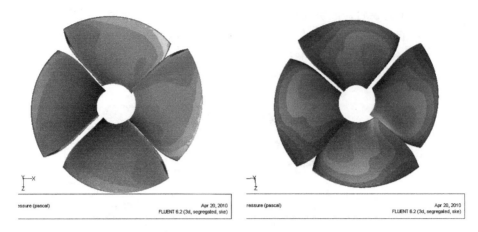

图 2-24 桨叶表面压力分布

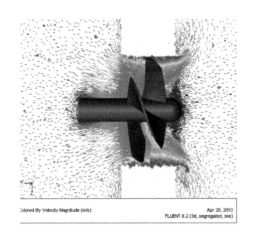

图 2-25 中剖面速度矢量

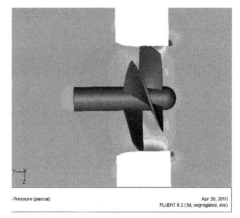

图 2-26 中剖面静压

　　本节通过对简化的导管螺旋桨模型在工程设计阶段进行流体仿真，能够较快地获取螺旋桨所产生的推力、所耗功率、桨叶表面压力等数值。

　　除对导管螺旋桨进行常规的流场分析外，还可以结合高低压分布、气液两相流进行汽蚀分析，充分了解导管螺旋桨在水上高速运转时的失效破坏形式以及如何设计以避免等问题。

　　在系统级流场仿真中，结合针对整车水上阻力分析，不但可以分析除动力与阻力的匹配，还可以针对螺旋桨与车体行进时流场干扰进行更细致的分析及优化设计，对于两栖车辆系统级整体设计具有重要的参考意义。

　　流场仿真在坦克装甲车辆的研发设计中，能显著提高设计效率，缩短研制周期，节约研制经费，是现代设计及仿真方法的一个重要组成部分，例如针对车辆高速行进时进行流场仿真，能够计算出车辆行进间风压、受力分布和车辆航行的稳定性等，为车辆的减阻设计提供极好的参考。在两栖车辆水上行进时的减阻优化设计分析上，通过流场仿真计算，能够在不影响车体布置和动力推进的情况下较大提升两栖车辆的航行速度，降低航行阻力，尤其是在速度越峰点附近，可能会产生一个速度飞跃。在一些部件及分系统如散热系统整体效能分析匹配上，可以通过热流场仿真详细了解流域内的速度、压力和迹线分布，为整体设计提升提供极佳参考。流场仿真结合结构分析、动力学分析等可以对坦克装甲车辆进行全面的机械结构方面的多学科仿真，是坦克装甲车辆研发中极其重要的一环，值得读者深入分析探索。

|2.4　控制系统仿真技术|

2.4.1　控制系统仿真技术概述

现代装甲车辆不断朝着电子化、集成化和智能化方向发展，其功能不断增多、系统日益复杂，导致控制系统开发、测试的难度也越来越高。控制系统通常需要在实车场地经过大量性能测试，以不断完善原理样机。但是对于不断涌现出的新功能，控制系统的功能可能尚未完善，在这种情况下进行物理样机试验往往人力及物力成本高、危险性高以及可重复性差，在控制系统开发早期阶段，不易获得功能完善的物理样机。近年来，随着仿真技术的发展，利用仿真平台来模拟复杂多变的被控对象，以及基于模型的方法开发控制系统，成为车辆控制系统开发的一种重要方式。根据是否有物理实体，仿真可分为物理仿真和数学仿真。物理仿真又可根据系统实物的完整性分为实物仿真和半实物仿真。数字仿真根据所使用的计算平台又可分为模拟仿真、数字仿真和混合仿真。此外，根据仿真时间与实际时间的关系又可分为实时仿真、超实时仿真和亚实时仿真。

装甲车辆控制系统仿真的目的是更好地开发控制策略，如车辆动力学控制策略、混合动力车辆能量管理控制策略、自动变速器控制策略、自适应巡航控制等先进辅助驾驶功能。一个完整的控制系统仿真过程包括以下三个要素：面向控制的实时被控对象模型、面向控制的算法开发、仿真运行的计算平台。

（1）面向控制的实时被控对象模型。

为了测试控制算法，首先需要开发用于控制的被控对象。过于复杂物理模型不适合于控制算法的开发。因此，需要建立面向控制的实时被控对象模型。

通常采用建立数学模型的方法，数学模型将物理模型的问题用数学方法描述出来，可以进行必要的简化和抽象。常用的面向控制的被控对象建模方法有基于Matlab/Simulink 建模、基于二次开发的仿真软件等。

（2）面向控制的算法开发。

控制算法是控制系统仿真的核心。面向控制的算法的重要特点是实时性，因此通常需要将控制算法离散化处理，以便在计算平台上运行。对于混合动力履带车辆能量管理控制策略而言，常用的控制算法有基于规则的控制策略，如逻辑门限值控制策略；基于智能算法的控制策略，如模糊控制、神经网络控制、遗传算法等；基于最优控制的策略，如动态规划、强化学习等。

（3）仿真运行的计算平台。

控制算法和被控对象模型最终都需要在计算平台上运行。对于离线仿真，计算平台可以是普通的电脑。对于实时仿真，计算平台可以是工控机、快速控制原型及原理样机等。

仿真设计有助于深入理解被控对象的工作过程和分析控制策略中占主要影响的动力学因素，快速验证控制策略，减少不必要的样车制造和实车试验，缩短开发周期，降低开发成本。在控制策略设计中，系统部件模型还可以用来定量分析整车的能量消耗，建立能量消耗模型，用于算法设计。此外，在整车方案设计时，可以用整车仿真程序来评估整车性能，验证方案设计，以及对方案进行优化设计等。

利用仿真技术开发车辆控制系统，具有以下优点：

（1）可以在控制系统开发早期进行离线仿真，验证控制算法的功能，提高开发效率。

（2）可以利用快速控制原型结合控制系统模型，应用于实车测试，缩短产品开发周期，降低开发成本。

（3）可以实现危险的行驶环境或工况（如碰撞、恶劣天气、极限工况等）的测试，减少实车测试风险并降低测试成本。

（4）可以在仿真中注入故障，测试控制系统的可靠性。

（5）测试工况可以重复，不受外界因素影响。

2.4.2　控制系统仿真理论基础

2.4.2.1　面向控制的被控对象仿真模型开发

面向控制的被控对象模型搭建主要有两种方法：一是借助成熟的专业软件，比如 AVLCruise、Advisor 或者 dSPACEHIL；二是基于 Matlab/Simulink 软件根据被控对象的原理建立数学模型。基于 Matlab/Simulink 软件仿真是控制策略设计的重要方法，本书以串联式混合动力履带车辆为研究对象，介绍整车控制策略的仿真设计，包括驾驶员模型、发动机 - 发电机组模型、动力电池组模型、车辆动力学模型、驱动电机模型等建模原理和方法，为研究混合动力履带车辆的整车控制问题提供了必要的仿真环境。建模过程中采用以经验模型为主的方法，经验值都经过实车验证，具有相对较高的精度。

1. 发动机 - 发电机组模型

在串联式混合动力履带车辆中，发动机不直接驱动车辆，而是通过带动发电机发电，为两侧驱动电机提供电能，两侧电机驱动履带主动轮使车辆行驶。发动机和发电机之间可以通过一个变速箱来实现速度匹配。采用电压控制的发动机 - 发电机组模型的输入输出如图 2 - 27 所示，输入为目标转速和母线电流，输出为实际转速和可控母线电压。

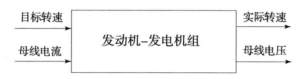

图 2 - 27　发动机 - 发电机组模型的输入输出

顾名思义，发动机 - 发电机组模型由发动机模型和发电机模型组成。由于本书主要研究控制策略的仿真，而非部件的仿真，因此只关注发动机的对外输出特性及燃油消耗特性，不关注发动机具体的燃烧过程等详细特性。因此，在发动机建模过程中，对其内部的过程可以尽可能地简化，忽略发动机的高频动态特性，建立发动机的准静态模型。发动机燃油消耗率只与发动机转速和发动机扭矩两个参数相关。根据这两个参数查万有特性表可插值得出当前的燃油消耗率，如图 2 - 28 所示。

本书中的发电机采用三相永磁同步发电机。串联式混合动力履带车辆电传动系统采取的是 AC - DC - AC 形式，即发电机三相交流电经过整流后变为直流电，直流电通过逆变成三相交流电给驱动电机提供电能，因此发电机关键特征建模通常与整流桥一起采取等效电路方法来完成。永磁同步发电机及整流桥等效电路如图 2 - 29 所示。

永磁同步发电机 - 整流桥直流侧电压、电磁转矩方程如下：

$$\begin{cases} U_{dc} = K_e \omega_m - K_x \omega_m I_{dc} \\ T_e = \dfrac{P_m}{\omega_m} = \dfrac{P_{dc}}{\omega_m} = K_e I_{dc} - K_x I_{dc}^2 \end{cases}$$

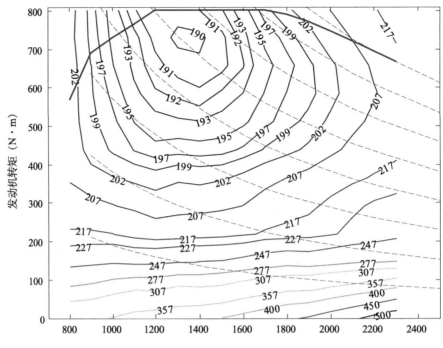

图 2 - 28　发动机燃油经济性 MAP 图

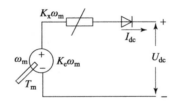

图 2 - 29　永磁同步发电机加整流桥等效电路

式中，T_e 为发电机电磁转矩；K_e 为发电机的等效电动势系数；K_x 为发电机等效阻抗系数，$K_x = 3PL^g/\pi$，其中 P 为发电机极对数，L^g 为发电机电枢同步电感。

发电机输入转矩由发动机经过变速箱传递而来，速比 $i_{e\text{-}g}$。根据转矩平衡有如下关系：

$$\begin{cases} \dfrac{T_{eng}}{i_{e\text{-}g}} - T_e = 0.1047\left(\dfrac{J_e}{i_{e\text{-}g}^2} + J_g\right)\dfrac{\mathrm{d}n_g}{\mathrm{d}t} \\ n_g = i_{e\text{-}g}n_{eng} \end{cases}$$

式中，T_{eng} 为发动机输出转矩；n_{eng} 为发动机转速；n_g 为发电机转速；J_e 为发动机转动惯量；J_g 为发电机转动惯量。

从图 2 - 30 中可以看出，发动机 - 发电机组建模为一个可控的电压源，向

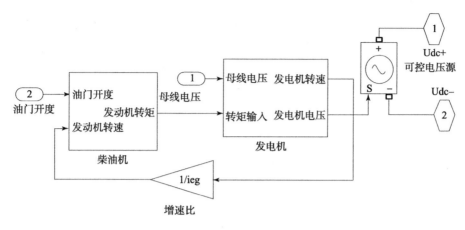

图 2 - 30 发动机 - 发电机组底层模型

负载提供功率。

2. 动力电池组模型

基于试验数据,建立电池组的等效电路模型,如图 2 - 31 所示。方程式表达如下:

$$\begin{cases} U_{\text{bat}} = V(\text{SOC}) - I_{\text{bat}} \cdot R_{\text{int}} \\ \text{SOC} = \left(1 - \dfrac{1}{C_{\text{Ah}}}\int I_{\text{bat}}\,\mathrm{d}t\right) \times 100\% \end{cases}$$

式中,U_{bat} 为动力电池组输出电压;$V(\text{SOC})$ 为动力电池组开路电压;I_{bat} 为动力电池组输出电流;R_{int} 为动力电池内阻;C_{Ah} 为动力电池组容量;SOC 为动力电池组荷电状态。动力电池组开路电压与 SOC 及内阻关系通过实验获得。

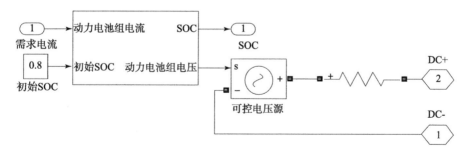

图 2 - 31 动力电池组底层模型

3. 驱动电机模型

驱动电机采用永磁同步电机,其机械输出特性曲线如图 2 - 32 所示,包括电机驱动系统的额定外特性曲线、峰值外特性曲线以及电机在不同工作点的系

统效率。电机控制器接收动力学控制策略发送过来的目标转矩，控制电机转矩输出，系统模型再和当前电机允许输出的最大转矩进行比较。若目标转矩命令不大于最大转矩，则控制电机输出目标转矩值；若目标转矩超过最大转矩，则控制电机输出最大转矩值。

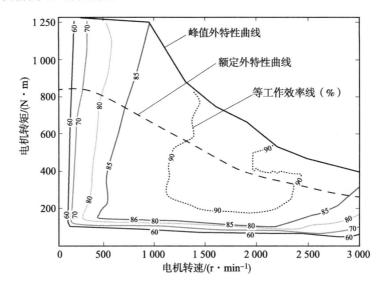

图 2-32　驱动电机机械输出特性曲线

驱动电机被建模成一个可控的电流源，驱动状态时从直流母线上吸收电流，制动时回收能量反馈到回流母线，给动力电池组充电，如图 2-33 所示。

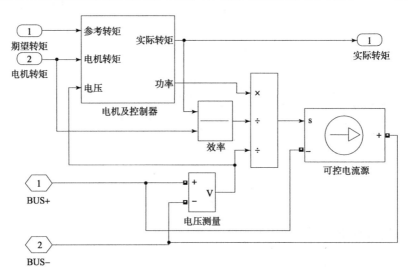

图 2-33　驱动电机系统模型

4. 车辆动力学模型

车辆动力学模型主要考虑纵向动力学，不考虑垂向的动态过程。通过分析履带车辆直驶和转向过程，建立如下方程组：

$$\begin{cases} (F_1 + F_2) - F_{r1} - F_{r2} = m\dot{v}_x \\ (F_2 - F_1)\dfrac{B}{2} + (F_{r1} - F_{r2})\dfrac{B}{2} - M_h(\mu, v_y, \omega) = I_z\dot{\omega} \\ F_{1,2} = \begin{cases} 0.5\phi G & \left(\dfrac{T_{1,2}i_0\eta}{r} > 0.5\phi G\right) \\ \dfrac{T_{1,2}i_0\eta}{r} & \left(\dfrac{T_{1,2}i_0\eta}{r} \leqslant 0.5\phi G\right) \end{cases} \\ n_{1,2} = \dfrac{30i_0}{\pi}\dfrac{(v_x \pm \omega B/2)}{r} \end{cases}$$

式中，F_1, F_2 是纵向驱动力；F_{r1}, F_{r2} 是两侧履带纵向阻力；T_1, T_2 是两侧驱动电机转矩；v_x 是纵向车速；v_y 为侧向车速；M_h 是转向阻力矩；ω 是转向角速度；I_z 为车辆 z 轴方向转动惯量；m 为整车质量；ϕ 为滚动阻力系数；μ 为转向阻力系数，由路面状态决定；r 为主驱动轮半径；B 为两侧履带中心距；i_0 为侧减速比。

根据方程组，建立如图 2 - 34 所示的履带车辆动力学模型。

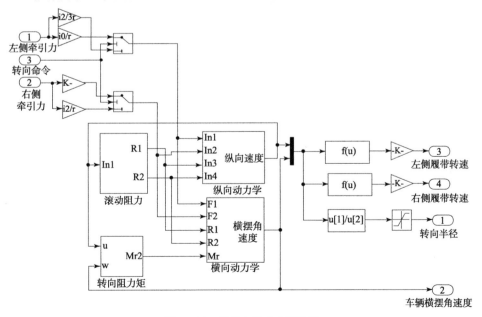

图 2 - 34 履带车辆动力学模型

5. 驾驶员模型

驾驶员模型实际上是一个车速控制器，模型中采用了一个 PI 控制器，将输入的期望车速与实际车速（来自车辆动力学模型的输出反馈）的差值转变为加速踏板指令或制动踏板指令，如图 2-35 所示。驾驶员模型的主要变量为描述不同驾驶风格的 P、I 参数。

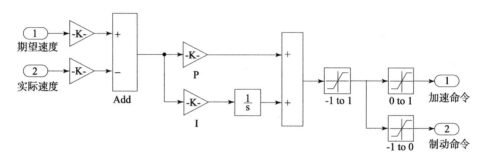

图 2-35　驾驶员模型

2.4.2.2　控制系统常用理论

本书以串联式混合动力履带车辆整车控制策略开发为例，介绍常用理论方法。书中的混合动力履带车辆采用串联构型，能量源为发动机－发电机组和动力电池组，由两侧电机来驱动车辆。能量管理控制策略是混合动力车辆整车控制策略中最重要的功能。混合动力车辆能量管理控制策略的作用是在车辆的行驶过程中，在满足车辆的动力性和其他基本性能要求的前提下，根据动力总成各部件的性能特征与车辆的行驶工况，利用混合动力的节能机理，充分发挥设计方案的节能潜力，达到整车在燃油经济性和排放等方面的目标性能。

能量管理控制策略是混合动力车辆研发的核心和难点。按控制原理分类，串联混合动力车辆的能量管理控制策略可以分为恒温器模式、功率跟随模式和恒温器－功率跟随（两者混合）模式三类。恒温器模式原理：当电池荷电状态小于设置值 SOC_{min} 时，发动机－发电机组启动并工作在最低燃油消耗点或排放点，按恒功率发电，一部分功率用来满足驱动功率需求，另一部分用来向动力电池组充电；当电池荷电状态大于设置值 SOC_{max} 时，发动机－发电机组关闭，由动力电池组给驱动电机提供能量，车辆工作于纯电动模式。恒温器模式优点是控制原理简单、代码容易实现和可靠性好。缺点是动力电池组功率容量要求大，对于重型车需要大量电池组，不经济也不便于布置。动力电池组经常出现大电流充放电的情况，对电池效率和寿命都不利。功率跟随模式，也叫发动机功率跟随控制策略，要求发动机的输出功率实时跟踪路面负载需求的变化，这将导致发动机频繁启停和大范围调速，影响发动机效率。恒温器 – 功率跟随模式；当电池荷电状态较低或负载功率较大时，发动机均会启动。当电池荷电状态高于 SOC_{max} 或负载功率较小时，发动机关闭。当负载功率大于或小于发动机经济区域所能输出的功率时，电池组通过充放电对该功率差进行缓冲和补偿。优点是发动机一旦启动，就工作在相对经济的区域。缺点是无法获得最优的结果。

目前已经提出的能量管理控制策略按控制方法基本可以分为四类：基于规则的逻辑门限控制策略、瞬时优化控制策略、智能控制策略和全局最优控制策略。基于规则的逻辑门限控制策略原理是，根据发动机的负荷特性图，设定一组静态和动态参数来限定发动机的工作区域；同时，根据动力电池组的内阻和充放电特性，设定高效率电池荷电状态的工作区间。在此基础上，基于预先设定的判定规则来选择和切换混合动力系统的工作模式。具体控制原理可以选择恒温器控制模式或者功率跟随控制模式等。其优点是算法简单、实时性好、鲁棒性好和实用价值高；缺点是逻辑门限值的设定比较依赖工程经验和试验数据，在动态工况下对燃油经济性和排放的控制精度有待提高。瞬时优化策略采用名义油耗作为控制目标，该控制方法要求将驱动电机的能量损耗转换为等效的发动机油耗。驱动电机的等效油耗与发动机的实际油耗之和称为名义油耗。瞬时油耗模式从保证系统在每个时刻的名义油耗最小出发，动态分配不同能量源的功率。瞬时优化控制策略的缺点是需要大量的浮点运算，计算量大，不适于在线控制。智能控制策略的基本出发点是模仿人的智能，根据被控系统的定性信息和定量信息形成推理决策，以实现对难以建模的非线性复杂系统的控制。主要方法有模糊逻辑控制策略、神经网络控制策略和遗传算法控制策略。全局最优控制策略采用的一种重要方法是动态规划。动态规划理论是解决多阶段最优决策的一种数学方法，在复杂非线性系统控制优化方面应用广泛。动态规划方法的优点是可以获得全局最优的结果，缺点是计算量大且需要提前知道行驶工况，限制了实时应用。但是可以根据动态规划的结果优化现有实时控制策略，以获得较好的节能效果。

下面具体介绍几种常用的控制策略及其原理。

1. 基于逻辑门限值的能量管理策略

采用发动机多点控制策略，建立发动机转速切换的规则。将发动机转速工作范围分为不同等级，每一等级覆盖一段功率范围，通过跟踪目标功率使发动机在不同转速等级上切换，从而避免发动机频繁调速。发动机转速多点控制工作原理如图 2 – 36 所示。其中（a）图为发动机工作区间（转速等级）在转

速－功率平面中的分布，（b）图为发动机工作区间在其万有特性平面上的分布，A1、B1、C1 线分别与 A、B、C 线相对应，Ⅰ、Ⅱ、Ⅲ 表示最终划分的 3 个转速等级，区域 *kjlm*、*onpq* 表示两个等功率转速切换区。

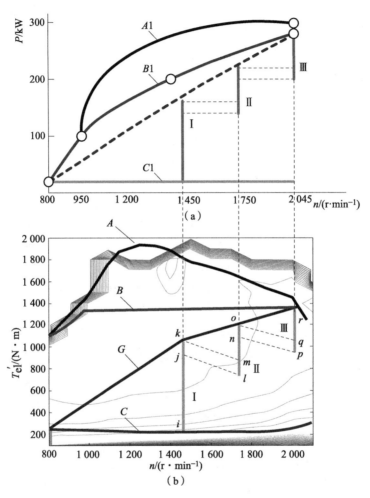

图 2-36　发动机多点转速控制原理图（引自参考文献［21］）

发动机转速等级的划分如表 2-2 所示。

表 2-2　发动机转速等级的划分

转速等级	转速/(r·min⁻¹)	功率范围/kW	转矩范围/(N·m)
怠速	800	0～35	0～179
Ⅰ级	1450	35～160	99～1054
Ⅱ级	1750	140～220	764～1200
Ⅲ级	2045	200～270	934～1260

2. 基于动态规划的能量管理策略

基于规则的能量管理策略控制算法简单，但是需经过大量实验才能得到合理的力矩分配曲线，且往往得不到最优结果。因此，采用动态规划算法将能量管理问题建模成一个离散的最优控制问题。首先建立下式所示混合动力履带车辆最优控制的状态方程：

$$x(k+1) = f(x(k), u(k), \mathrm{Trq_{dem}}(k))$$

式中，$x(k) = \{\mathrm{SOC}(k), n_e(k)\}$ 表示系统的状态向量，选为电池荷电状态 $\mathrm{SOC}(k)$ 和发动机转速 $n_e(k)$；$u(k) = \{\mathrm{acc}(k), \mathrm{Espd_{cmd}}(k)\}$ 表示系统的控制向量，选为发动机油门开度 $\mathrm{acc}(k)$ 和发动机转速切换命令 $\mathrm{Espd_{cmd}}(k)$；$\mathrm{Trq_{dem}}(k)$ 为第 k 时刻系统的需求扭矩，通过行驶工况计算得出。最优目标函数是寻找控制输入量使得燃油消耗最小。目标函数为整个工况油耗和工况初始及最终 SOC 变化约束。目标函数表示为：

$$J = \sum_{k=0}^{N-1} \mathrm{fuel}[n_e(k), T_e(k)] + \delta \cdot |[\mathrm{SOC}_N - \mathrm{SOC}_0]|$$

在优化计算过程中还要对系统添加必要的约束条件，避免发动机、发电机、动力电池组工作在不合理的区域，约束不等式如下：

$$\begin{cases} 0 < \mathrm{SOC}(k) < 1 \\ |\mathrm{SOC}(N) - \mathrm{SOC}(0)| < \Delta\mathrm{SOC} \\ 0 < n_{eng}(k) < n_{eng\_max} \\ 0 < T_{eng}(n_{eng}(k)) < T_{eng\_max}(n_{eng}(k)) \\ I_{bat\_max\_char}(k) < I_{bat}(k) < I_{bat\_max\_disch}(k) \\ T_{m\_min}(n_m(k)) < T_m(n_m(k)) < T_{m\_max}(n_m(k)) \end{cases}$$

式中，n_{eng} 为发动机转速；T_{eng} 为发动机转矩；I_{bat} 为电池组电流；T_m 为电机转矩。

（1）动力电池组离散状态方程。

对电池荷电状态方程求导可得，$\dot{\mathrm{SOC}} = -\dfrac{I_{bat}}{C_{Ah}}$，即动力电池组的离散形式为：

$$\mathrm{SOC}(k+1) = \mathrm{SOC}(k) - \frac{1}{C_{Ah}}I_{bat}$$

式中，$I_{bat} = \dfrac{V(\mathrm{SOC}) - \sqrt{V(\mathrm{SOC})^2 - 4 \cdot R_{int}P_{bat}}}{2 \cdot R_{int}}$。

（2）发动机转速的离散方程。

对于串联混合动力车辆，发动机不受实际工况的速度约束，因此可以将它表示为与控制量相关的函数：

$$n_e(k+1) = n_e(k) + \mathrm{Espd}_{\mathrm{cmd}}(k)$$

（3）动态规划算法及求解步骤。

动态规划理论的核心是最优性原理。将一个多步决策问题转化为一系列单步决策问题，然后从最后一步开始往前求解直到初始步为止。求解过程遵循以下原则，无论初始状态如何，后面的决策必须保证是一个最优的过程。

动态规划的计算步骤为：

第 $N-1$ 步：

$$J_{N-1}^*(x(N-1)) = \min_{u[N-1]}\left[\mathrm{fuel}(x(N-1), u(N-1)) + \delta \cdot |\Delta\mathrm{SOC}|\right]$$

第 k 步（$0 < k < N-1$）：

$$J_k^*(x(k)) = \min_{u(k)}\left[\mathrm{fuel}(x(k), u(k)) + J_{k+1}^*(x(k+1))\right]$$

式中，$J_k^*(x(k))$ 为在从第 k 步开始累积的最优目标函数，即第 k 步的最小燃油消耗值。通过求解这个递归方程，直到第一步，即可求得整个工况的最小燃油消耗值。此外，还可以得到该工况下的最优控制策略 $u^*(k)$。

3. 基于随机动态规划的能量管理策略

与动态规划不同，随机动态规划将驾驶员的需求功率建模成一个马尔科夫过程，能更真实地反映驾驶过程。随机动态规划优化的结果是一个全状态反馈的最优控制表格，可下载到控制器中实车应用。

双电机独立驱动的履带车辆的特点是取消了转向过程中机械滑磨损失，其功率需求通过下式计算：

$$\begin{cases} P_{\mathrm{dem}} = (F_r + F_a + F_{\mathrm{aero}}) \cdot \bar{V} + M \cdot \omega + I_z \cdot \dot{\omega} \\ F_r = m_{\mathrm{veh}} g f_r \\ F_a = m_{\mathrm{veh}} a \\ F_{\mathrm{aero}} = C_d A \bar{V}^2 / 21.15 \\ M = \mu m_{\mathrm{veh}} g L / 4 \\ \mu = \mu_{\max} \cdot (0.925 + 0.15 \cdot R/B) - 1 \\ R = (B/2) \cdot (V_o + V_i)/(V_o - V_i) \end{cases}$$

式中，F_r 是滚动阻力；F_a 是加速阻力；F_{aero} 为空气阻力；$\bar{V}$ 为平均车速；M 是转向阻力矩；ω 是转向角速度；I_z 为车辆垂直轴向转动惯量；m_{veh} 为整车质量；f_r

为滚动阻力系数；a 为直驶加速度；C_d 为风阻系数；A 为迎风面积；μ 为转向阻力系数；L 为履带接地长；μ_{max} 为转向阻力系数，由路面状态决定；R 为转向半径；B 为两侧履带中心距；V_o 和 V_i 分别为外、内两侧履带速度。

车辆实际行驶中驾驶员通过操纵加速踏板或制动踏板表达功率需求，该值不可能预知，但可以把其视为随机过程，且具有马尔科夫性质，即下一时刻的需求功率只取决于当前车速和当前需求功率，而与之前的状态无关。通过统计实际的行驶工况来获得不同车速下需求功率转移概率函数。

将需求功率离散为有限个数的一列值：

$$P_{dem} \in \{p_{dem}^1, p_{dem}^2, \cdots, p_{dem}^{N_p}\}$$

平均车速同样离散为有限个数的一列值：

$$\bar{V} \in \{\bar{v}^1, \bar{v}^2, \cdots, \bar{v}^{N_v}\}$$

用转移概率 $P_{im,j}$ 来表示在 k 时刻平均车速 $\bar{v}^m$ 和当前时刻需求功率 p_{dem}^i 下，$k+1$ 时刻需求功率 p_{dem}^j 的概率。

$$P_{im,j} = \Pr\{p_{dem}^j \mid p_{dem} = p_{dem}^i, \bar{v} = \bar{v}^m\}$$
$$i, j = 1, 2, \cdots, N_p; m = 1, 2, \cdots, N_v$$

且 $\sum_{j=1}^{N_p} P_{im,j} = 1$。

根据行驶工况求出每一时刻对应车速下的需求功率。采用最邻近法（Nearest Neighborhood）将获得的数据 $(P_{dem}, \bar{v})$ 并量化为 $(P_{dem}^i, \bar{v}^m)$。转移概率的值由最大释然估计法确定：

$$P_{im,j} = \frac{m_{im,j}}{m_{im}} \quad \text{if} \quad m_{im} \neq 0$$
$$m \in \{1, 2, \cdots, N_v\} \quad i, j \in \{1, 2, \cdots, N_p\}$$

式中，$m_{im,j}$ 表示在车速为 $\bar{v}^m$ 时，需求功率从 P_{dem}^i 转移到 P_{dem}^j 发生的次数；m_{im} 表示在车速为 $\bar{v}^m$ 时，需求功率 P_{dem}^i 总的发生转移的次数，且 $m_{im} = \sum_{j=1}^{N_p} m_{im,j}$。

（1）马尔科夫决策问题建模。

把发动机-发电机组和电池组间功率分配看作离散时间序列马尔科夫决策问题，状态转移方程如下：

$$x_{k+1} = f(x_k, u_k, w_k)$$

式中，状态量为 $x_k = \{SOC(k), n_{eng}(k)\}^T$；控制量取发动机电子油门开度信号，$u_k = \text{thro}(k) \in [0, 1]$；$w_k$ 为随机干扰变量，令 $w_k = P_{dem}$，并满足实车循环工况下的需求功率转移概率分布。

单步状态转移成本计算如下：

$$r(x_k, u_k) = T_s \cdot F(n_{\text{eng}}(k), \text{thro}(k)) + \alpha \cdot (\text{SOC}_{k+1} - \text{SOC}_0)^2$$

式中，$r(x_k, u_k)$ 为在 x_k 状态下施加控制量 u_k 引发的单步状态转移成本；T_s 为离散步长，取 $1\,\text{s}$；$F(n_{\text{eng}}(k), \text{thro}(k))$ 代表转速 $n_{\text{eng}}(k)$ 和 $\text{thro}(k)$ 下的燃油消耗率，由发动机万有特性试验获得。为约束电池过度充放，在单步状态转移成本中包含下一时刻 SOC 与初始 SOC 的差的平方项。α 为加权因子，以调节在优化中燃油消耗与电池组能量平衡的权重。

马尔科夫决策的目的是寻找控制律 π，实现整个随机过程中的成本期望最小，表达如下：

$$\min C_N^\pi(x_0) \equiv E^\pi \left\{ \sum_{k=1}^{N-1} r(x_k, u_k) + r_N(x_N) \right\}$$

式中，$C_N^\pi(x_0)$ 表示初始值为 x_0、施加控制律 π 的总体成本；$r_N(x_N)$ 为终端成本，表达为：

$$r_N(x_N) = \alpha \cdot (\text{SOC}_N - \text{SOC}_0)^2$$

此外系统状态或控制量受以下约束：

$$\begin{cases} 0 < \text{SOC}(k) < 1 \\ |\text{SOC}(N) - \text{SOC}(0)| < \Delta\text{SOC} \\ n_{\text{g\_min}} < n_{\text{g}}(k) < n_{\text{g\_max}} \\ n_{\text{g}}(k+1) - n_{\text{g}}(k) < \Delta n \\ I_{\text{bat\_max\_char}} < I_{\text{bat}}(k) < I_{\text{bat\_max\_disch}} \\ 0 < I_{\text{dc}}(k) < I_{\text{dc\_max}} \\ 0 \le u(k) \le 1 \end{cases}$$

式中，ΔSOC 为允许的 SOC 偏差，$n_{\text{g\_min}}$ 和 $n_{\text{g\_max}}$ 分别为发电机允许最低和最高转速；Δn 为单位时间步长内允许的发电机速度增长率，$I_{\text{bat\_max\_char}}$ 和 $I_{\text{bat\_max\_disch}}$ 为电池组最大充电电流（为负值）和放电电流，$I_{\text{dc\_max}}$ 为发电机组最大输出电流。

（2）策略迭代法求解。

由于 P_{dem} 为随机变量，导致下一时刻状态变量被看作是条件概率，期望成本函数重新表达为：

$$C_N^\pi(x_0) \equiv E^\pi \left\{ \sum_{k=1}^{N-1} \sum_{j=1}^{Np} p_{km,j} [r_{kj}(x_{kj}, u_{kj}) + r_N(x_N)] \right\}$$

该式包括前 $N-1$ 时刻的累积成本和 N 时刻的终端成本，当 $N \to +\infty$ 成为无限马尔科夫决策问题。

引入折扣因子 λ 以加快收敛，总的期望成本函数表示为：

$$V_{N,\lambda}^{\pi}(x_0) \equiv E^{\pi}\left\{\sum_{k=1}^{N-1}\sum_{j=1}^{Np} p_{im,j}\left[\lambda^{k-1}r_{kj}(x_{kj}, u_{kj}) + \lambda^{N-1}r_N(x_N)\right]\right\}$$

由上式得到贝尔曼最优方程的递归形式：

$$C^{\pi}(x_{N-1}) = r_{N-1}(x_{N-1}, u_{N-1}) + \lambda \cdot C^{\pi}(x_N)$$

采用策略迭代法求解上述最优控制问题，具体算法如下：

（1）设 n 为迭代次数。初始化 $n=0$；任意假定一个初始的策略 π^0。

（2）策略评估。将 π^n 代入贝尔曼最优方程。若 $|C_{n+1} - C_n| \leqslant \varepsilon$，则停止，取最优值函数 $C_{\pi^*} = C_n$，否则，令 $C_n = C_{n+1}$，继续迭代直到 $|C_{n+1} - C_n| \leqslant \varepsilon$ 为止。

（3）策略改进。将第二步求得的最优值函数 C^* 代入迭代方程。获得针对最优值函数的控制策略，$\pi^{n+1} = \arg\min C^*$。

（4）如果 $\pi^n = \pi^{n+1}$，则停止。最优的策略 $\pi^* = \pi^n$；否则，$n = n + 1$，重复步骤（2）~（3）。

2.4.3　控制系统仿真通用流程和应用软件

2.4.3.1　控制系统开发通用流程

目前，控制系统开发采用数字化设计、建模及仿真的思想已经贯穿于系统开发的全过程，涉及了方案设计、建模与仿真、嵌入式软件编程、硬件在回路验证测试和系统集成测试等阶段，并从机械设计和电路设计开始到控制、算法以及机电系统的实现，整个过程都采用了统一的、跨多个专业的设计系统和开发工具，这些开发工具包括了：控制器开发、仿真建模环境，符号数值计算、专业物理系统建模工具，代码可靠度测试工具，快速控制原型开发系统，产品级控制选型开发系统，半实物仿真系统等，这些工具集成了国际上先进的各类软硬件开发环境，并能够进行相互数据传递，基本贯穿在控制系统开发的全过程。

对于现代车辆电控系统设计开发流程而言，数字化设计的思想贯穿于系统开发的全过程，从机械设计开始到动力学控制、算法、数据的可视化，再到机电系统的实现。在这个过程中，需要一个统一的、跨多个专业的设计平台和开发工具，这个开发平台包含开发各阶段所需的开发模块，并具有较好的开放性，可以集成国际上先进的软硬件，相互传递数据。

整个控制算法设计流程分为五个阶段：功能设计的离线仿真阶段、快速控制原型开发阶段、自动目标代码生成、硬件在回路仿真、测试标定及诊断，其

开发流程如图 2 - 37 所示。

功能设计的离线仿真

测试标定及诊断

快速控制原型开发

硬件在回路仿真

自动目标代码生成

图 2 - 37　整个控制系统设计流程

五个开发阶段及其相互关系如下：

（1）功能设计的离线仿真。

在传统的开发方法中，这一开发过程主要由需求定义文档和功能设计文档组成，用文字对开发目标进行详细说明，然后将对象模型进行简化，再进行控制模块设计。而现代设计方法中采用了 Matlab/Simulink 等计算机辅助建模及分析软件建立对象尽可能准确的模型，并将设计的控制策略与被控对象模型联合仿真，使设计的控制策略可以更好地实现对真实对象的控制。

（2）快速控制原型开发

在控制系统开发的初期阶段，快速建立控制对象及控制系统的模型。将设计的控制系统模型生成代码并通过下载工具下载到高性能硬件处理器平台。基于该平台对控制原型进行离线以及在线实验，以验证控制系统的可行性，在实验过程中修改控制参数以不断改进控制系统的性能。该阶段为快速控制原型开发阶段。

（3）自动目标代码生成。

将开发的控制模型转换为产品代码是开发过程中的关键，在传统的开发过程中产品代码完全是由手工编写的，以保证代码的执行效率，但同时也存在工作量大、开发周期长、修改困难等问题。在现代开发过程中，产品代码完全是自动生成的。随着技术水平的不断提高，自动生成的代码大小越来越接近手工编写的代码，执行效率也有很大的提高。

（4）硬件在回路仿真。

由于控制系统逐渐复杂，对其需要进行的测试也逐渐增多，例如功能测试、控制策略测试和故障处理。但很多条件都是很难达到的或者需要花费大量的成本，硬件在回路仿真正是为了完成这些情况下的测试而提出的。仿真采用计算机辅助设计工具进行，利用高速计算平台实现了虚拟的控制对象，用来对控制器进行各种复杂的测试。这种方法与传统的开发方法相比大大减小了控制系统的开发周期和成本。

（5）测试标定及诊断。

随着软件的复杂程度不断增加，电控单元自诊断特性的提高和软件参数数量的增大都要求提出一个先进的标定理念，完成台架标定、实车标定的不同标定工作。在传统的开发过程中，参数标定是在开发的最后阶段进行的。但在现代的控制系统开发流程中，整个流程都可以进行参数标定。将参数标定从开发的后阶段移到前期设计中，例如在硬件在回路仿真阶段调整控制参数可以大大减少标定所需的时间。国内外各大车企或车辆研究机构普遍采用该开发流程进行车辆电子控制器的开发，即功能设计—快速控制原型开发—自动代码生成—硬件在回路仿真—参数标定所构成的"V模式"。在功能设计阶段，基于 Matlab/Simulink/Stateflow 建立控制系统模型，初步将控制算法用模型搭建出来；在快速原型开发阶段，利用 MATLAB 的自动代码生成工具箱将模型生成可实时运行代码，并下载至快速控制原型，从而进行控制算法功能测试，完成控制算法的测试之后，生成产品级的代码，并能实现代码的测试和验证；在硬件在回路仿真阶段，实时仿真设备可以模拟各种工况来测试开发的电子控制器（ECU）产品；最后利用标定工具和基于总线的测量设备对 ECU 进行实车标定。

2.4.3.2　控制系统仿真应用案例分析

本书以轮式装甲车辆为研究对象，进行整车控制系统的仿真应用案例分析。首先，需要介绍一下整个控制系统仿真过程用到的开发工具或应用软件。通常用于控制系统仿真的工具或软件主要有以下特点：

（1）基于模型的开发方式。

通过多年的应用，基于模型的开发方式已经得到广大车企和研究机构的充分认识。在如今飞快变化、竞争激烈的汽车电子领域，产品生命周期正变得越来越短。对安全性、舒适性和环境兼容性的高需求正在快速推升电子系统的复杂性。基于模型的开发流程可减少大量的手动工作量并避免出现代价高昂的错误。目前市场上比较流行的建模软件主要有 Matlab/Simulink 和 AVL

Cruise 等软件，可对大型、复杂系统进行建模，实现高精度控制系统设计和实现。

（2）快速控制原型。

快速控制原型技术的应用明显缩短了新产品的上市时间，节约了新产品开发和模具制造的费用。该技术广泛应用于航空航天、汽车、医疗、家电、军事装备等领域。在系统开发的初期阶段，快速地建立控制器模型，并对整个系统进行多次离线和在线的测试来验证控制策略的可行性。快速控制原型要能实时运算控制系统模型，可以作为真实控制器安装在实车或测试平台上。快速控制原型系统会实时记录所有数据，并且支持在线优化任何所需的控制参数，以对控制策略进行优化。常用的快速控制原型有 dSPACE 的 MicroAutobox 及 NICompatRIO 等平台。

（3）硬件仿真平台资源丰富。

仿真平台的硬件功能要超过实际 ECU 的功能，以保证控制算法开发初期不会因硬件功能限制而影响进度。硬件仿真平台应具有丰富的接口，以保证与传感器和执行机构的交互。此外，根据不同开发要求，支持扩展以满足未来通道增加和功能升级的需要。

下面介绍某轮式装甲车辆的整车控制系统仿真设计。设计一个串联混合动力车辆方案，搭建部件及整车仿真模型，搭建实物平台并运行，评估验证整车控制开发系统的功能及性能。

针对轮式机动车辆，建立了前向仿真模型，如图 2 - 38 所示，并按照轮式装甲车辆工况进行了仿真，仿真结果如图 2 - 39 所示。

工况设置如下：总时长 2182s，共分为三种路面，分别为铺路面、沙土路面、起伏土路。每种路面的滚动阻力系数如表 2 - 3 所示。

表 2 - 3 仿真工况的不同路段滚动阻力系数

路面	滚动阻力系数
铺路面	0.020
沙、碎石路	0.040
起伏土路	0.045

采用基于规则的能量管理控制策略设计了控制系统，仿真结果如图 2 - 40 所示。其他各项数据如图 2 - 41 ~ 图 2 - 45 所示。

数据显示

车辆仿真

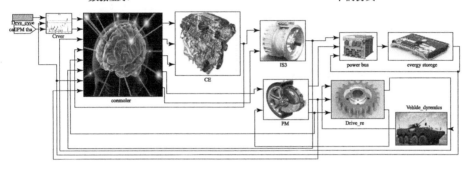

图 2-38　整车前向仿真模型

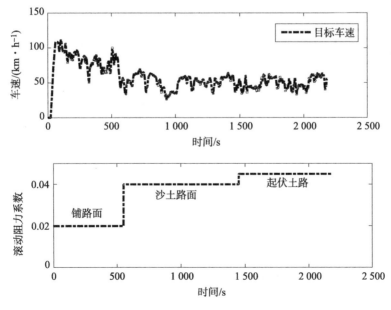

图 2-39　仿真结果

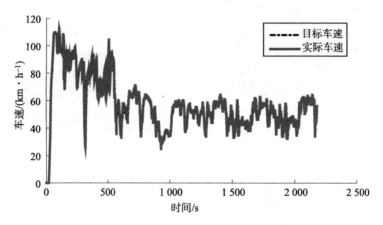

图 2-40　工况跟随仿真结果（见彩插）

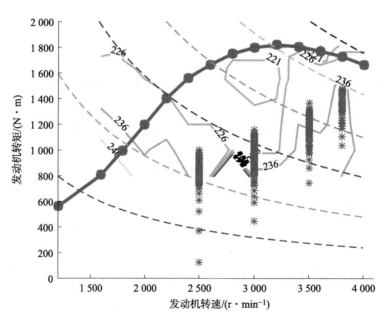

图 2-41　发动机工作点分布（见彩插）

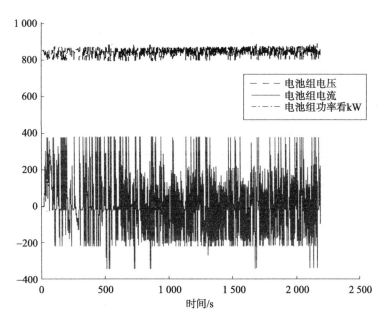

图 2 - 42　动力电池组工作状态（见彩插）

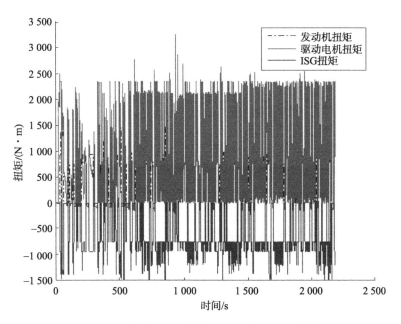

图 2 - 43　发动机、驱动电机及 ISG 扭矩（见彩插）

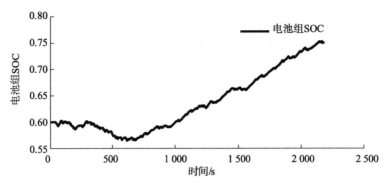

图 2 - 44 动力电池组 SOC 变化

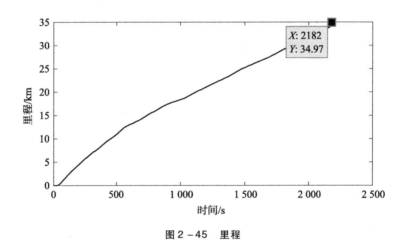

图 2 - 45 里程

|2.5 作战对抗仿真技术|

2.5.1 作战对抗仿真技术概述

2.5.1.1 系统建模与仿真技术概念及模型

系统建模与仿真技术是以相似原理、模型理论系统技术、信息技术以及建模与仿真应用领域的有关专业技术为基础，以计算机系统、与应用有关的物理效应设备及仿真器为工具，利用模型对系统（已有的或设想的）进行研究、分析、评估、决策或参与系统运行的一门多学科的综合性技术。典型的系统建模与仿真过程包括系统模型建立、仿真模型建立、仿真程序设计、仿真试验和数据分析处理等，涉及多学科多领域的知识与经验。随着现代信息技术的高速发展以及军用和民用领域对仿真技术的迫切需求，仿真技术也得到了飞速的发展。建模与仿真技术的作用主要有以下几个方面：

（1）优化系统设计；

（2）对系统或系统的某一部分进行性能评价；

（3）节省经费；

（4）重现系统故障，以便判断故障产生的原因；

（5）避免试验的危险性；

（6）进行系统抗干扰性能的分析研究；

（7）训练系统操作人员；

（8）为管理决策和技术决策提供依据。

建模与仿真技术可以有多种分类方法。按系统模型的特性，可分为连续系统仿真、离散系统仿真、连续/离散（事件）混合系统仿真；按仿真的实现方法和手段，可分为物理仿真、计算机仿真、硬件在回路中的仿真（半实物仿真）和人在回路中的仿真；根据人和设备的真实程度，可分为实况仿真、虚拟仿真和构造仿真。

总结 20 世纪及近几年系统仿真技术发展的特点，不难给出下述结论：分布交互仿真、虚拟现实仿真、离散事件系统仿真、武器系统半实物仿真、作战仿真、面向对象仿真和建模与仿真的 VV&A 等现代建模与仿真技术及其应用取得了引人瞩目的进展。建模与仿真技术已成为高科技产品从决策、论证、设计、试验、训练到更新等全生命周期各个阶段不可缺少的技术手段，为研究和解决复杂系统问题提供了有效的工具。它是一种可控制的、无破坏性、耗费小并允许多次重复的试验手段。建模与仿真在武器系统全生命周期各阶段应用如图 2 - 46 所示。

现代建模与仿真技术体系已经形成，并日趋完善。在军用仿真技术应用领域，正向服务于系统的全寿命、全系统和管理的全方位方向迅速发展，并正向作战仿真方向发展，是促进武器装备成系统、成建制地形成战斗力和保障能力的强有力手段；在观念上，仿真技术与高性能计算一起，正成为继理论研究和实验研究之后第三种认识、改造客观世界的方法，是解决复杂系统的重要技术途径之一。

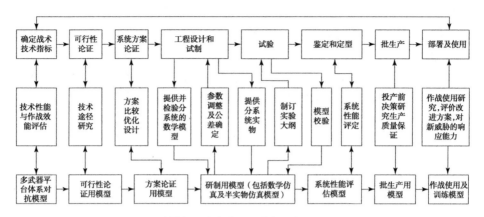

图2-46　建模与仿真在武器系统全生命周期各阶段应用

2.5.1.2　系统建模与仿真技术在军事领域的应用

在军用领域，仿真技术已经成为武器装备研制与试验中的先导技术、校验技术和分析技术。采用仿真技术使武器系统靶场实验次数减少了30%～60%，研制费用节省了10%～40%，研制周期缩短了30%～40%。

当前，现代建模与仿真在技术上正向以"数字化、虚拟化、网络化、智能化、集成化、协同化"为特征的方向发展。在军事领域，军用建模与仿真技术服务于武器装备发展论证和决策、型号研制、鉴定定型、训练使用、维护保障、作战应用和武器装备采办等领域。系统建模与仿真在军用领域的发展有两个主要特点，即武器系统仿真应用正分别朝着纵向（全生命周期、全系统和管理的全方位方向）和横向（多武器平台、体系）扩展。建模与仿真技术中的体系仿真技术、武器装备研制仿真技术、基于仿真的虚拟采办及虚拟样机技术、虚拟战场技术、智能化建模仿真技术和仿真网络等的综合运用，已成功地在深度和广度上扩展了仿真技术的应用领域，仿真技术和仿真系统在各应用领域都发挥了巨大作用。

2.5.1.3　国外建模与仿真技术及应用发展动态

以美国为代表的发达国家，仿真系统已嵌入作战系统，成为战斗力的重要组成部分，支持了装备论证、研制、使用等全生命周期中的相关工作，是建模与仿真技术为新的军事理论与作战思想服务的综合体现，标志着军用仿真技术的发展达到了一个新的高度。

1. 武器装备研制和武器系统仿真技术

在武器装备研制方面，美国各军兵种及各大军火公司均建有自己的大型仿真试验室，特别是美国各大军兵种，都建有种类齐全的半实物仿真试验室，可以进行单一装备和多种装备的综合性能仿真试验与作战仿真试验。如陆军红石兵工厂，建有红外、毫米波、射频、红外成像等多种制导体制的综合仿真试验室，可以满足陆军装备各种制导武器的半实物仿真需要。美国还通过分布式仿真网络，将各大仿真中心与作战指挥中心、军事基地等连接起来，可以进行实时的武器装备作战半实物仿真，进行战术演练，评价武器系统的作战能力。

在武器系统仿真方面，美国陆军高级仿真中心的武器系统仿真设施包括三个屏蔽室中的全尺寸武器系统地面设备，能够实现设备之间的互联，并能与其他设备互联。借助于大量半实物仿真技术并将武器系统仿真应用到战场仿真中去，能够对性能指标、控制策略和体系以及不同武器系统之间的互操作性进行模拟研究，并能对多目标、多武器系统环境下的各种武器进行详细的性能评估。

2. 体系对抗仿真技术

未来联合作战的内容，已经向信息化作战时代转化，全纵深、非线性、非技术作战的特点更加突出，因此对体系对抗仿真技术需求越加明显。如美国十分重视体系对抗仿真技术的研究及应用，将不同内容、位于不同地点的仿真器进行联网，组成分布式一体化的综合仿真试验环境，用于综合作战仿真试验；还结合先进的建模仿真与高性能计算机组成虚拟战场，对武器系统进行研制试验、鉴定与作战训练。为实现仿真互操作与重复使用，美国的体系对抗仿真正在向通用的高层体系结构（HLA）方向发展，并正在开展可扩展的仿真服务框架研究。

大规模体系对抗仿真系统及其相关关键技术是国外发达国家研究和突破的重点，近年来国外开展的主要仿真项目和计划如下：

（1）美国的综合战区演练 STOW 计划。

由美国国防部高级研究计划局和美国大西洋司令部联合开展的先进概念技术演示计划后取名为综合战区演练（STOW）计划。1997 年 10 月，举行了 STOW97 的联合演练，参加演练的节点分布于美英两国 5 个不同地点，通过一个先进且安全的 ATM 网利用 DIS 互联进行演练和功能演示。

（2）欧洲大型军事演习（JPOW）。

从 1996 年起，欧美联合每年进行一次大型分布式军事演习，演练关于战

区导弹防御体系与来袭目标的对抗，参加国有美国、英国、德国、荷兰、丹麦等，演习目的是评估战区导弹防御协同作战效果。

（3）战争模拟2000（Wargame2000）。

战争模拟2000是美国弹道导弹防御组织和联合国家测试中心共同开发的下一代作战指挥和控制仿真系统，它主要用于国家导弹防御系统（NMD）和联合战区空中导弹防御系统（JTAMD）的概念评估、战略战术和作战过程等研究。

（4）千年挑战2002（MC'02）。

MC'02是迄今为止美国国防部组织的规模最大、复杂程度最高的多目标的仿真活动。MC'02用了多于30 000个实体仿真和相应的C4ISR系统，13 500人参加演习，使用美国国防部的HLARTI的演化版本连接分布在不同地方的9个实际训练场和18个模拟训练场，共使用了50个作战仿真系统，80%由计算机仿真完成。

3. 仿真共用技术

（1）仿真系统体系结构。

复杂仿真系统体系结构是仿真技术发展的重要问题。20世纪90年代前期，国外主要研究了SIMNET和DIS的复杂仿真系统体系架构。1995年，美国国防部在其建模与仿真主计划的目标中提出了为国防领域的建模与仿真制定一个通用的HLA技术框架，该框架对提高仿真系统互操作性和可重用性，具有十分重要的意义。仿真框架方面最新的概念发展是"可扩展建模仿真框架"和"仿真 – C4ISR共同框架"，这些仿真框架目前在国外属于概念摸索阶段，但代表了军用仿真框架发展的重要方向。

（2）建模与VV&A技术。

随着仿真系统向复杂仿真系统的发展，对建模与VV&A技术提出了更高的要求。在仿真建模方面，仿真模型的种类和建模方法大大增加了，其中仿真概念模型、面向对象模型、基于Agent建模等方法是最新发展的趋势。在建模与仿真VV&A方面，VV&A的研究对象也从单个仿真模型发展到复杂仿真系统，目前国外复杂仿真系统VV&A发展的两个核心问题是宏观指导政策和VV&A标准规范。

（3）仿真支撑平台技术。

仿真支撑平台是仿真系统重要的组成部分，以往的支撑平台主要包括仿真运行支撑平台和建模支撑平台两类。随着仿真系统向可互操作和可重用的复杂仿真系统方向发展，仿真支撑平台的组成在不断扩展。国外近些年来发展的重要仿真支撑平台包括：HLA 运行支撑环境（RTI）、仿真资源库、全球信息网格（GIG）和仿真系统测试平台等。

（4）仿真标准及规范。

为了适应分布交互仿真技术的发展，美国的仿真管理部门、研究部门、学术界和工业界等共同组成分布交互仿真标准研究组织，定期组织研讨会，推动仿真标准的发展，目前已经通过 IEEE 公布了 DIS – IEEE1278 系列标准和 HLA – IEEE1516 系列标准，对推动分布交互仿真发展发挥了重要作用。国外军用仿真标准规范是覆盖全方位的，复杂仿真系统开发是一项系统工程，因此必须管理和技术方面并重，这也是对未来仿真标准规范研究的重要要求。

4. 基于仿真的采办和虚拟样机

（1）基于仿真的采办。

基于仿真的采办（SBA）是相关的工业领域不断探索的一种新的采办概念，其核心是使用仿真技术全面地改善武器装备的采办过程，借助各种建模与仿真工具，在虚拟环境中进行产品设计、虚拟制造、测试评估甚至定型，最后再进行生产，SBA 可以大大缩短采办时间，降低采办的投资。SBA 强调工具、资源和人的可重用性。面对新的采办项目，可以直接从以往资源中选择合适部分重新进行组合，适当加以改进，快速形成新的协同环境，全方位支持系统采办全过程。

美国国防部十分重视武器装备的采办与研制，2001 年美国国防部公布了其 SBA 策略。2002 年美国国防采办和研制从需求转向能力，以基于能力的模式代替以前基于威胁的模式，美国军事转型构想的核心是在设计、发展和采购武器和系统时，采用基于性能和基于能力的采办方法。

（2）虚拟样机技术。

虚拟样机技术是将先进的仿真与建模技术、多领域的数字化设计技术、交互式用户界面技术和 VR 技术综合应用于产品开发的一项综合性技术，是一种基于计算机仿真的产品数字化设计方法。人们利用虚拟样机代替物理样机对产品进行创新设计、测试和评估，可以将不同工程领域的开发模型结合在一起，使设计者在物理样机生产出来前就可进行有效的、可验证的设计工作。虚拟样机技术在国外已得到广泛重视和研究应用，并有相应的支持虚拟样机技术的软件产品问世，如 ADMAS 等。可见，目前世界各国特别重视军用仿真技术的发展和应用工作。建模与仿真之最新成果，往往被率先应用于军事领域，在高技术条件下局部战争"体系与体系对抗"的需求牵引下，系统仿真将向更高、更全面的方面发展。目前大规模的作战模拟系统开发计划，正向涵盖技术、战

术、战役和战略各层次的体系对抗仿真方向发展。

2.5.1.4　我国军用仿真技术发展现状分析

在武器系统研制与武器系统仿真技术方面，我国建成了服务于各类新型导弹、卫星、飞机和舰船等仿真的多个仿真系统，仿真技术已有效地应用于新武器型号的研制中，为战略导弹、防空导弹、海防导弹、空空导弹、反坦克导弹以及各型鱼雷等多种导弹、鱼雷型号进行了数百个批次、数十万条次弹道飞行（试航）的仿真；为多个卫星型号、歼击机研制、舰船作战系统和武器系统陆上联调，坦克、高炮系统作战效能，进行了大量的数学和半实物仿真，有效降低了高技术新型号研制的风险，大大减少了实弹试验次数和试弹数量，全面提高了武器系统效费比。

在体系对抗仿真技术方面，我国首先建成了综合防空多武器平台仿真示范系统、战区导弹攻防对抗仿真系统、战区综合防空聚合/平台仿真系统，标志着我国已基本掌握先进分布仿真系统体系结构等多项关键技术，为武器装备体系对抗仿真打下了基础。其后研制完成的多武器平台攻防作战综合仿真示范系统，进一步加强了我国武器装备体系对抗仿真的技术水平和能力。

在仿真共用技术和关键技术方面，如建模、验模理论和方法，基于 HLA 的仿真支撑软件、CGF、环境仿真及 VR 技术、仿真标准及规范等取得了一批成果。为满足体系对抗仿真的需要，建立了包括武器平台模型、作战模型、环境模型和评估模型等在内的模型体系，对大型复杂仿真系统 VV&A 与可信度评估技术等进行了初步探索，开发了一系列仿真运行支撑环境和建模支撑环境等工具软件，提高了仿真系统的开发及运行技术水平。

在 SBA 方面，近年来有关单位开展了有关 SBA 概念、体系结构、关键技术及其在武器装备采办中应用的探索性研究，取得了一系列的成果，研制成功了一个武器装备虚拟采办仿真原型系统。

与国外军用仿真技术的发展相比，我国体现在仿真技术上的不足主要表现为：

（1）已建的半实物仿真系统，基本上只能服务于新型武器系统的设计研制阶段；已有的仿真系统，在体系结构上，是集中、封闭式的，只能进行单一武器的性能仿真；还不具备接近实战的目标、环境和干扰仿真的能力；仿真技术的应用距离服务于武器装备全寿命和全系统的要求，尚有不小的差距。

（2）国内体系对抗仿真系统的规模、功能和组织管理等方面与国际先进水平存在一定的差距，主要体现在可扩展性较差，功能上不能全面覆盖各种需求，标准规范尚待进一步统一和细化，只是初步具备在复杂作战环境下进行体系对抗仿真的能力。

（3）仿真共用技术水平同仿真技术应用需求相比，也存在较大的差距。主要表现在以下方面：仿真系统体系结构技术；实用的武器系统建模、验模方法；规范的仿真系统 VV&A 与可信度评估技术；仿真标准与规范；接近真实作战条件的战场自然环境仿真技术；一体化仿真环境以及仿真资源库。

（4）虽然 SBA 的理念及其研究 SBA 的重要意义已经被军方采纳，但由于投资强度弱，所做的大量探索性研究与攻克的关键技术和国外的 SBA 技术比较还相差甚远，至今还没有实质性应用。

2.5.2　作战对抗仿真理论基础

仿真模型从实际应用角度来讲，是产生与真实系统相同性状数据的一些规则、指令的集合，仿真模型构建主要是针对系统进行数学建模，将真实系统抽象成相应的数学表达式。除了数学模型的构建外，作战对抗仿真模型还可以包括智能兵力模型、三维模型、仿真环境模型。

1. 数学模型

（1）动力学模型。

动力学模型是用于计算仿真实体机动能力相关的模型，仿真时系统采集仿真场景的相关参数作为输入，动力学模型根据输入参数，计算出对应的输出参数，用于改变仿真实体的运动状态。可以从发动机、传动系统、悬挂系统、路面、轮胎等方面进行动力学模型建模。

（2）火力模型。

火力模型是用于计算仿真实体火力相关的模型，在作战对抗仿真时，可以通过火力模型进行瞄准锁定敌方目标、计算弹道、命中检靶等相关的计算，将计算结果返回给系统。可以从主武器和辅助武器两个方面进行火力模型建模。

（3）防护模型。

防护模型是用于计算仿真实体在遭遇敌方打击时主动防护、被动防护相关的模型，在作战对抗仿真时，可以通过防护模型计算作出对应的防护指令。可以从形体防护模型、毁伤模型、主动防护传感器模型、主动防护干扰模型、主动拦截系统模型等方面进行防护模型建模。

（4）通信模型。

通信模型是用于仿真实体间通信的模型，仿真时实体之间在遇到不同的情

况时需要进行通信，实体间的通信通过通信模型实现。实体间通信包括毫米波自组网通信、短波电台通信、超短波电台通信、数据链通信、卫星通信等，建立通信模型可以从通信方式出发建立对应的通信模型。

2. 智能兵力模型

智能兵力模型是作战对抗仿真的规则，仿真实体的一切行为（除人工指令外）都是以智能兵力模型为指导依据进行的。针对不同的战场条件，仿真实体会作出不同的行为动作，智能兵力模型就是依据对战场条件和实体动作的全面总结而开发的模型。建立智能兵力模型，必须对所有可能遇到的战场条件进行总结，并且仿真实体对不同战场条件的行为动作必须全面，这样才能建立完善的智能兵力模型。

3. 三维模型

三维模型是根据作战对抗仿真实体的真实模型而建立的三维虚拟模型，在仿真时可以使用数学模型、智能兵力模型驱动三维模型进行仿真可视化展示。三维模型建模要根据仿真的实际需要，建立对应细节的三维模型。

4. 仿真环境模型

（1）地形模型。

地形信息包括高程和影像，三维地形场景包括陆地、大气、河流、沟壑、丘陵等较大的自然场景，树木、岩石等较小的自然场景。对于单个实体作战对抗性能仿真所用到地形模型，其精确度要达到 $1m$，地形大小不小于 $20km \times 20km$；对于多个实体编队作战对抗仿真所用到的地形模型，地形大小不小于 $200km \times 200km$。

（2）气候模型。

天气气候自然场景包括晴天、风天、雨天、雷电、沙尘、雾天、雪天等多种天气场景，风天还可以设置风力和风向。气候模型对于作战对抗仿真火力模型具有一定的影响，火力模型计算弹道时不同的天气会影响弹道计算的准确性。

2.5.3 作战对抗仿真通用流程与主要内容

1. 单个实体作战对抗仿真

单个实体作战对抗仿真研究单个实体系统在一定作战环境下对敌方武器装

备的对抗作战能力。对于单个实体作战对抗仿真，主要描述单个实体装备对敌方装备的攻防对抗作战。利用单个实体对抗作战仿真，可以构造一个虚拟的单个实体攻防对抗的作战环境。通过设定的作战想定和作战过程评价单个实体系统的实际作战能力。在仿真前，输入包括仿真、装备数据、环境数据、相关战术规划，并加载单个实体作战对抗仿真数学模型和单个实体作战对抗仿真行为模型。模型的输出按照建模目的，输出用于作战效能评估的仿真结果数据，通过指标体系和效能评估模型，对仿真结果数据进行分析评估。

单个实体作战对抗仿真系统完成以下工作：

（1）单个实体作战对抗仿真建模和集成。

该部分需要准备我方作战实体仿真数学模型、仿真行为模型；准备单个实体作战对抗仿真指标体系和效能评估模型；准备敌方装备仿真模型。

（2）基于单个实体对抗仿真模型的想定生成。

该部分为单个实体对抗仿真模型提供作战环境、作战任务和指挥控制等方面的约束条件，形成想定系统模型；需要构建与仿真对应的单个实体作战对抗想定文件，在想定文件中对单个实体作战对抗仿真所用环境相关模型（三维地形场景和天气气候场景）、我方作战实体相关模型（三维模型、数学模型、行为模型、效能评估模型、指标体系参数、初始位置等）与敌方装备仿真模型进行设置与描述，并生成单个实体作战对抗仿真想定文件。

（3）单个实体作战对抗仿真试验规划。

该部分指定仿真试验所应用的仿真背景、仿真高层规划、模型精度等；需要对该次单个实体效能仿真进行仿真规划，包括对 RTI 仿真联邦成员的规划，对环境因素的规划，对仿真试验中模型精度的规划等。

（4）单个实体作战对抗仿真运行控制。

该部分支持单个实体效能仿真模型的运行；单个实体效能想定模型的调度执行；启动、暂停、继续和结束等仿真运行控制；与战场环境的交互和与敌方装备的对抗；支持与仿真试验管理系统的交互，按照试验规划要求进行仿真试验。

（5）单个实体作战对抗仿真结果分析评估。

该部分应用评估指标模型与评估关系模型进行计算，最终获得综合评估关系。效能评估包括对武器装备的对抗过程、武器装备特性的评价。

在仿真结束后，即时对仿真结果进行在线评估。评估系统接收的网络仿真数据并进行转换，对评估数据进行预处理，然后进行指标计算。最终显示评估结果，并将评估结果数据存储到仿真服务器中的评估结果数据库中。

还可以在仿真结束后进行离线评估，系统从数据库中读取若干组仿真试

验的评估结果信息，然后对评估结果集合进行指标计算，最终显示评估结果。

2. 多实体编队作战对抗仿真

多实体编队作战对抗仿真研究编队系统在一定作战环境下对敌方武器装备的综合作战效能。对于多实体编队作战对抗仿真，主要描述我方编队对敌方装备的综合攻防对抗效能。利用编队作战效能仿真模型，可以构造一个虚拟的多实体编队作战对抗攻防对抗的作战环境。通过设定的作战想定和作战过程评价编队系统的实际综合作战效能。在仿真前，输入包括仿真想定、装备数据、环境数据、相关战术规划，并加载多实体编队作战对抗仿真数学模型和多实体编队作战对抗仿真行为模型。模型的输出按照建模目的，输出用于作战效能评估的仿真结果数据，通过指标体系和效能评估模型，对仿真结果数据进行分析评估。

多实体编队作战对抗仿真需要以作战实体仿真数学模型、作战实体仿真行为模型、编队仿真行为模型作为支撑，其中作战实体仿真数学模型包括动力学模型、火力数学模型、防护数学模型等。作战实体仿真行为模型包括实体在行动及对抗过程中的以有限状态机作为支撑的智能行为模型。

多实体编队作战对抗仿真系统完成以下工作：

（1）多实体编队作战对抗仿真建模和集成。

该部分需要准备我方作战实体编队仿真数学模型、仿真行为模型；准备多实体编队作战对抗仿真指标体系和效能评估模型；准备敌方装备仿真模型。

（2）基于多实体编队作战对抗仿真模型的想定生成。

该部分为多实体编队作战对抗仿真模型提供作战环境、作战任务和指挥控制等方面的约束条件，形成想定系统模型；需要构建与仿真对应的多实体编队作战对抗想定文件，在想定文件中对多实体编队作战对抗仿真所用环境相关模型（三维地形场景等）、我方编队相关模型（三维模型、数学模型、行为模型、效能评估模型、指标体系参数、初始位置等）与敌方装备仿真模型进行设置与描述，并生成多实体编队作战对抗想定文件。

（3）多实体编队作战对抗仿真试验规划。

该部分指定仿真试验所应用的仿真背景、仿真高层规划、模型精度等。需要对该次多实体编队作战对抗仿真进行仿真规划，包括对 RTI 仿真联邦成员的规划，对环境因素的规划，对仿真试验中模型精度的规划等。

（4）多实体编队作战对抗仿真运行控制。

该部分支持多实体编队作战对抗仿真模型的运行；多实体编队作战对抗想

定模型的调度执行；启动、暂停、继续和结束等仿真运行控制；与战场环境的交互和与敌方装备的对抗；支持与仿真试验管理系统的交互，按照试验规划要求进行仿真试验。

（5）多实体编队作战对抗仿真结果分析评估。

该部分应用评估指标模型与评估关系模型进行计算，最终获得综合评估关系。效能评估包括对武器装备的对抗过程、武器装备特性的评价。

在仿真结束后，系统即时对仿真结果进行在线评估。评估系统接收网络仿真数据并进行转换，对评估数据进行预处理，然后进行指标计算。最终显示评估结果，并将评估结果数据存储到仿真服务器中的评估结果数据库中。

还可以在仿真结束后进行离线评估，系统从数据库中读取若干组仿真试验的评估结果信息，然后对评估结果集合进行指标计算，并对计算结果进行分析，最终显示评估结果，并将评估结果数据存储到仿真服务器中的评估结果数据库中。

2.5.4　作战效能评估分析方法

1. 评估体系构建要求

（1）面向任务，根据任务选择评估指标。
（2）体系结构，能够全面反映被评估对象的综合情况。
（3）相对独立，指标间无交叉情况和包含情况。
（4）指标完备，影响系统效能的所有指标均在指标集中。
（5）指标简明，指标便于量化，具有代表性。
（6）可测可评，指标可以进行测量，依照指标评估的结果较客观。

2. 评估指标集

（1）单个实体作战对抗指标体系。

单个实体作战对抗指标体系主要是对单个实体作战对抗仿真效能评估建立的指标体系，包括机动能力（快速性、通过能力）、战场感知能力（本车定位能力、目标观测能力、目标识别能力）、指挥控制能力（武器组织控制能力）、综合打击能力（主武器打击能力、辅助武器打击能力）、综合防护能力（主动防护能力、被动防护能力）。

（2）多实体编队作战对抗指标体系。

编队作战对抗指标体系主要是对编队作战对抗仿真效能评估建立指标体

系，包括机动能力（快速性、通过能力）、战场感知能力（成员定位能力、目标观测能力、目标识别能力）、指挥控制能力（武器功能控制能力、信息分发共享能力）、打击能力（协同打击能力、同时打击能力、持续打击能力）、防护能力（协同告警能力、协同防护能力）。

3. 效能评估方法

（1）效能评估过程。

效能评估，首先要建立指标体系，可以根据指标体系集建立对应的指标体系，然后建立评估模型设置指标权重，设置评估指标与仿真数据匹配关系。设置好后，可以对要评估的内容进行在线评估和离线评估。

效能评估过程如图 2 - 47 所示。

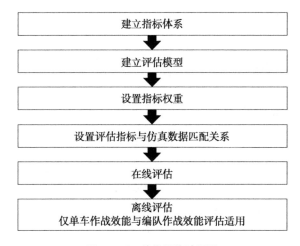

图 2 - 47　效能评估过程图

（2）在线评估。

在线方式下，效能评估软件参与总体方案优化与评估系统的运行，接收总体方案优化与评估系统的控制命令、车辆位置信息、综合探测信息等，并在线处理仿真数据，给出部分指标评估结果。

在线模式下，效能评估软件运行流程如图 2 - 48 所示。

（3）离线评估。

离线方式是数据库中获取多次试验评估结果，对试验结果进行统计、分析，依据指标体系给出单车作战效能、编队作战效能的评估结果。

离线模式下，效能评估软件运行流程如图 2 - 49 所示。

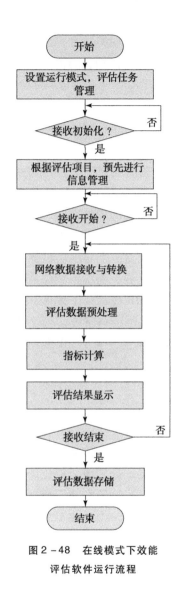

图 2－48　在线模式下效能
评估软件运行流程

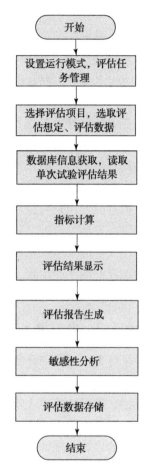

图 2－49　离线模式下效能
评估软件运行流程

|2.6　虚拟现实仿真技术|

2.6.1　虚拟现实概述

2.6.1.1　虚拟现实定义

虚拟现实，从广义角度来讲，是一种以计算机技术为核心，以数字化模拟

环境为依托，实现交互式场景的现代技术。借助于虚拟现实技术，人类可以利用计算机制作立体图形，从而模拟现实世界或者构建纯粹构想的世界，通过多种传感辅助设施在视、听、触等感知方面使其"投入"进一种虚拟的三维世界。目前，根据虚拟与现实的交互性，虚拟现实技术可划分为3个发展方向：VR（Virtual Reality，虚拟现实）、AR（Augmented Reality，增强现实）以及MR（Mixed Reality，混合现实），这里的VR指的是狭义的虚拟现实技术。简单来讲，VR指的是利用虚拟信息建立一个独立存在的虚拟空间，用户可以完全沉浸在虚拟世界，与虚拟物体进行互动，并得到感知层面的虚拟反馈；AR则指的是利用虚拟信息建立一个与现实世界叠加在一起的虚拟空间，用户可以在观察真实世界的同时，接收和真实世界相关的数字化的信息和数据；MR是在AR的基础上衍生出来的，指的是利用虚拟信息建立一个与现实世界融为一体的虚拟空间，用户可以同时看到虚拟世界与真实世界，将虚拟物体置于真实世界中进行互动。目前，VR和AR技术相对成熟，MR技术处于发展初期，因此我们在以下的章节中重点围绕VR与AR技术进行讨论与研究。为了使读者不混淆，我们将用虚拟现实表示VR、AR和MR技术的统称，VR表示虚拟现实中具体一个技术。

2.6.1.2　虚拟现实特征

虚拟现实是一项综合集成技术，涉及了计算机、传感与测量、视觉光学、环境建模、信息交互、图像与声音识别处理等多项技术。它的功能不仅是通过立体模型、实时信息等实现虚拟化场景建设，更重要的是实现可视化场景随用户视点变化而变化，使用户有身临其境之感，达到真实体验和基于自然技能的人机交互的目标，成为人类探索宏观世界或微观世界的一个重要工具，缩小人类在直接观察事物运动变化规律技能上的局限性，帮助人类获取知识和形成新概念。

根据上述功能需求，虚拟现实应具有以下4种核心特征：

（1）沉浸感（Immersion）。沉浸感又称为存在感（Presence），主要指的是用户在虚拟场景中作为主角的真实性。用户是虚拟现实服务的对象，也是虚拟现实应用中不可或缺的重要组成部分，如果用户不能沉浸在虚拟场景中，也就不能发挥虚拟现实的功能。虚拟现实的沉浸感理想上可以将用户的注意力锁定在虚拟场景中，让用户难以分辨场景的真假，将自己完全地融入虚拟场景中去。随着计算机技术与信息技术的发展，虚拟场景沉浸感程度越来越高，越来越多的领域可以通过虚拟现实进行创新与发展。

（2）交互性（Interaction）。构建完虚拟场景后，只有实现虚拟物体的可操作性，才能完全发挥虚拟场景的价值；如果用户不能对虚拟物体进行操作，那么该虚拟场景只是一个"静态"的仿真模型。交互性在这里主要指的是用户对虚拟物体的操作程度以及操作过程中得到反馈的自然程度，包括实时性。用户可以直接用手通过日常使用的方法，例如抓取、托举等，感受物体的质量（即使手中没有实物），让物体随着手部运动进行位置的移动。因此，只有提高虚拟现实的交互性，才能将用户与虚拟场景紧密地联合在一起，完成更多探索任务。

（3）多感知性（Multi – Sensory）。多感知性指的是虚拟现实具有一切人所具有的感知功能，除了一般计算机技术所具备的视觉感知之外，还有听觉感知、力觉感知、触觉感知、运动感知等。多感知性是虚拟现实的一个重要内容，无论是用户沉浸在虚拟场景中，还是用户操作虚拟物体，都需要多感知性的支撑。目前由于传感技术的限制，虚拟现实的感知范围和感知精准度与人无法比拟，如何基于传感技术实现高精准度的多样化感知功能，是虚拟现实推广的一个关键。

（4）自主性（Autonomy）。虚拟现实作为人类探索知识的工具，必须满足世界客观规律。在虚拟场景建模的设计阶段就应该考虑虚拟物体在现实世界中对应的规律动作，例如物体受到外力干扰推动时，物体会在力作用的方向上移动、翻倒或者掉落等。自主性就是指虚拟场景中物体根据物理定律动作的程度，若虚拟物体可以根据不同的物理定律，实现不同的动作轨迹，则保证了用户在虚拟环境中得到的反馈或者探索结果的正确性。

从以上关于虚拟现实特征的描述可以看出，沉浸和交互是虚拟现实的最为关键的实质性特征。因此目前虚拟现实具有两个主流技术目标，分别是实现用户的"真实"体验以及提供丰富的人机交互手段。

2.6.1.3　虚拟现实发展历史

1. 虚拟现实（VR）技术的发展

一般认为虚拟现实的发展分为四个阶段。
- 1963 年以前，虚拟现实思想的萌芽阶段；
- 1963—1972 年，虚拟现实技术的初现阶段；
- 1973—1989 年，虚拟现实技术概念和理论产生的初期阶段；
- 1990 年至今，虚拟现实技术理论的完善和应用阶段。

第一阶段：虚拟现实思想的萌芽阶段（1963 年以前）。
其实虚拟现实思想究其根本是对生物在自然环境中的感官和动态的交互式

模拟，所以这又与仿生学息息相关，中国战国时期的风筝的出现是仿生学较早的在人类生活中的体现，包括后期西方国家根据类似的原理发明的飞机。1935年，美国科幻小说家斯坦利·温鲍姆（Stanley G. Weinbaum）在他的小说中首次构想了以眼镜为基础，涉及视觉、触觉、嗅觉等全方位沉浸式体验的虚现实概念，这是可以追溯到的最早的关于虚拟现实的构想。1957—1962年莫顿·海利希（Morton Heilig），研究并发明了Sensorama，并在1962年申请了专利。这种"全传感仿真器"的发明，蕴涵了虚拟现实技术的思想理论。

第二阶段：虚拟现实技术的初现阶段（1963—1972年）。

1968年美国计算机图形学之父Ivan Sutherlan开发了第一个计算机图形驱动的头盔显示器HMD及头部位置跟踪系统，是虚拟现实技术发展史上一个重要的里程碑。

第三阶段：虚拟现实技术概念和理论产生的初期阶段（1972—1963年）。

这一时期主要有两件大事，一件是M. W. Krueger设计了VIDEOPLACE系统，它可以产生一个虚拟图形环境，使体验者的图像投影能实时地响应自己的活动。另外一件则是由M. M. Greevy领导完成的VIEW系统，它让体验者穿戴数据手套和头部跟踪器，通过语言、手势等交互方式，形成虚拟现实系统。

第四阶段：虚拟现实技术理论的完善和应用阶段（1990年至今）。

1994年，日本游戏公司Sega和任天堂分别针对游戏产业而推出Sega VR-1和Virtual Boy，但是由于设备成本高等问题，以至于最后使虚拟现实的这次现身如昙花一现。2012年，Oculus公司用众筹的方式将虚拟现实设备的价格降低到了300美元（约合人民币1900元），同期的索尼头戴式显示器HMZ-T3高达6000元左右，这使得虚拟现实向大众视野走近了一步。

2014年，Google发布了Google Card Board，三星发布了Gear VR，2016年苹果发布了名为View-Master的VR头盔，售价29.95美元（约合人民币197元），另外HTC的HTCVive、索尼的Play Station VR也相继问世。

另外在这一阶段虚拟现实技术从研究型阶段转向为应用型阶段，被广泛运用到了科研、航空、医学、军事等领域。目前，国内的虚拟现实市场也是如火如荼，普通民众也都能在各种VR线下体验店感受虚拟现实带来的惊艳与刺激。

我国虚拟现实技术研究起步较晚，与国外发达国家还有一定的差距，但现在已引起国家有关部门和科学家们的高度重视，并根据我国的国情，制订了开展虚拟现实技术的研究计划。例如："九五"规划、国家自然科学基金委、国家高技术研究发展计划等都把虚拟现实列入了研究项目并给予资助。北航、浙大、清华、北大、国防科大、北理工等高校，中科院计算所、自动化研究所、航天二院、兵器 201 所等研究院所，以及其他许多应用部门和单位的科研人员已积极投入这一领域的研究工作中，在虚拟现实理论研究、技术创新、系统开发和应用推广方面都取得了显著成绩，我国在这一科技领域进入了发展的新阶段。北京航空航天大学计算机系着重研究了虚拟环境中物体物理特性的表示与处理；在虚拟现实中的视觉接口方面开发出部分硬件，并提出有关算法及实现方法；实现了分布式虚拟环境网络设计，可以提供实时三维动态数据库、虚拟现实演示环境、用于飞行员训练的虚拟现实系统、虚拟现实应用系统的开发平台等。哈尔滨工业大学已经成功地虚拟出了人的高级行为中特定人脸图像的合成、表情的合成和唇动的合成等技术问题。清华大学计算机科学和技术系对虚拟现实和临场感的方面进行了研究。西安交通大学信息工程研究所对虚拟现实中的关键技术——立体显示技术进行了研究，提出了一种基于 JPEG 标准的压缩编码新方案，获得了较高的压缩比、信噪比以及解压速度。北方工业大学 CAD 研究中心是我国最早开展计算机动画研究的单位之一，中国第一部完全用计算机动画技术制作的科教片《相似》就出自该中心。

由于虚拟现实的学科综合性和不可替代性，以及经济、社会、军事领域越来越大的应用需求，2006 年国务院颁布的《国家中长期科学和技术发展规划纲要》将虚拟现实技术列为信息领域优先发展的前沿技术之一。2018 年 12 月 25 日，工信部发布了《加快推进虚拟现实产业发展的指导意见》，指出要抓住虚拟现实从起步培育到快速发展迈进的新机遇，加大虚拟现实关键技术和高端产品的研发投入，创新内容与服务模式，建立健全虚拟现实应用生态，推动虚拟现实产业发展，培育信息产业新增长点和新动能。2019 年，其他部委也陆续发布了人才培养和应用层面的政策。2019 年 6 月，教育部发布了《关于职业院校专业人才培养方案制订与实施工作的指导意见》。2019 年 8 月，科技部、中宣部等六部委发布的《关于促进文化和科技深度融合的指导意见》。

2. 增强现实（AR）技术的发展

增强现实技术是将计算机生成的虚拟信息叠加到用户所在的真实世界的一种新兴技术，是虚拟现实技术的一个重要分支。它提高了用户对现实世界的感知能力，提供了人类与世界沟通的新的方式，近年来受到研究者的广泛关注。

增强现实的定义有两种，一种是由 Milgram 和 Kishino 提出的：将真实环境与虚拟环境放置在两端，其中靠近真实环境的叫增强现实，靠近虚拟环境的叫增强虚拟，位于中间的叫混合现实；另一种是 Azuma 定义的：以虚实结合、实时交互、三维注册为特点，利用附加的图片、文字信息对真实世界进行增强的技术。

与虚拟现实不同，增强现实技术利用三维跟踪注册技术来计算虚拟物体在

真实环境中的位置，通过将计算机中的虚拟物体或信息带到真实世界中实现对现实世界的增强。近年来随着科技的发展，增强现实技术被广泛应用于工业、军事、医疗、教育等多个领域。

目前增强现实的市场环境趋于稳定，无论是技术研发、产品应用还是投资方面都变得更加平稳，没有大波动。同时，巨头的框架布局已经全部完成。2018 年，国外的谷歌、苹果、微软等巨头对于增强现实的布局已经成型，国内 BAT 等大公司也已经完成了 ARSDK 的发布，有的已经被开发者应用。

国外在增强现实技术上领先于国内，而国内在应用上却优于国外。预测 2019 年会是增强现实的应用元年，到 2020 年增强现实才会开始在 B 端爆发，到 2025 年增强现实才会真正迎来全面应用。

3. 混合现实（MR）技术的发展

混合现实是虚拟现实技术的进一步发展，该技术通过在虚拟环境中引入现实场景信息，在虚拟世界、现实世界和用户之间搭起一个交互反馈的信息回路，以增强用户体验的真实感，具有真实性、实时互动性以及构想性等特点。

混合现实不仅有潜力创造出新的市场，还将颠覆当前的一些市场。该技术可以应用到 9 大领域：视频游戏、事件直播、视频娱乐、医疗保健、房地产、零售、教育、工程和军事。目前混合现实技术主要应用在娱乐、培训与教育、医疗、导航、旅游、购物和大型复杂产品的研发中。

随着科技的发展，混合现实技术已经逐渐成了计算机技术中的热点领域，从某种程度上来说，混合现实技术融合了真实现实、虚拟现实以及增强现实。自 2009 年起，高通、可口可乐等知名企业都开始了虚拟现实、增强现实、混合现实的研究，数字技术和新型的表现形式很快便受到了众多消费者的喜爱，同时混合现实技术等新技术展现出了极大的潜在价值。

从国内目前混合现实技术的发展来看，起步相对于国外比较晚，而且集中在系统应用技术上，涉及面与研究都比较单一不宽泛。虽然国内混合现实技术的发展起步晚，但是很多研究机构，尤其是高校，在增强现实的一些算法与设计技术上已有建树，例如摄像机校准算法以及虚拟物体注册算法等，这些算法的成功研究能够帮助解决在混合现实中的遮挡、显示器设计等方面问题。

同时，参与混合现实产业的公司越来越多，包括谷歌、索尼、HTC、Facebook、微软、三星、3Glasses、百度、联想、暴风魔镜、睿悦科技、焰火工坊、乐相科技、Coolhear、亮风台、兰亭数字、乐活家庭、共进等公司。特别是，在 2015 年获得谷歌注资 5 亿多美元的 Magic Leap 高调宣布正在研发增强现实的新技术；微软发布全息眼镜 HoloLens。中国 AR/VR/MR 产业的声势也比较高涨。

2.6.1.4　虚拟现实发展趋势

虚拟现实和5G、人工智能、大数据云计算等前沿技术不断融合创新发展，进一步促进了虚拟现实应用落地，催生了新的业态和服务。

（1）5G + VR/AR

从技术特点来看，5G是基础、平台性的技术，和VR/AR技术相融合，能催生出种类丰富的虚拟现实应用。5G能解决虚拟现实产品因为带宽不够和时延长带来的图像渲染能力不足、终端移动性差、互动体验不强等痛点问题。5G给虚拟现实产业发展带来优势包括：在采集端，5G为VR/AR内容的实时采集数据传输提供大容量通道；在运算端，5G可以将VR/AR设备的算力需求转向云端，省去现有设备中的计算模块、数据存储模块，减轻设备重量；在传输端，5G能使VR/AR设备摆脱有线传输线缆的束缚，通过无线方式获得高速、稳定的网络连接；在显示端，5G保持终端、云端的稳定快速连接，VR视频数据延迟达毫秒级，有效减轻用户的眩晕感和恶心感（4G环境下，网络信号传输的延时约为40ms）。

随着我国于2019年正式发放5G牌照，大规模的组网将在部分城市和热点地区率先实现，能快速推进VR终端服务的产业化进程。

在应用创新方面，5G和VR结合在广播电视、医疗、教育、直播等领域已开展了应用。

（2）AI + VR/AR

从技术特点来看，人工智能（AI）是基础的赋能性技术，和VR/AR技术相融合，能提高虚拟现实的智能化水平，提升虚拟设备的效能。AI赋能虚拟现实建模，能提升虚拟现实中智能对象行为的社会性、多样性和交互逼真性，使得虚拟对象与虚拟环境和用户之间进行自然、持续、深入交互。

AI提升虚拟现实算力，边缘AI算法能大幅提升虚拟现实终端设备的数据处理能力。此外，人工智能与AR的结合将显著提高AR应用的交互能力和操作效率，满足个人感知、分析、判断与决策等实时信息需求，实现在工作、学习、生活、娱乐等不同场景下的流畅切换。

在应用创新方面，AI和VR结合在零售、家装、智能制造等领域已开展了应用。

（3）Cloud + VR/AR

从技术特点来看，将图像渲染、建模等耗能、耗时的数据处理功能云化后，大幅降低了对VR终端的续航、体积、存储能力的要求，有效降低了终端成本和对计算硬件的依赖性，同时推动了终端轻型化和移动化。VR/AR和云

计算、云渲染结合，将云端的显示输出、声音输出通过编码压缩后传输到用户的终端设备中，实现了 VR/AR 业务的内容上云和渲染上云，能够对 VR/AR 业务进行快速处理。据华为预测，2025 年全球 VR 个人用户将会达到 4.4 亿，将会孕育达到 2 920 亿美元的云 VR 市场。

Cloud AR/VR（云化 AR/VR）是一种全新的商业模式——智终端、宽管道、云应用。受益于 5G 网络，Cloud AR/VR 应用从本地走向云端。目前，只有少数高资产投入的用户，才能获取高性能多媒体 AR/VR 内容。对于数据存储、功耗和处理能力的巨大需求，往往需由高规格 PC 或经特殊改造的物理网络来实现。大多数 AR/VR 应用还有赖于头盔或其他设备来完成复杂的技术处理。技术需求对以头盔为首的设备造成了种种限制，设备的可移动性大打折扣。同时，高昂的售价也让大众消费者心有余而力不足，AR/VR 的受众大为受限。Cloud AR/VR 将物理硬件迁移至先进的云平台。消费者只需承担连接、内容、头盔等设备成本，不需要自备高规格 PC。成本的降低，将为 AR/VR 打开更广阔的市场。云的使用有助提升设备灵活性，让未来的全新设备更轻便。

不论是对企业还是对消费者，Cloud AR/VR 沉浸式技术都有丰富的应用场景。最引人注目的，莫过于 Cloud AR/VR 与游戏及娱乐产业的融合。价值数十亿美元的游戏娱乐产业正亟待借力云端应用，为主流用户提供新一代内容。按以往经验，获取最新的游戏和娱乐技术意味着巨额支出，令人望而却步。以游戏为例，过去闭门不出打电玩，基本是闭塞的个体行为。如今，得益于通信技术的演进，宽带连接的质量日益提升，即使足不出户也能和全世界玩家同台竞技。遗憾的是，受限于当前的连接技术和物理硬件条件，能够享受到超高规格应用的仍是少数。5G 的到来，让 AR/VR 走上云端，有望在世界各个角落普及。随着这一愿景的实现，为此耕耘的公司将获得巨大的经济回报。除了对娱乐产业内容的激发，先进技术还将深刻影响企业的未来。使用本地硬件提供 AR/VR 成本高昂，而云连接将为更多的企业提供最新的工具，助力其在商业竞争中立于不败。价格是 Cloud AR/VR 进入大众市场，造福企业的重要因素。而无线网络及云应用的成熟，又是降低价格的关键。产业合作与云应用的积极融入使移动服务运营商如虎添翼，将为全社会创造不凡的利益和价值。

2.6.1.5 虚拟现实的关键技术

1. 近眼显示技术

实现 30PPD（每度像素数）单眼角分辨率、100Hz 以上刷新率、毫秒级响应时间的新型显示器件及配套驱动芯片的规模量产。发展适人性光学系统，解决因辐合调节冲突、画面质量过低等引发的眩晕感。加速硅基有机发光二极管（OLEDoS）、微发光二极管（MicroLED）、光场显示等微显示技术的产业化储备，推动近眼显示向高分辨率、低时延、低功耗、广视角、可变景深、轻薄小型化等方向发展。

2. 感知交互技术

加快六轴及以上 GHz 惯性传感器、3D 摄像头等的研发与产业化。发展鲁棒性强、毫米级精度的自内向外的追踪定位设备及动作捕捉设备。加快浸入式声场、语音交互、眼球追踪、触觉反馈、表情识别、脑电交互等技术的创新研发，优化传感融合算法，推动感知交互向高精度、自然化、移动化、多通道、低功耗等方向发展。

3. 渲染处理技术

发展基于视觉特性、头动交互的渲染优化算法，加快高性能 GPU 配套时延优化算法的研发与产业化。突破新一代图形接口、渲染专用硬加速芯片、云端渲染、光场渲染、视网膜渲染等关键技术，推动渲染处理技术向高画质、低时延、低功耗方向发展。

4. 内容制作技术

发展全视角12K 分辨率、60 帧/s 帧率、高动态范围（HDR）、多摄像机同步与单独曝光、无线实时预览等影像捕捉技术，重点突破高质量全景三维实时拼接算法，实现开发引擎、软件、外设与头显平台间的通用性和一致性。

5. 三维扫描快速建模技术

三维建模数据高效采集主要依托三维激光扫描技术，对确定目标的整体或局部进行从左到右、从上到下的全自动、高精度步进测量（即扫描测量），以获取目标的线、面、体、空间等三维实测数据并进行高精度的三维逆向建模，将实物的立体信息转换为计算机能直接处理的数字信号，并直接将各种实体的三维数据完整地采集到电脑中，即可实现三维模型的实时重构。

6. 三维模型轻量化技术

三维模型轻量化技术是工业虚拟现实仿真领域的基础技术，由于三维 CAD 文件信息量较多、数据量较大，如果不进行轻量化处理很难将其应用于后续各种仿真分析工作（如数字样机展示、虚拟拆装、虚拟维修、人机工效分析

等）。换句话说，当前工业部门基本已具备三维 CAD 模型，基于三维 CAD 模型的后续应用基本上都会用到三维模型轻量化技术。

7. 三维数据融合技术

三维模型或场景融合技术对大型企业或集团的工业虚拟现实仿真应用是非常有效的。这些企业或集团一般都会用到多种 CAD、CAE 或 CAM 软件，不同三维软件产生的数据的装配和集成难度较大，三维模型或场景融合技术刚好是解决这一难题的手段，在大型工业虚拟现实仿真领域将会得到广泛应用。

8. 物理引擎算法

工业物理引擎技术属于工业虚拟现实仿真的基础技术，它能有效实现机构运动、碰撞检测、柔体模拟、运动控制等功能，工业客户在这方面存在广泛需求。

9. 人机交互设计

人机交互是虚拟现实系统的核心，此项技术需要注意以下几点：

- 视点（Viewpoint）控制，视点是用户做观察虚拟场景的角度，视点控制的好坏将直接影响客户体验；
- 导航（Navigation）方式，是指用户在虚拟场景中进行导航的方式，需要尽可能接近人在真实环境下的导航方式；
- 操作（Manipulation）简单，便于普通用户上手使用；
- 沉浸感（Immersion），是指用户身临其境的感觉，对立体图像生成算法要求较高，不好的算法会导致客户产生眩晕、恶心的感觉。

10. 人体运动引擎算法

人体运动引擎技术是研究人体在物理环境下接收外界输入并附加特定约束的情况下的人体运动规律的技术。近年来载人航天领域对该项技术的需求越来越大，客户需要一个能计算零重力环境下人体运动规律的引擎。将来此项技术可应用于游戏开发、人机工程仿真、军事仿真及影视动画等方面。

11. 三维特征识别与匹配技术

物体的检测和识别：发现并找到场景中的目标。目前，通用的物体检测和识别技术可以分为两种：一种是从分类和检测的角度出发，识别某一类对象而不是具体的个体；另外一种是从图像匹配的角度出发，通过匹配的方式找到最相关的图像，从而定位环境中的目标。

在三维环境的识别跟踪上，最核心的就是"即时定位与地图构建"（Simultaneously Localization and Mapping，SLAM），目前 AR 主要还是以视觉 SLAM 为主，其他传感器为辅的。SLAM 问题可以描述为：你处在一个陌生的环境中，需要解决"我在哪里"，即定位问题（Localization）；周围环境是怎么样的，即构建即时地图（Mapping）；这样你一边走，一边理解周围的环境（Mapping），一边确定自己在所建地图上的位置（Localization）。

为了能正确识别自然场景，需要保存大量的参考视图。同时根据输入图像中提取的相应特征与场景图像的特征进行匹配，然后根据匹配点的对应关系对物体的三维位姿进行计算。同样，在这里需要首先对所有的场景进行三维重建，完成重建注册过程。

12. AR 跟踪配准技术

三维配准是链接虚实的最核心技术，没有之一。大致说来，在 AR 中配准的目的是对影像数据进行几何上的精确理解。这样一来，就决定了要叠加的数据的定位问题。比如说，在 AR 辅助导航中如果想把导航箭头"贴在"路面上，就一定要知道路面在哪里。在这个例子中，每当手机摄像头获取到新一帧图像时，AR 系统首先需要将图像中的路面定位，具体地说，就是在某个事先设定的统一的世界坐标系下确定地面的位置，然后将要贴的箭头虚拟地放在这个地面上，再通过与相机相关的几何变换将箭头画在图像中相应的位置（通过渲染模块完成）。如前所述，三维跟踪配准在技术上存在很多挑战，尤其在考虑到移动设备有限的信息输入和计算能力的情况下。鉴于此，基于视觉 AR 的发展历程经历了从简单定位到复杂定位的几个阶段，下面简单介绍一下这个发展过程。

二维码：和大家如今广为使用的微信二维码原理一样，二维码主要的功能在于提供稳定的快速的识别标识。在 AR 中，除了识别以外，二维码还同时提供易于跟踪和对平面进行定位的功能。因为这个原因，AR 中的二维码比一般的二维码模式更加简单以便精确定位。图 2-50 给出了 AR 二维码的例子。

图 2-50　二维码

二维图片：二维码的非自然人工痕迹局限了它的应用。一个很自然的拓展是使用二维图片，比如纸币、书本海报、相片卡牌等。二维码之所以简单就是因为它上面的图案是设计出来的让视觉算法可以迅速地识别定位，一般的二维图片则不具备这种良好的性质，也需要更强大的算法。并且，不是所有的二维图片都可以用来进行 AR 定位。在极端情况下，一个纯色的没有任何花纹的图片是无法用视觉方法定位的。图 2-51 所示例子中，两张卡牌用来定位两个对战重点的虚拟战士。

图2-51 二维图片

三维物体：二维图片的自然扩展当属三维物体。一些简单的规则三维物体，比如圆柱状可乐罐，同样可以作为虚实结合的载体。稍微复杂一些的三维物体通常也可以用类似的方法处理或分解成简单物体来处理，如在工业修理中的情况。对于一些特定的非规则物体，比如人脸，由于有多年的研究积累和海量的数据支持，已经有很多算法可以进行实时精准对齐。然而，如何处理通用的物体仍然是一个巨大的挑战。

三维环境：在很多应用中我们需要对整个周围3D环境进行几何理解，很长时间以来和可预期的一段时间以内，这一直是个充满挑战的问题。近年来，三维环境感知在无人车和机器人等领域的应用取得了成功，这让人们对其在AR中的应用充满憧憬。然而，相比无人车等应用场景，AR中可以使用的计算资源和场景先验常常捉襟见肘。受此影响，AR中的三维场景理解研发主要有了两个显而易见的思路，一是多传感器的结合，二是对于应用的定制。两个思路的结合也是实用中常见的手段。

2.6.1.6 虚拟现实在军工领域的应用现状

虚拟现实是由多学科交叉结合形成的，在多学科交叉结合中创新、发展；同时它又具有很强的应用性，与应用领域的特点、需求密切结合。目前，虚拟现实广泛应用于军事、医学、工业和教育文化等几个领域，是对传统技术领域的有效补充。虚拟现实的本质作用就是"以虚代实""以科学计算代实际实验"，通过沉浸、交互和构想的特性能够高精度地对现实世界或假象世界的对象进行模拟与表现，辅助用户进行各种分析，从而为解决面临的复杂问题提供一种新的有效手段。本节主要探讨虚拟现实在军工领域的应用现状。

　　迄今为止，虚拟现实在军工领域的应用主要包括构建虚拟战场环境、进行单兵模拟训练和近战战术训练以及实施诸军兵种联合演习四个方面。①构建虚拟战场环境指的是基于三维战场环境图形图像库，包括作战背景、战地背景、各种武器装备和作战人员等，创造一个险象环生、逼近真实的立体战场环境，以增强士兵临场感觉，提高训练质量。②进行单兵模拟训练指的是让士兵穿上数据服，戴上头盔显示器和数据手套，通过操作传感装置选择不同的战场背景，输入不同的处置方案，体验不同的作战成果，从而像参加实战一样，锻炼和提高战术水平、快速反应能力和心理承受能力。③近战战术训练指的是通过训练系统把地理上分散的各个学校、战术分队的多个训练模拟器和仿真器连接起来，以当前的武器系统、配置、战术和原则为基础，把陆军近战战术训练系统、空军的合成战术训练系统、防空合成战术训练系统、野战炮兵合成战术训练系统、工程兵合成战术训练系统，通过局域网和广域网连接在一起。④实时诸军兵种联合演习指的是根据侦察情况资料合成战场全景图，建立一个"虚拟战场"，让受训指挥员通过传感装置观察双方兵力部署和战场情况，根据虚拟环境中的各种情况及其变化，实施真实的对抗演习。

　　随着虚拟现实技术的不断发展与创新，它在军工领域的渗透出现了新的发展方向，分别如下：

　　（1）高新技术武器的研制开发、论证、评估及预测。

　　在高新技术武器开发的过程中，虚拟现实可以帮助设计人员介入系统建模和使仿真实验全过程更便利，从而有效地缩短武器系统的研制周期，并能对武器系统的作战效能进行合理评估，提高武器在实战中的性能指标；同时也可以帮助用户在武器研制阶段进行先期演习，与设计人员一起操作武器系统。在此基础上，设计人员与用户可以充分利用分布式交互网络提供的各种虚拟环境，检验武器系统的设计方案和战术、技术性能指标极其操作的合理性，提高大型复杂武器系统研制的工作效率。

　　（2）"虚拟"军事地图。

　　随着现代高技术的发展，战争逐渐信息化，现代战争中士兵利用高级电脑接收终端执行任务，从而出现了以数字形式存储在磁盘等介质上的数字地图，甚至利用虚拟现实建立"可进入"的地图。在军事训练中，设计人员可以基于"可进入"地图建立军事训练系统，重现现实战场的详细地形，从而对士兵进行专门训练。

　　（3）军事医学、救治的应用。

　　由于战争的残酷性，军事医学和救治与传统医学相比具有环境突发情况多，时间更为紧迫等难处，从而对医生的专业素养要求更高。将虚拟现实应用

到此领域，通过建立虚拟医疗手术治疗系统可以帮助医药专家对战场上受伤较重或者病情较为复杂的官兵进行远程救治的训练和实践。基于已知的人体数据，在计算机中重构人体或某一器官的几何模型，并赋予一定的物理特征，通过机械手或数据手套等高精度的交互工具在计算机中模拟手术过程和操作"虚拟"手术器械，以达到训练、研究、医疗的目的。

（4）虚拟远程控制机械装备。

战争中存在多种人类不适宜直接接触或进入的危险地域与物体，例如勘察与清理受核、化学污染的地带。在这种情况下，虚拟现实可以实现对某些军事装备的虚拟远程操作与控制。美国国家航空航天局和欧洲空间局曾成功地将虚拟现实技术应用于航天运载器的空间活动、空间站的操作以及哈勃太空望远镜维修方面的地面训练。

（5）战前针对性战法研究、训练。

一方面，根据敌我双方的兵力与武器部署、地形地貌以及对方可能用的战略等情况，用直观的图像、逼真的声音生成甚至模拟实际双方的战斗情况，帮助军事战略家们定下正确的作战决心；另一方面，可以针对将要参与的发生战事的地点、战场环境以及敌方的火力部署，有针对性地对参战人员进行训练，从而缩短他们的适应与反应时间、提高机动灵动性等。

综上所述，将虚拟现实应用于军工领域，符合减少人员、物资的损耗，提高军事训练效费比的现实需求与发展方向。虚拟现实今后的应用将会越来越广泛，发挥的作用也将会越来越大。

2.6.2　虚拟现实/增强现实仿真的通用流程和应用软件

虚拟现实产业链包含硬件、软件、内容制作与分发、应用和服务等环节。

硬件环节包括虚拟现实技术使用的整机和元器件，按照功能划分可分为核心器件、终端设备和配套外设三部分。核心器件方面，包括芯片（CPU、GPU、移动 SOC 等）、传感器（图像、声音、动作捕捉传感器等）、显示屏（LCD、OLED、AMOLED、微显示器等显示屏及其驱动模组）、光学器件（光学镜头、衍射光学元件、影像模组、三维建模模组等）、通信模块（射频芯片、WIFI 芯片、蓝牙芯片、NFC 芯片等）。终端设备方面，包括 PC 端设备（主机 + 输出式头显）、移动端设备（通过 USB 与手机连接）和一体机（具备独立处理器的 VR 头显）。配套外设方面，包括手柄、摄像头（全景摄像头）、体感设备（数据衣、指环、触控板、触/力觉反馈装置等）。

软件环节是虚拟现实技术使用的软件，包括支撑软件和软件开发工具包。支撑软件方面，包括 UI、OS（安卓、Windows 等）和中间件（Conduit、VR-

Works 等）。软件开发工具包方面，包括 SDK 和 3D 引擎。

内容制作与分发环节是虚拟现实技术中场景的数字表达，包括虚拟现实内容表示、内容生成与制作、内容编码、实时交互、内容存储、内容分发等。内容制作方面，包括虚拟现实游戏、视频、直播和社交内容的制作；内容分发方面，包括应用程序平台。

应用和服务环节是使用虚拟现实技术来提供应用和服务，包括制造、教育、旅游、医疗、商贸等，如图 2 – 52 所示。

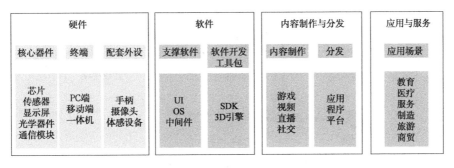

图 2 –52　虚拟现实产业链图

1. 虚拟现实（VR）仿真的通用流程

虚拟现实在制造业的应用主要包括虚拟研发、虚拟装配、设备维护检修等，已经在大型装备的制造中实现初步应用。

在研发环节，虚拟现实技术能展现产品的立体面貌，使研发人员全方位构思产品的外形、结构、模具及零部件配置使用方案。特别是在飞机、汽车等大型装备产品的研制过程中，帮助客户进行工业自动化过程模拟的仿真研究，运用虚拟现实技术能大幅提升产品性能的精准性。

在装配环节，虚拟现实技术目前主要应用于精密加工和大型装备产品制造领域，运用三维模型注册跟踪等技术和场景虚实融合显示工具，通过高精度设备、精密测量、精密伺服系统与虚拟现实技术的协同，在实际装配前对零部件进行装配正确性的核验、作业流程提示和装配正确性的核验。

在设备维护检修方面，在系统检修工作中，虚拟现实技术能通过数据传输与实施分析，实现从出厂前到销售后的全流程检测，突破时间、空间的限制，实现虚拟指导和现实操作相结合，实现预判性监测维修服务。

2. 增强现实（AR）仿真的通用流程

按照 Ronald Azuma 在 1997 年的总结，增强现实系统一般具有三个主要特

征：虚实结合、实时交互和三维配准（又称注册、匹配或对准）。二十多年过去了，增强现实已经有了长足的发展，系统实现的重心和难点也随之变化，但是这三个要素基本上还是增强现实系统中不可或缺的。

图 2-53 描绘了一个通用增强现实系统的仿真流程。从真实世界出发，经过数字成像，然后系统通过影像数据和传感器数据一起对三维世界进行感知理解，同时得到对三维交互的理解。3D 交互理解的目的是告知系统要"增强"的内容。

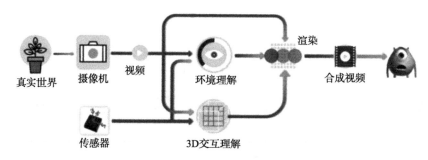

图 2-53　通用增强现实系统仿真流程

一个典型的增强现实系统结构如图 2-54 所示，主要分四部分：

（1）虚拟场景生成单元。

（2）用户视觉跟踪单元，一般情况下即头盔显示器。

（3）虚实融合处理单元，这也是 AR/VR 核心区别所在。

（4）交互设备单元。

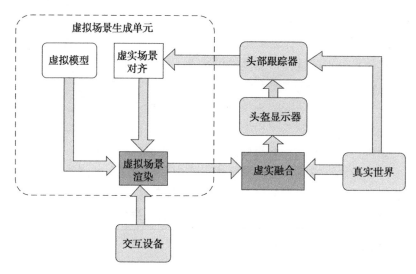

图 2-54　典型的增强现实系统结构

其中虚拟场景生成单元负责虚拟场景的建模、管理、绘制和其他外设的管理；透射式头盔显示器负责显示虚拟和现实融合后的信号；头部跟踪设备跟踪用户视线变化；交互设备用于实现感官信号及环境控制操作信号的输入与输出。

整个运行流程是：首先透射式头盔显示器采集真实场景的视频或者图像，传入后台的处理单元对其进行分析和重构，并结合头部跟踪设备的数据来分析虚拟场景和真实场景的相对位置，实现坐标系的对齐并进行虚拟场景的融合计算；交互设备采集外部控制信号，实现对虚实结合场景的交互操作。系统融合后的信息会实时地显示在头盔显示器中，展现在人的视野中。

增强现实仿真应用中的关键技术包括两方面：

（1）对显示场景的理解和重构，即解决辨别输入的图像"是什么"的问题。

对目标物的识别，分为两个方向：

方向一是按照类别识别。即从分类和检测的角度，先通过机器学习算法训练得到某一类对象的一般性特征，生成数据模型，如车辆、人脸、生物等。适用于不强调未知的应用场景。

方向二是从具体图像特征出发，将具体图像的具体详细特征点解析存储，在实际应用中，通过特征点找到最相关的图片。适用于特定环境的精确识别。

（2）跟踪定位问题，即解决"在哪里"的问题，也就是要对场景结构进行分析，实现跟踪定位和场景重构。

跟踪定位方法分为基于硬件和基于视觉算法两大类：

第一类基于硬件，是通过使用特殊的测量仪器、如电磁跟踪器、惯性跟踪器，光学跟踪器等实现三维跟踪和定位。精度取决于硬件性能，算法扩展较差，成本较高。

第二类基于视觉算法，依赖于优化算法来解决跟踪精度问题。也就是分析运算输入信息源的数据，是一种非接触式的、低成本的解决方法，但其精确度高低依赖于输入源本身尺寸、光照、角度的影响。

3. 虚拟现实应用软件 MakeReal3D 介绍

北京朗迪锋科技有限公司通过多年来对制造业以及虚拟现实仿真技术的潜心研究，开发出应用于工业产品全生命周期的虚拟现实仿真平台——MakeReal3D，并不断迭代和扩展，建立起丰富的产品线，来满足企业级用户的需求，如图 2-55 所示。

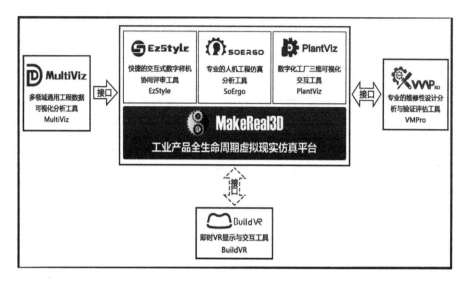

图 2-55　MakeReal3D 工业产品全生命周期虚拟现实仿真平台的构成

MakeReal3D 是一款工业产品全生命周期虚拟现实仿真平台，专注于虚拟现实仿真技术在产品设计、制造、营销、使用、维护等生命周期各环节的应用与开发，从而帮助工业客户提高工作效率及产品体验。

MakeReal3D 软件在实现基本产品造型设计及评审的基础上，提供强大的VR 交互、人机工程仿真分析和协同分析评审功能，便于用户快捷地完成产品造型评审与样机功能展示，可广泛应用于汽车、飞机、高铁、船舶、兵器、航空、航天等工业领域。

（1）多领域通用工程数据可视化分析工具 MultiViz。

MultiViz 是一款多领域通用工程数据可视化分析工具，针对大规模的 CAE 数据、实验数据和测量数据进行可视化分析，以直观的形象帮助客户更准确地理解数据，快速做出设计决策，可广泛地应用于航空航天、汽车、核、能源等工业领域。

在产品研发过程中，用户使用 MultiViz 可以迅速地建立起可视化环境，利用定量或者定性的手段去分析数据，如图 2-56 所示。利用它的脚本处理能力可以快速进行结果的交互和批量处理。处理后的工程数据还可以导出到虚拟现实环境中进行呈现。MultiViz 软件的主要功能包括：

- 多学科数据导入；
- CAE 大模型导入；
- 等值线等值面；
- 流线、流管；

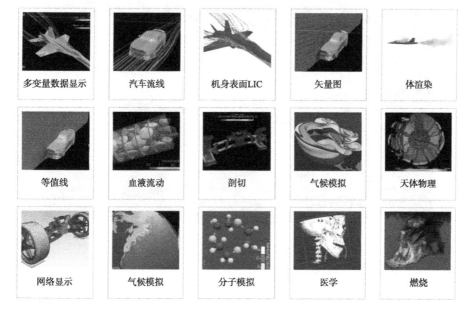

多变量数据显示	汽车流线	机身表面LIC	矢量图	体渲染
等值线	血液流动	剖切	气候模拟	天体物理
网络显示	气候模拟	分子模拟	医学	燃烧

图 2-56 多领域多学科可视化分析结果图

- 切片、切块；
- 矢量图；
- 体渲染；
- 脚本功能；
- 数据查询；
- 动画。

（2）工业产品全生命周期虚拟现实仿真平台 MakeReal3D。

在 MakeReal3D 中导入 MultiViz 处理后的工程数据，然后再加入真实的 CAD 模型和三维场景，便可以实现各种不同数据的融合，如图 2-57 所示。

图 2-57 不同数据（CAD、CAE、材质、场景等）融合效果图

MakeReal3D 软件在本方案中涉及的功能（图 2-58）主要包括：

图 2 - 58   MakeReal3D 软件界面

- 多学科 CAE 后处理结果导入；
- CAD 模型导入；
- 模型材质添加；
- 三维场景添加；
- 动静态 CAE 数据显示与交互；
- 探针查询 CAE 数据；
- 各种交互逻辑；
- 虚拟维修；
- 人机工程仿真；
- 发布独立可执行文件。

（3）VR 显示与交互系统。

VR 显示与交互系统一般指的是头盔、手柄、CAVE、CADWall、Holo-Space、PowerWall、Led 立体拼墙等，通过 MakeReal3D 软件可以实现和 VR 显示与交互系统的连接，从而实现在 VR 环境下 CAE 数据的显示和交互。

（4）人机工程 MakeReal3D SoErgo。

MakeReal3D SoErgo 是北京朗迪锋科技有限公司联合中国标准化研究院自主研发的人机工程仿真分析软件产品。MakeReal3D SoErgo 是国内第一款专注于人机工程行业应用的仿真分析软件，主要针对航空航天、国防军工、轨道交通等工业制造业及高校、研究所等科研单位的人机工程仿真分析应用需求，是集数字人体建模、作业任务仿真、人机工程分析以及虚拟现实于一体的软件解决方案。

MakeReal3D SoErgo 提供精确的国标数字人体模型，如图 2 - 59 所示，该人体模型的尺寸测量数据源自 2010 年中国标准化研究院人类工效学实验室的测量结果（测量仍在进行中）。该人体模型：

图 2-59　数字人体模型

- 包含不少于 50 个关节，不少于 90 个自由度；
- 关节限制依照标准化研究院的测量结果；
- 可以选择不同百分位数与不同性别的人体；
- 可以按照用户的需求开发出不同颜色的皮肤、不同种类的衣服。

MakeReal3D SoErgo 软件可应用于桌面端以及 VR 端，即用户既可以在桌面上使用软件进行仿真分析，又可以在 VR 环境中进行仿真分析，可应用于工业产品的设计、制造、营销、使用、维护等各个环节，从而帮助工业客户提高工作效率及产品体验，如图 2-60、图 2-61 所示。

图 2-60　桌面端进行产品人机工程分析

图2-61 动捕系统驱动数字人体进行产品设计验证

2.6.3 基于虚拟现实的坦克装甲车辆设计

2.6.3.1 坦克装甲车辆虚拟设计定义

坦克装甲车辆是具有火力、机动、防护、信息功能的复杂武器系统，其设计过程涉及机、电、液、光等多学科技术，并且战术技术性能要求多。一个坦克装甲车辆设计方案的产生，不仅需要协调各种性能之间、总体布置以及各分系统之间结构的冲突，还要解决性能先进性与生产可能性的矛盾。因此，坦克装甲车辆的设计一方面要以作战效能为目的，对各个分系统进行系统分析和建模，对系统整体火力及火力机动性能、机动性能、防护性能、电子信息系能及使用维修性能等进行论证和优化；另一方面，在性能优化的同时，要综合考虑系统及各分系统的成本、质量、工艺性及可操作性等。由于技术要求的综合性以及结构复杂性，坦克装甲车辆的研制设计过程是一个研究、创新的过程，通常情况下，坦克装甲车辆的设计定型和生产定型需要一段很漫长的时间，从而可能导致坦克装甲车辆装备部队时性能水平已经落后。因此，坦克装甲车辆的设计必须在可行性和研制周期允许的前提下追求先进性，一方面面向未来战争需求，积极采用新技术成果，保证坦克装甲车辆具有先进的技术水平与较长的使用周期；另一方面充分考虑已有的研究成果、手段和能力，使坦克装甲车辆结构合理、使用可靠，具有良好的效费比。总之，坦克装甲车辆设计必须满足新时期军事需求，适合我军的作战特点以及战场特殊的地理与气候条件，正确处理火力、机动及防护性能间的关系以及系统与分系统之间的关系。

在上述设计原则的基础上开展坦克装甲车辆设计工作，其核心工作主要包括两个部分，一部分是总体方案的论证设计，基于军事需求、战略和战术观点等各个方面调研战术技术指标等研制依据，完成对总体设计方案的论证；另一部分是总体方案的工程设计，包括对总体方案装配过程、试验过程、维修过程、生产定型过程等工程方面进行优化和验证。

　　总之，现代坦克装甲车辆设计是一个多学科协同、反复迭代、逐次逼近的过程。在现代坦克装甲车辆设计中，论证和方案阶段虽然只占总研制工作量或费用的 20%～30%，但对坦克装甲车辆设计方案的技术可行程度却占 70%～80%。坦克装甲车辆这种高科技武器，其机构复杂，组成零部件多有上万个，这使得在方案设计阶段的坦克装甲车辆总体布置不仅工作量大，而且受到结构空间的限制和多学科耦合的影响，在根据舒适性和经济性要求保证乘员活动空间后，还要保证动力传动装置的整体吊装的实现，弹药、燃料和润滑油的数量、火炮俯仰角的要求。同时，总体布置中还要考虑可装配性，车内部件维修的方便性、易拆性和可达性等要求。

　　为避免设计缺陷向下游传递，尽早发现设计缺陷就显得十分重要和迫切。

　　坦克装甲车辆的设计水平既决定车辆产品的综合作战效能，还会影响武器装备协同作战平台的运行。从上述坦克装甲车辆设计的瓶颈可以看出，坦克装甲车辆设计优化的本质是尽可能在设计初期提高方案的可靠性与实用性。随着未来战争信息化程度越来越高，作战任务越来越复杂，坦克装甲车辆设计也将越来越复杂，设计的可靠性与实用性的要求也越来越高。目前，国内外飞机设计制造企业广泛应用虚拟现实和数字化装配技术，从而在设计阶段及时地发现产品装配、系统布置等方面存在的问题，尽可能地避免设计缺陷。鉴于坦克装甲车辆设计团队多年运用三维计算机软件（主要是 Pro/E 和 SolidWorks）进行产品设计的经验并形成了大量 CAD、CAE 等数据，虚拟现实应用于装甲车辆设计过程是可行的，它不仅可以为设计人员创造更为自由的工作环境，而且从根本上对坦克装甲车辆的设计理论和原则进行了创新，因此，我们将研究重点放在了基于虚拟现实的坦克装甲车辆设计技术。

　　坦克装甲车辆虚拟设计的概念内涵可以表述为：坦克装甲车辆虚拟设计是坦克装甲车辆实际设计过程在计算机上的本质体现，它以虚拟现实为技术基础，面向坦克装甲车辆综合性能优化任务，采用协同并行的工作模式，实现总体方案论证、装配过程的分析与验证、维修过程的分析与验证、人机交互的规划与设计等车辆设计的本质过程，完成坦克装甲车辆设计各个阶段的优化过程，以达到坦克装甲车辆整体效能大幅提高，系统各层次决策和控制能力大幅增强的目的。

2.6.3.2　坦克装甲车辆设计面临的问题

目前，车辆工程领域已经普遍采用了 CAD 等工具及 PDM 系统进行设计以及数据管理工作，但设计过程与工艺、制造包括最终用户一直缺乏良好的协同手段，导致设计与制造环节相互割裂，无法实现良好的并行工作模式。同时，对于装配过程分析验证、柔性线缆规划及安装等方面，目前仍然主要依靠设计和工艺人员的经验完成规划及设计过程，由于缺乏有效的辅助手段，大多数问题只能在样机生产安装阶段才能暴露出来，对生产成本及周期均造成不利影响。

随着用户方对产品质量、交付周期等的要求越来越严格，必须打破设计与工艺、制造部门间的技术隔离现象，加强设计部门与制造单位的协同能力，实时交互，并行开展工作，才能更好地在设计过程中尽早地发现在后续工艺、生产制造中可能存在的问题，减少错误，避免大规模的设计变更及返工。

目前，国内工程车辆工程领域在产品设计过程中面临若干问题，主要包括以下几个方面。

1. 人机工效分析的迫切需求

人机工效分析是产品研制过程中亟待解决的问题。在产品使用、制造、装配和维修、维护过程中，除了关注产品本身及其周围的环境外，还需要考虑操作行为的实际实施者——人的工效问题。不合理的设计方案和工艺规划中，人的可视性、可达性无法保障，舒适性差，制造装配和维修效率的提升空间也会被压缩。

使用过程中的人机工效分析主要考虑驾驶人员的舒适和操作方便，以确保驾驶过程人员的舒适性、对操控系统的可视可达性以及操作便捷性。生产及维修维护过程中的人机工效分析将主要考虑生产人员的安全和操作方便，以确保生产安全、减轻操作人员负担、改善装配和检测的可达性。

2. 电缆虚拟设计、装配的迫切需求

电缆是产品中至关重要的一部分，也是费用最高的零部件之一。电缆的布线规划和装配质量是影响整个产品质量的重要因素。由于电缆种类繁多，形态复杂，装配空间小，因此在实际的装配和维修维护过程中极易造成干涉破坏、错装、漏装、布局不合理等现象。解决装配和维修维护过程中的柔性部件安装与操作问题是解决产品质量问题和装配、维修维护性能的关键。

通过采用具有物理属性的可视化虚拟现实技术及并行工程的方法，即可构建用于电缆设计者的协同决策环境，实时显示电缆布线效果并可对多种设计方

案进行比较，实时进行电缆的装配和维修维护设计，实现了虚拟环境下的电缆操作。对电缆进行虚拟设计、虚拟装配、虚拟维修维护以及指导并验证电缆成型工装设计可以减少物理模型制作、缩短规划周期、降低维修维护成本、提高操作人员的培训速度及产品可靠性。

3. 提升装配工艺的分析及验证能力

可装配性及难度分析：在设计过程中及时进行可装配性及难度分析，是当今制造领域越来越重视的问题。而目前对于可装配性及难度分析更多地需要依赖实物样机进行，使用企业现有的 CAD 等软件只能使工艺及制造部门对产品的设计有基本了解，对于可能存在装配性问题及可能存在较大装配难度的环节，并没有良好的手段可以更直观地了解及进行尝试验证。虚拟现实技术可以以真实的人际交互模式、难度反映产品装配中操作的难易程度，按每一个装配事件完成过程中发生的装配障碍的妨碍度类别及该障碍对应因素的影响权重进一步展开量化评价。由于影响装配单元层拆装难度的因素众多，在此应用环节中将细化评价产品的重点部位及零部件的可装配性。

（1）装配序列规划探索：装配序列规划是虚拟装配过程中的重要环节，它是在虚拟装配建模的基础上，对零部件的装配序列进行推理，为下一步实现产品装配过程仿真提供基础。产品中零件之间的几何关系、物理结构以及功能特性等决定了零件装配的先后顺序，所有零件的装配序列形成产品的装配序列规划。由于装配序列规划中所涉及零部件数量多，因此需要多次尝试探索才能确定最快捷、合理的装配序列及路径。通过基于虚拟样机的实时人机交互过程，可以很好地解决装配序列规划问题，减少规划的决策时间，提高规划的效率和准确性。

（2）装配路径规划验证：装配路径规划主要是构成装配路径和寻找最佳运动轨迹，装配路径规划一般以避障、满足作业需要、提高运行精度和减少装配时间等内容为主要目的，在机器人装配控制和机械产品非线性装配等方面应用较广。特别是对于狭小空间中零部件的装配路径规划，更需要生成更加平滑、可行、真实的装配路径。通过沉浸式虚拟维修系统可对关键部件的装配路径规划进行人机交互式的探索与验证，更真实地体现操作人员的操作感受，减少装配路径规划与实际装配过程操作方式的差距。

4. 实现可视化工艺信息的输出

目前，对于生产人员一般通过装配工艺卡片了解装配工序及技术要求。由于产品结构复杂，装配空间狭小，因此对于装配顺序及装配方法均有更严格的

要求。所以，在系统进行了装配工艺验证后，需要系统能够输出正确的装配视频指导文件（装配仿真动画），以方便生产人员在装配现场能够清晰、直观地查看产品的装配过程及装配要求，以指导现场装配。

2.6.3.3　仿真分析方法及流程

根据上述设计中常见问题，基于沉浸式虚拟现实系统，以及产品研发管理的不同阶段，制定了针对设计及工艺、制造及维修维护协同的具体业务流程。

1. 人机工效分析流程

人机工效分析主要流程（图2-62）及方法描述如下：

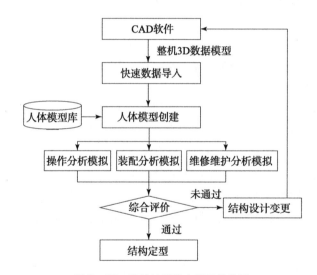

图2-62　设计过程的人机工效分析

在产品设计的不同阶段，将数据模型导入仿真平台，根据人体模型库创建假人模型。创建人体模型可对假人的性别、年龄、年代、正态分布百分位、采用的正态分布数据库等进行设定，同时可对假人的姿态进行交互式调整。此外，支持定制自有的假人模型。对交互过程中的人机工效进行可视化显示。

利用虚拟现实技术，实时地将人1:1投射到虚拟产品当中，通过人员的多重视锥和可达区域对人与产品的多种交互进行仿真，在数字模型样机中验证操作人的环境干涉，操作区域干涉（即可通过性），操作者的可视性、可达性、舒适性，也可以实时验证包含工具、工装等实际工况下操作的可行性，以及使操作者获得更真实的肢体感受，如图 2 – 63 所示。同时，可以改变假人模型的尺寸，针对不同身材人的特点进行分析，以满足军方不断严格的设计任务要求。同时，在产品研发不同阶段，可实现对使用及制造、装配、维修维护过程中人机工效问题尽早的预知，并提供更合理的设计及制造维护规划方案，同时对特定部门的实施人员提出要求，指导人员及设备的配置，从而获得更合理的规划方案。

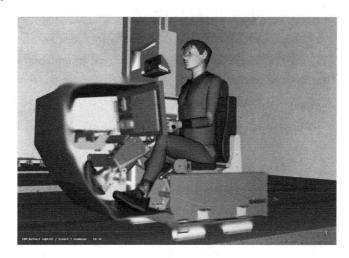

图 2 – 63　设计过程人机功效实例

2. 线缆虚拟设计、装配仿真流程

可视化设计制造协同应用系统在线缆工艺设计中的应用规划，主要涉及软件桌面环境。在以下的每个环节中，都将使用系统的全部模块功能。其中，主要流程（图 2 – 64）及方法描述如下：

将数据模型导入仿真平台，基于线缆属性数据库创建柔性线缆。结合可视化设计制造协同应用平台开展重点部位的空间干涉情况、可装配性、维修维护性以及运动学分析验证后，将 Pro/E 实体模型及 3D 可视化模型在 PDM 系统中进行发布，以便工艺人员进行线缆工艺规划及编制工作。

工艺人员在线缆生产工艺编制完成后，制作线缆生产过程动画，将包含相应工装及工装设计验证的信息提供给生产人员参考。对线缆在产品中的装配过程进行模拟，最终验证线缆的可装配性，同时生成装配动画，方便生产人员在装配现场能够清晰、直观地查看线缆的装配过程及装配要求，以指导现场装配，如图 2 – 65 所示。

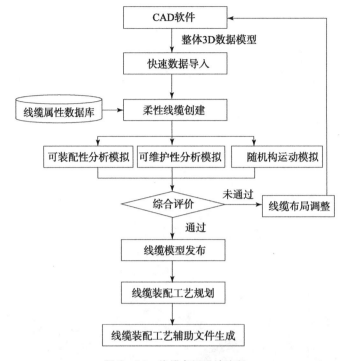

图 2 - 64　线缆虚拟设计流程

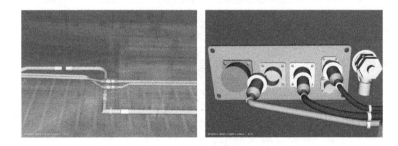

图 2 - 65　线缆仿真实例

3. 装配工艺流程

可视化设计制造协同应用系统在装配工艺流程中的应用规划，涉及不同的软件环境，如桌面环境、沉浸式环境及协同环境。在每个环节中，都将使用系统的全部模块功能。其中，主要流程（图 2 - 66）及方法描述如下：

设计部门将产品模型导入 IC. IDO 仿真平台，进行可装配性分析验证。如遇需要工艺参与讨论的问题，可随时通过协同环境进行讨论，以便尽早发现问题、解决问题。在达到一定产品成熟度后，设计人员将设计模型在 PDM 系统

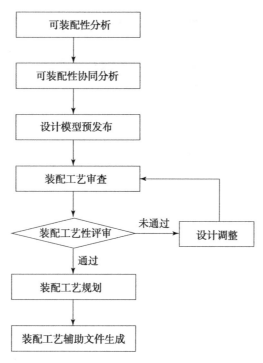

图 2 - 66 虚拟装配流程

中进行预发布，以便工艺人员提早进行工艺审查等工作。工艺人员基于 3D 可视化模型，对产品整个装配工艺进行验证及审查，对于重点或狭小空间等可调入工装、工具等进行重点验证审查。通过协同环境，对装配工艺审查中发现的问题等进行协同讨论评审。基于 3D 可视化模型，加入工装、设备、工具等，制定装配规划、定义装配顺序及装配路径等，并进行仿真模拟。

最后，可生成装配动画、报告、XML 装配顺序文件等装配工艺所需辅助文件，以方便生产人员在装配现场能够清晰、直观地查看产品的装配过程及装配要求，以指导现场装配，如图 2 - 67 所示。

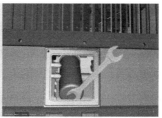

图 2 - 67 虚拟装配、虚拟维修实例

2.6.3.4 坦克装甲车辆虚拟设计应用场景

1. 虚拟造型技术在总体方案论证阶段的应用

造型设计虽然不是特种车辆最重要的研究方向，但一辆外观造型美观、威武的装甲车可以提升士兵们自豪感、增强使命感。现代坦克论证阶段的造型设计中，已经开始尝试利用虚拟现实技术进行了整车造型设计。区别以往利用效果图的表现手法，虚拟造型设计不仅可以表现车辆的形态、色彩、机理及材料质感，而且摆脱了二维平面的束缚，制作了1∶1的全尺寸样车模型，取代了油泥模型，供设计人员、主管领导与专家观察、检验、评审。

通过利用虚拟现实技术可以快速修改车辆的外轮廓尺寸，在虚拟环境中实时修改模型尺寸，不需要重新进行CAD设计，也不需要等待，就可以观察修改后的结果，对于坦克，车高是非常重要的指标，其关系到车辆的隐身性能和防护性能，可形成多个方案1∶1模型，其实时性一目了然，而且并不影响其他论证工作的并行进行，节省了修改时间，减轻了论证工作的工作量。同时，配合效果图的使用，可以充实论证报告内容，提高论证报告的质量。

2. 虚拟装配技术在工程设计阶段的应用

（1）数字化预装配。

数字化预装配技术是在CAD平台产品数字化定义的基础上，利用计算机技术模拟产品的装配过程，达到在零件进行加工前就进行配合检查的目的，主要用于在研制过程中及时进行装配干涉检查、装配及拆卸工艺路径规划等。

目前，以鼠标、键盘和二维屏幕为主要交互工具的人机界面以及在设计过程方面存在的局限性影响了数字化预装配技术的进一步发展，例如数字化预装配过程通过约束定位或者鼠标拖动将零部件直接装配到位，忽略了装配的中间过程，必然会遗漏很多装配细节，难以确定装配过程中是否有足够的人手以及装配工具的操作空间。于是将虚拟现实与产品设计相结合的虚拟装配技术就应运而生了，工作人员可以在沉浸式的环境中以更加逼真、自然的方式来模拟装配过程，进行可装配性设计。虚拟装配是指将虚拟现实技术与已经高度发展的CAD技术有机结合，使得设计人员在沉浸式虚拟环境中通过直接三维操作对产品模型进行管理，以直观、自然的方式表达设计概念，并通过视觉、听觉与触觉的反馈来感知产品模型的几何属性、物理属性与行为表现。虚拟装配能够更加真实地模拟产品装配过程，发现更多的装配问题，避免更多的设计缺陷。

（2）虚拟装配工作流程。

首先虚拟装配流程提交的是数字化模型数据，而不是图纸。虚拟装配和模型设计紧密相连，相互配合。虚拟装配工作流程开始于零部件数字化模型（Pro/E 模型）的提交，结束于最终检验报告的形成，虚拟装配工作流程图如图 2 - 68 所示。

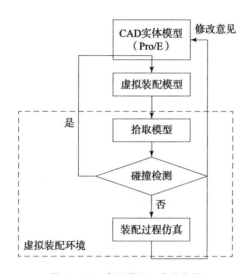

图 2 - 68　虚拟装配工作流程图

（3）虚拟装配实施。

● 建立企业网和工程数据库，初步实现 CAD 和 PDM 的集成，推行特征建模技术，使产品开发在企业内部实现并行工程，保证虚拟装配人员和产品设计人员能够及时地进行信息交流，确保虚拟装配人员能够及时地获取设计三维数据，产品设计人员能够及时得到虚拟装配人员反馈的整改信息。

● 虚拟装配必须融入企业的产品开发大流程，对于新产品的开发必须给虚拟装配留出足够的时间，确保虚拟装配可以起到检验设计质量的作用。

● 虚拟装配自身的实施步骤同样需要有相应的标准，对于装甲车辆而言，首先确定虚拟装配的装配顺序。其次，界定清楚各总成内部有具体的产品设计人员自己利用 CAD 软件校核，各系统之间的装配关系和干涉检查有专门的虚拟装配人员负责，即明确虚拟装配过程中相应人员承担的责任。

● 虚拟装配最终需要提出检验报告。检验报告的格式应该有固定的模板，以方便填写和使用。其主要内容可以在模板上约定，指导填写检验报告的虚拟装配人员应完整地填写相应的检查项及检查结论。

● 产品设计人员可以依据检验报告重新构建产品模型，修改产品尺寸，以满足整车设计的要求。

● 虚拟装配人员根据设计人员的更改模型再在虚拟装配环境下进行相应的装配检查，确认无误后依照企业的开发流程组织产品的试制。

（4）规范支撑。

实施虚拟装配首先需要定义一个严格的操作规范来保证。虚拟装配的规范应该包括：

● 角色定义。确认相关设计人员和专业虚拟装配人员所应承担的职责和权限。

● 虚拟装配的要求。对虚拟装配所需要的数据的完整性、准确性，装配基准，外来数据的导入等进行明确的约定。

● 虚拟装配实现的步骤。制定适合本企业的虚拟装配步骤，保证虚拟装配人员能够有统一的操作规范。

● 虚拟装配的检查项。

3. 虚拟试验技术在工程设计阶段的应用

长久以来，坦克的实地试验耗费人力、物力巨大，虚拟试验的引入很好地解决了这个问题。利用虚拟现实技术，可以大幅减少样机制造试验次数，缩短试验周期、降低实际试验费用。虚拟试验技术代替实际试验，实现了试验不受场地、时间和次数的限制，可对试验过程进行回放、再现和重复。在虚拟环境中建立坦克机动性虚拟试验动力学模型，可以对坦克战术机动性进行实时仿真，包括加速性、制动性、行驶平稳性、通过性、最大行程等。通过在虚拟环境中仿真，观察到坦克机动性能是否能满足指标要求。同时，在虚拟环境中可以很快地对参数进行修改，实时地观察到参数修改后的机动性能，已达到快速前后对比的效果。

4. 虚拟维修技术在工程设计阶段的应用

虚拟维修是利用虚拟现实技术对装甲车辆维修性设计、维修技术规程规划、维修系统保障系统设计过程的仿真。通过对装甲车辆维修过程的仿真，使人在主观上产生虚拟产品及其维修过程的存在感。人沉浸在虚拟维修环境中，通过装甲车辆维修预演，准确理解和直观感受产品的维修过程。

5. 虚拟培训在生产定型阶段的应用

坦克定型以后，需要更好的手段将设备的必要知识方便、快速地传递给不同知识层次的人员。新型号装备到部队时都会伴随厚厚的操作手册，战士们理解起来有困难，学习效率有限，造成新武器的工效大打折扣，没能完全发挥出来。一方面，利用虚拟现实技术，建立虚拟培训环境，使战士们面对着虚拟环境中的 1∶1 真实武器，产生主观的存在感；同时，通过自己动手进行交互式学习，达到学习速度快、不易忘记的理想效果。另一方面，也减轻了培训人员的培训任务，达到事半功倍的效果。

2.6.3.5　基于虚拟现实的装甲车辆设计应用案例

1. 基于 Virtools 的轮式装甲车辆动力学仿真平台

随着技术的发展，现在已有很多技术和软件可以实现虚拟场景的构建，主要的软件有 3DSMAX、VRML、VEGA 等，但其中以 VRML 为基础的基于文本的虚拟场景生成工具存在不能提供可视化环境、用户必须有一定的背景知识、场景搭建人员必须从 VRML 提供的基本几何形体发搭建复杂场景，以及用户必须熟悉 Java 语言以及 VRML 动画交互的编程等缺点，实际使用难度较大，并且不易实现。因此提出了一种基于 3D 和 Virtools 技术的开发方法，即利用 Pro/E 软件建立的三维车体模型，3DSMAX 构建 3D 虚拟环境中的应用场景，以 Virtools 技术为平台将 3D 模型转化为可用键盘和鼠标控制的全方位浏览和实时交互的仿真平台。这种方法具有真实性、交互性，简单和易实现，在坦克装甲车辆设计领域已被广泛使用。

（1）Virtools Dev 软件介绍。

Virtools Dev 实时 3D 编辑软件，使开发者能以直觉式制作模式整合 3D 模型与互动行为模块。可以利用 Drag & Drop 拖放的方式将交互行为模块（Building Blocks，简称 BB）赋予在适当的对象上，以流程图的方式决定行为模块的前后处理顺序，逐渐编辑成一个完整的交互式虚拟世界。

BB 是软件函数的可视化表示，至少具有一个输入、一个输出，一般情况下还具有参数输入和参数输出，还可能具有目的参数来显式地确定行为所影响的对象。

Virtools Physics Pack for Dev 整合了 Havok 公司顶尖的物理属性引擎，使得 Virtools 的使用者在制作 3D 互动场景的过程中更为便利。Virtools Physics Pack 包含了 29 个新的互动行为模块，为使用者提供多种物理属性，诸如重力、摩擦力、弹力、物体间的物理限制、浮力、力场、车辆的动态物理属性等功能。这些功能大大缩短了使用者的制作时间，减少了工程师繁复冗长的物体动态制作过程与程序设计师撰写算法的工作。

其中 Physics Car 系统可以使我们比较容易地建立一个基于物理动力学的车

辆系统。在此之前先概要地介绍一些基本的动力学概念。

（2）基本的车辆动力学概念。

车辆在地面行驶，受到两种主要的阻力，空气动力阻力 R_1 和车轮转动阻力 R_2。空气动力阻力公式：$R_1 = \dfrac{1}{2}\rho V^2 SC_d$ 其中，ρ 是空气密度，V 是车辆速度，S 是正交于 V 的车辆正面的面积，C_d 是与车辆形状相关的阻力系数。车轮转动阻力不是摩擦力，而是由车轮转动时轮胎的变形所产生的阻力。在理论上它是一个难以进行精确计算的量。因为它是一个综合了多种复杂因素的函数，比如车轮和路面的变形、车轮与地面的接触面的压力、车轮的弹性和地面的材质、车轮和地面的粗糙度等很多因素，所以，在实际编程中，我们改为依靠一个根据经验得来的公式：$R_2 = C_r \cdot w$，这个公式给出了每个车轮的转动阻力，w 是车轮和所承受的部分车体的质量。C_r 是简单地作用于 w 的转动阻力系数。轮胎生产商通常会给出这个系数的设计值。既然知道了如何计算车辆受到的阻力，就可以容易地计算出克服阻力获得加速度所需的发动机的功率。

（3）建立几何模型。

1）场景建模。

首先，利用 3DSMAX 软件，采用 Polygon 建模，参照某实际场景建立一个场景模型，包括柏油路面、路障、草地坡地、预期碰撞物体，并给模型指定所需材质，如图 2 - 69、图 2 - 70 所示。

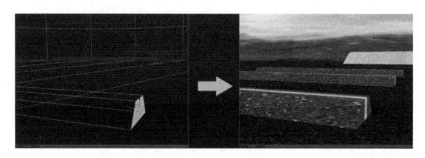

图 2 - 69　Polygon 建模　　　　　图 2 - 70　材质设定

2）模型处理。

将在 Pro/E 软件建立的三维车体模型保存为 . igs 格式，然后导入 3DSMAX 软件中进行处理。模型导出导入过程中，往往会出现反面（法线反向）、破面、丢面的情况，所以，部分模型需要在 3DSMAX 中进行修正处理，破面严重的则需要重新建模，如图 2 - 71 所示。

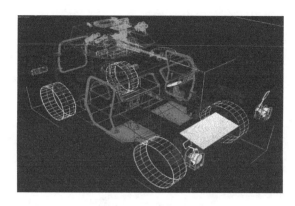

图 2 - 71　模型处理

同时，将可以用贴图方式替代的复杂模型（图 2 - 72 中的轮胎模型为处理后的几何简模），例如轮胎表面的复杂面片去掉，用贴图方式进行材质设置，如图 2 - 72 所示。

图 2 - 72　贴图处理

（4）建立物理模型。

1）建立主模型。

将处理好的模型加载到 VirtoolsDev 场景环境中。Physics Car 主建模需要建一个车体和四个车轮。在 Virtools Dev 中的坐标单位是 1Unit = 1m，在 3DSMAX 中建模时的坐标单位最好也设置成 1Unit = 1m。其次要注意车体和车轮的轴心点（pivot）的位置和方向。3DSMAX 的坐标系是 Y 轴向前，Z 轴向上，Virtools Dev 的坐标系是 Z 轴向前，Y 轴向上。车体和四个车轮的各自的轴心点都要设置在物体的中心。

2）模型命名。

在 Physics Car BB 中，主模型需要按照一定编程规则进行命名，否则将无

法在系统中调用，建议四个车轮命名如下：

前右车轮的名字中要包含："FR"；前左车轮的名字中要包含："FL"；后右车轮的名字中要包含："BR"；后左车轮的名字中要包含："BL"。

打开层级管理器 HierarchyManager，并把四个车轮添加到车体的子物体层级中，使之建立父子关系，如图 2 – 73 所示。

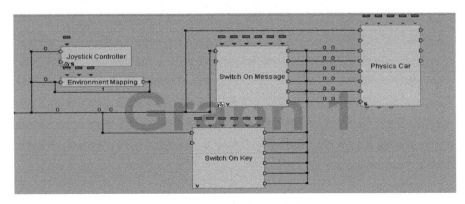

图 2 – 73　层级管理器 Hierarchy Manager

3）编辑代码及参数设定。

● 编辑代码：

Virtools Dev 软件的逻辑编辑器（Schematic）界面，通过 3DSMAX 的 export 功能将命名好的模型输出成为 Virtools 的 . nmo 格式文件。启动 Virtools Dev 软件，点击菜单 Resources – Import File，将刚生成的 . nmo 文件导入，给场景添加 Script，使用物理初始化模块 Physicalize BB，使之成为物理世界的一部分。给车体添加 Script，使用 Physics Car BB，如图 2 – 74 所示。

图 2 – 74　Physics Car BB

● 交互行为设置：

Physics Car 的前进、后退、左右转向、刹车、加速器的输入控制由 Switchonkey BB 进行设置，按照一般的使用习惯，分别设置四个方向键控制车体的前后左右，空格键控制刹车制动。加速器可以根据实际需要选用。

● 参数设置：

至此车辆依然是固定不动的，原因就是 Physics Car BB 是由 3 个数组来驱动的，分别是 BODY Parameters、WHEEL‐SUSPENSION Parameters、ENGINE‐STEERING Parameters，3 个数组的行数、列数以及名称要严格遵循 Virtools 的要求。参照前面所讨论的动力学公式，设置 Physics Car 的 BODY、WHEEL 和 ENGINE 参数，这 3 组参数是使用 Array（数组）的形式进行管理的，如图 2‐75 所示。经过调试，将 Physics Car 的参数调整到比较适合当前模型的状态。可以说，车辆是否能够移动，车辆模拟真实的效果能否准确逼真都要取决于这三组数据，下面来具体介绍这 3 个数组。

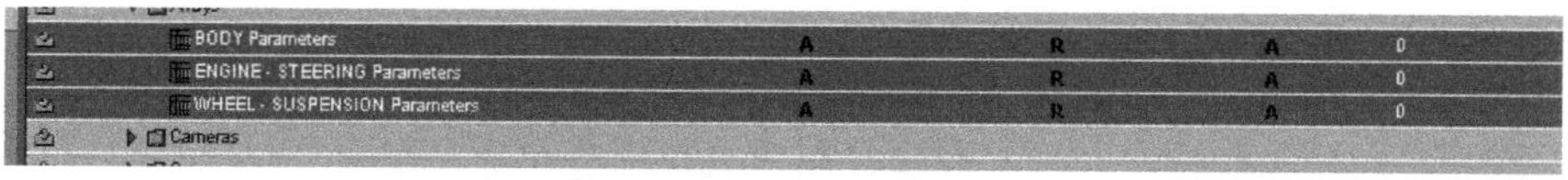

图 2‐75　Arrays 参数

BODY Parameters（车身参数）：这个数组主要是控制车辆车体本身属性的数组，它是一个 1 行 15 列的数组。主要依赖于 3 个数组的参数调节得是否得当，如图 2‐76 所示。

图 2‐76　BODY Parameters（车身参数）

—body mass：质量（吨）。

—body friction：摩擦力，实际的摩擦力要用这个值乘以地面的摩擦系数。

—body elasticity：弹性，值越大弹力越大。

—body speed damp：速度阻尼，可以理解为空气阻力。

—body rotation damp：旋转阻尼，可以起到稳定车体的作用，三维向量。

—body rotation inertia：旋转惯性，车辆转向时受到的惯性力的作用，三维向量。

—shift mass center：指定车体中心相对于四个车轮中点的偏移量，三维向量，y 值确定车体重心的高低，低重心可以防止车辆急转弯时翻车。

—counter torque face：反向扭矩系数，指定车轮扭矩引起车体反向扭矩的

百分比。

——extra gravity：额外附加在车体上的重力，用来将车辆压向地面，可以实现更快的转弯、更少的倾覆和更小的颠簸。

——down force：额外的向下的力，附加到倾斜的车体。

——down force offset：与上一个参数配合使用，额外向下力的偏移。可以矫正额外向下力的作用点，使 4 个车轮受到比较均衡的力。

WHEEL – SUSPENSION Parameters（车轮悬挂参数分为前、后车轮），如图 2 – 77 所示。

图 2 – 77　WHEEL – SUSPENSION Parameters（车轮悬挂参数）

——wheel mass：质量。不考虑实际情况，4 个车轮的质量总和最好粗略地等于车体的质量，这样可以提高车辆的弹性。

——wheel friction：摩擦力。实际的摩擦力要用这个值乘以地面的摩擦系数，取值如果太大，车体甚至可以爬墙；如果太小，容易引起车轮打滑。

——wheel elasticity：弹性。

——wheel speed damp：速度阻尼，车轮的速度阻尼应该很小。

——wheel rotation damp：旋转阻尼，如果太大，车辆很难达到高速度。

——wheel rotation inertia：旋转惯性，如果太小，车辆会很不稳定；如果太大，转弯时会影响到车体。

——suspension constant：悬吊常数，值越大车辆越远离地面，这个常数与质量有关。

——suspension damp：悬吊阻尼，吸收车辆的部分振荡。

——suspension compression：悬吊压力，表示悬吊系统的硬度。

——max body force：最大车体压力，减少弹力作用。

——stabilizer constant：稳定常数，表示垂直施加到车轮的压力。

ENGINE – STEERING Parameters（引擎与驾驶参数）：这个数组主要控制的是方向盘和车辆引擎的相关属性，它是一个 1 行 15 列的数组，纵行的属性控制参数如图 2 – 78 所示。

——max steering：最大转向角度，作用于低速时的转向角度。

——max speed steering：最大速度转向，作用于高速时的转向角度。

——steering velocity：前轮转向速度。

——engine power：最高时速时发动机的功率。

图 2 - 78　ENGINE - STEERING Parameters（引擎与驾驶参数）

—min engine rpm：最低挡转速。

—max engine rpm：最高挡转速。

—axle torque ratio：轴向电动机传动比，分配到后轮的引擎功率。

—max speed：（km/h）最大速度。

—front brake deceleration：前刹车减速，完全刹车时所达到的速度。

—rear brake deceleration：后刹车减速。

—gear1：1 挡传动比。

—gear2：2 挡传动比。

—gear3：3 挡传动比。

—gear4：4 挡传动比。

—gear5：5 挡传动比。

● 建立摄像机：

为了给观察者一个舒适的观察角度，还需要添加一个摄像机（camera）。这台摄像机相当于观察者的眼睛，在整个场景效果演示上起到非常重要的作用。我们将摄像机调节到适当角度，添加 Script 编码，并在代码中加入逻辑控制，将其交互行为设置成跟随车体移动的效果，这样使观察者的视角一直注视着车体，达到预期效果，如图 2 - 79 所示。

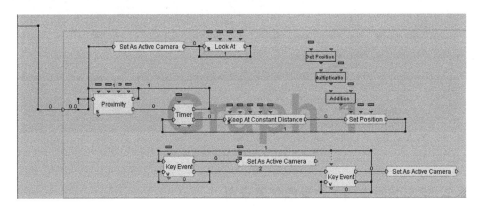

图 2 - 79　摄像机行为设置

● 建立光源：

为了模拟一个真实的虚拟世界，增强真实感，还需要为场景添加光源。具

体来讲，光源的设置没有固定的要求，只要遵循一般的设置规则即可，即先建立主光源，再建立几盏辅助光源，如图 2-80 所示。最后根据场景的大小、空间高度，以及作者想要照亮的范围进行光源的参数调节，以达到最终效果，如图 2-81 所示。

图 2-80　场景光源设置

图 2-81　CADWALL 硬幕效果

2. 坦克装甲车辆柔性管线仿真应用

线缆和管路在机电产品中占有很大的比重，其主要作用是可靠地传输通信信号，保证电气设备之间的正常通信，其重要程度相当于人体的神经；管路的主要作用是稳定可靠地传输气体、液体和电气等工作介质，保证产品安全可靠地完成其功能，其重要程度相当于人体的血管。随着坦克装甲车辆等复杂产品向小型化、轻量化、精密化和光、机、电一体化方向发展，线缆和管路装配过程中的不规范及可靠性问题已成为影响产品装配质量的一个重要因素，甚至成为影响产品开发成败的关键。如美国通用电气公司对以往研制的发动机在使用中出现的空中停车事件进行归纳总结后，发现 50% 的空中停车事件是由外部管路、导线、传感器的损坏或失效引起的。而产生上述问题的重要原因之一，是目前尚缺少有效的软件工具支持复杂产品中线缆和管路的布局设计和装配工艺规划。坦克装甲车辆产品具有结构复杂、部件及管路线路繁多、布置杂乱等特点，所以管路电缆的布线规划和装配质量是影响整个产品质量的重要因素，也是长期困扰产品设计的一个重要环节。由于电缆种类繁多，形态复杂，可装配空间小，因此在实际装配过程中极易造成错装、漏装、布局不合理或者发生干涉现象。据统计，我国电缆类零件的故障率占到总故障率的 20% 左右，常会存在连接接头不可靠、操作及振动带来磨损甚至折断等现象，同时也存在线缆布置一车一样的现状，给保障及维修带来了很大的困难。

（1）存在的问题。

据统计，目前装甲车辆行业在柔性线缆线束设计、规划布置、装配生产等环节主要面临以下几方面问题：

• 静态空间布置：在整车线缆布置过程中，由于设备众多，空间狭小，在现有线缆布置系统中，无法根据实际柔性线缆材料属性实时模拟其真实形状位置，很难设计正确的线卡位置。在实际装配过程中由于线缆本身的弹性变形，经常存在线缆实际形态及位置与设计不一致的现象，存在与周围设备及零部件接触现象，容易造成磨损。

• 机构运动及振动过程线缆分析：对于部分机构及零部件，其机构的运动会带动相关的管线产生运动，目前的管线布置仅能在静态的模型中进行，缺乏在机构运动过程中相关管线的运动仿真模拟，存在机构运动过程中或振动过程中管线与周边零部件产生接触磨损的实际问题。

• 可装配性分析：首先，在设备及部件装配过程中，部分是带有柔性管线零部件一同装配的，但在装配验证及仿真过程由于无法模拟柔性体可接受的弹性变形状态，直接导致对于这些设备及部件的装配分析产生错误的结论。同时，对于复杂空间的线束装配过程也缺乏有效的模拟手段。

• 线长统计：对于车辆管线零部件，很多都需要预先完成线束的捆扎及接头的连接，之后进行整线束的整体安装，线长的统计尤为关键。目前由于管线设计形状位置与实际存在误差，加之部分管线会与其他相关机构一起运动产生变形，以及考虑管线在装配过程中的装配空间等问题，很难设计出合理的线

长，只能给出较大的线长余量，但会导致由于余量太大需要折叠捆扎或安装后与其他零部件接触等问题。

● 可维护性设计：由于以上问题的存在，加之产品为小批量生产，对于管线的布置在装配过程中常会存在布置路径不一致的现象，这给车辆维护带来了一定的难度。同时，由于柔性体存在可接受的弹性变形，对于线缆附近的零部件维护拆换，可以拉动柔性管线形成拆装空间，但可以接受多大的变形量无法判断，这给产品的可维护性设计也造成了困难。

采用先进的计算机分析仿真手段可以有效降低在产品性能、加工、装配等方面的问题。但对于柔性体仿真分析领域的应用在国内同行业中还处于起步阶段。近一段时期，随着对柔性管线精细化设计要求的不断提高，国内外很多高校及软件厂商已经开始了对于柔性管线仿真分析软件系统的研究。国内目前的研究主要集中在高校，目前对于柔性管线的实时模拟等已经有了突破性的进展，但距工程应用还存在差距，主要表现在：由于线缆布置及仿真必须基于完整的周边设备、部件等才能进行，目前对于整车大数据模型的支撑能力不足；在整车中存在复杂、众多的管线，对于众多管线布置的工程应用仍存在差距；在机构运动、可装配性、可维护性工程应用方面，目前仅能够对柔性线缆本身进行初步模拟，无法对复杂机构的运动、拆装等进行综合模拟分析。国外目前已经出现了成熟的商品化软件系统，可进行综合性的柔性管线工程应用。部分国际大型知名制造企业已经开始在产品的研发过程中广泛使用该类软件，其应用深度和集成深度都已达到了较高的水平，如波音、奔驰、宝马等。例如首个完全没有物理样机即投产的商用飞行器波音777在研制过程中即大量采用该技术，并通过交互手段对产品的相关功能、制造、装配、维修等进行虚拟试验。这为波音节省了大量样机成本，也使产品上市时间大大提前。

（2）设计方法及流程。

为达到柔性管线仿真分析系统能够为产品设计及工艺编制提供准确的数据与评价结果的目标，企业需进行两方面的工作：一是建立相应的柔性管线仿真分析流程，并在产品研发过程中予以应用；二是建立并不断完善柔性材料数据资源库，以为仿真分析过程提供准确的基础数据。

柔性管线仿真分析过程与对单一零部件的仿真分析应用模式及流程不同，需要基于周边完整、准确的结构、设备、机构等部件进行综合分析评价。整个柔性管线布置、仿真分析的流程如图 2 - 82 所示。

其中，主要的步骤及方法描述如下：

● CAD 模型数据导入：柔性管线的设计一定将基于所需连接的零部件并参照其通路周边零部件的外形进行布置。在进行柔性管线布置仿真前首先需要

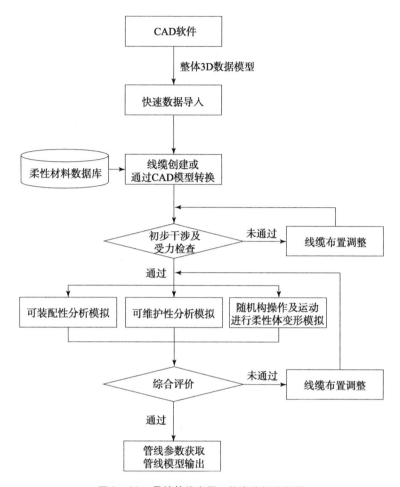

图 2-82　柔性管线布置、仿真分析流程图

将相关系统、设备的 CAD 模型导入分析软件中。由于管线的布置方案也将影响到连接或周边零部件的设计过程，需要与产品其他系统的设计过程同步进行，也会影响相关零部件的设计（如管线通过空间、卡箍固定位置设计等）。因此需要 CAD 模型能够快速、准确、完整地导入分析软件中，这样才能随着设计而不断完善与调整、随着分析后柔性管线布线要求的周边零部件设计而调整，实现 CAD 模型的随时更新，以实现并行设计模式，减少设计返工，缩短设计周期。

● 柔性管线创建布置或从 CAD 模型转换：柔性管线的初步布置工作可根据实际情况考虑在 CAD 环境中进行或在仿真分析软件中直接完成。对于在 CAD 环境中已经建立的管线零部件，将在仿真分析软件中直接转换为柔性材

料零部件，其材料参数可从柔性材料数据库中直接读取。同时也可以在仿真分析软件中直接创建与布置，首先需要在材料数据库中选择柔性体材料参数，之后的布线及调整方法与 CAD 软件的操作有所不同，在仿真分析软件中，仅需要设定连接点及各卡箍的安装位置及方向，管线的形态及长度等会由系统自动根据材料属性进行实时计算生成，并可以随连接点及各卡箍的安装位置及方向、线缆长度的改变实时动态调整，可一次性准确地完成线缆布置工作。

- 与周边零部件的初步接触干涉检查及管线受力状态分析：对于由 CAD 模型转换获得的柔性管线，由于在 CAD 软件中布置的管线为刚体状态，无法实时考虑到柔性体本身的张力、重力等因素的影响，无法实时体现柔性部件由于卡箍固定、管线长度等因素导致管线受力产生的弹性变形。因此原始 CAD 管线的形态在转换后会产生一定的变化，达到装配后的柔性材料零件的真实状态。这种形态的改变常会存在与周边零部件发生接触或干涉的情况，因此在转换后首先需要对管线与周边零部件的接触及干涉情况进行初步静态检查。而对于在仿真分析系统中直接创建的零部件，由于系统能够随时根据材料属性及其受力情况实时对柔性管线的形态进行计算并展示，因此这样的检查可随时完成。此外，也需要对管线由于弯折、装卡、受重力影响等产生变形情况下材料本身的受力状态进行分析，包括是否达到柔性材料的张力、扭矩承受极限，是否达到管线的最小弯曲半径等，以便随时对管线的线长及布线、装卡方式进行调整，以形成与真实装配状态相符的、可用的设计方案。

- 与运动零部件关联的柔性管线分析：在完成了柔性管线的静态布置设计方案以后，下一步将对与运动部件连接的柔性管线的随动状态、运动空间、在运动过程中的受力状态等进行分析仿真，以保证在柔性管线零部件运动变形情况下能够满足材料的受力要求，并在弹性变形及运动过程中不会与周边其他零部件产生接触及干涉情况。这首先需要系统具备机构运动学引擎，能够支撑机构的运动模拟过程。之后在机构运动的过程中，对柔性管线的变形、运动及受力情况进行实时仿真模拟，如在机构运动过程中，柔性体材料存在干涉、达到最小弯曲半径、达到最大张力及扭矩等情况，可通过调整装卡位置方式进行调整，并继续进行仿真分析，如仍无法达到材料及运动空间要求，可输出在机构运动过程中柔性管线的运动及变形包络空间几何模型，以协调周边或运动机构零部件设计人员进行修改，最终达到产品的正常使用状态。

- 关键部位可装配性分析：对于部分带有柔性体材料部件的可装配性分析，如遇在装配通路中发生干涉等情况，可对柔性体材料进行合理弯折后，对部件的装配进行动态的分析仿真。在弯折过程中可随时观察系统提供的柔性材料受力状态云图显示，以保证对于柔性管线的弯折不会导致零部件材料本身的失效与破坏。通过这种基于柔性体材料弹性变形情况下的装配仿真过程，可以为零部件的可装配性设计提供更准确的评价依据。同时，对于狭小空间的管线装配过程也需要进行管线本身的柔性装配仿真模拟，模拟管线本身在具有弹性变形的装配过程中，是否会达到材料的弯折极限状态，是否能够有持握、通过、装卡、接头连接等动作合理的装配空间，这部分可通过相应的人机工程模块完成。这样的分析仿真过程，对于结构复杂、空间狭小的产品设计过程尤为重要，能够使产品达到最合理的空间利用。

- 拆装路径涉及柔性管线障碍的可维护性分析：维修性设计和装配性设计虽都是产品拆装过程，但二者的拆装存在区别，可维护性分析的目标是对目标零部件进行无破坏性的拆卸，并使其可以重新装配。对于修复性维修中故障件的修复或更换，拆卸过程中应尽量不移动或少移动其他零部件。因此在可维修性分析过程中，如遇通路中存在柔性零部件的情况，可考虑尽量利用柔性材料允许的弹性变形状态，在不对其进行拆卸的情况下，实现目标零部件的拆装过程。在仿真分析系统中，可通过直接拖拽目标零部件的方法进行仿真模拟，在目标零部件与其他零部件接触后，系统可自动计算其运动趋势，实现在通路中的滑动拆卸过程，当遇到柔性管线时，可根据目标零部件的接触表面，给柔性管线施加压力，使之产生弹性变形，并形成目标零部件运动中对柔性管线形成挤压并滑动的仿真分析状态。其间可随时观察系统提供的柔性材料受力状态云图显示，以保证对于柔性管线的变形不会导致零部件材料本身的失效与破坏。

- 综合评价及数据输出：在对柔性体零部件进行分析仿真后，可对其相关的产品性能、可装配性、可维护性等方面做出综合评价，如遇到问题，可与其他系统设计人员进行协调修改设计，之后再通过柔性仿真分析软件进行修改验证，形成闭环的协同工作模式。对于需要协调修改的设计问题，在仿真系统中可对柔性管线各状态输出几何模型及线长等，供其他设计人员在 CAD 环境中对产品设计进行完善。

（3）柔性管线材料数据库建设。

与其他仿真分析过程相同，对于柔性管线零部件的仿真分析过程，零部件的材料参数是仿真分析的基础，也是必要条件，仿真分析结果的准确性将受到材料参数的直接影响。对于柔性体材料数据的获取，与金属材料的性能参数有很大的区别，主要原因是其可能包含金属线芯、外皮、屏蔽层金属网、织物编制层等，同时还存在外皮捆扎力差异、多芯线缆等各类状态，所以依靠单一材料的材料特性或多材料的计算很难贴近真实线缆零件的真实材料特性，因此对成品线缆材料的直接测量，获得等效材料参数用于仿真的方法是最切实可行的

方案。这也就意味着对于不同的线缆，需要对其样品进行测量试验，而不能如金属材料参数一样，具有通用的材料参数数据库可供直接使用。

因此，对于企业柔性材料数据库的建设，应根据设计所需线缆及线束的实际材料进行测量，并与实际线束的弯折几何形状进行对标，才能获得理想的材料特性，最终才能进入数据库，供仿真模拟过程使用。柔性材料数据库建设的一般流程如图2-83所示。

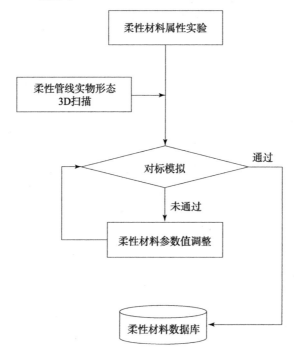

图2-83　柔性材料数据库建设流程示意图

其中，与仿真分析相关的柔性材料特性主要包括杨氏模量，泊松比，密度，管路内径、外径、最小弯曲半径、最大张力、最大扭矩等参数，可通过拉伸、弯曲、扭转等实验获得可用的等效数值。在实验完成后，可通过所获取的材料参数在仿真模拟系统中进行指定零部件连接点的模拟形态分析，并对柔性零部件试样的实际弯曲形状进行3D扫描，将其导入仿真分析软件中进行对标，以保证所获取材料数据的可信度。之后才能将其导入柔性材料数据库用于管线布置、仿真分析过程。

3. 基于动作捕捉系统的虚拟维修动作库的构建

近年伴随虚拟现实技术的快速发展，虚拟维修作为虚拟现实技术在维修领域的重要应用，被国内外研究单位进行了大量的探索和应用。在军事装备领域的洛克希德马丁战术飞机系统、F－35 飞机发动机采用了虚拟维修技术，美军 M1A1 坦克、M1A2 型军用车辆构建了用于训练的虚拟维修训练系统。国内对虚拟维修的研究主要集中在少数院校及研究院所，在"十一五"期间开发出了能够支持维修性分析评价和维修训练的实用系统。

正如其他新兴技术一样，虚拟维修也是多学科交叉和集成的产物，其突出特点体现在以下四个方面：

- 模型全数字化。虚拟维修属于仿真技术，离不开对于模型的依赖，如产品的集合模型、装配模型、可靠性与维修性模型、维修资源模型等。

- 模型信息集成化。维修问题的解决贯穿产品整个寿命周期，涉及众多学科与专业领域，决定了它所依赖的模型是多种多样的，描述模型包括维修过程模型、活动模型和资源模型，模型之间信息的合理集成是虚拟维修取得成功的重要基础。

- 维修仿真逼真度高。逼真度高具有两方面的含义，一是仿真结果高度可信，二是人与虚拟维修环境的交互高度自然。

- 人机交互自然化。产品维修涉及人－产品－工具的各种相互作用，虚拟维修仿真只有以自然、逼真的方式体现这些交互作用，才能更准确地把握维修过程的实质，从而准确发现问题。

（1）虚拟维修。

虚拟维修是实际维修过程在计算机上的本质实现，它采用计算机仿真与虚拟现实技术，通过协同工作的模式，实现产品维修性的设计分析、维修过程的规划与验证、维修操作训练与维修支持、各级维修机构的管理与控制等产品维修的本质过程，以增强产品寿命周期各阶段、产品全系统各层次的决策与控制能力。

虚拟维修是一种新的维修技术，它以信息技术、仿真技术、虚拟现实技术为支撑，在产品设计或维修保障系统达成物理实现之前，就能使人感受到未来产品与维修相关的性能，以及产品未来维修过程的合理性，从而可以做出前瞻性的决策，优化实施方案。

（2）动作捕捉系统。

随着计算机软硬件技术和仿真技术的飞速发展，在发达国家，动作捕捉系统已经进入实用化阶段。随着虚拟维修技术的日益成熟，研究人员对于仿真过程的逼真度和自然交互越发重视。由于动作捕捉系统可以最大程度还原人体行为和生理特征，因此越来越多的科研院校都采购了动作捕捉系统，用于模拟维修过程的高逼真度仿真。

本节中的动作捕捉系统是用于采集维修人员在维修作业环境下的各种维修姿态、维修动作、维修时间等数据的。

- XsensMVN 惯性动作捕捉系统。

XsensMVN 是一款便携式全身动作捕捉解决方案，无须使用摄像机即可对人体动作进行捕捉，不会对测试人员的行动造成任何限制，具有灵活性强的特点，在室内外均可使用。XsensMVN 避免了信号阻挡或者标记物丢失的问题，节省了捕捉数据清理工作花费的时间。XsensMVN 采用先进的微型惯性传感器、生物力学模型，以及传感器融合算法。采集数据通过 MVNStudio 专业软件进行记录，并可与 Autodesk Motion Builder 插件无缝集成。

- Vicon 光学动作捕捉系统。

Vicon 光学动作捕捉系统是一种基于反射式的捕捉系统，需要在乘员各部位上贴一种精致的反光球（以下称 Marker），当光学摄像头周边的 LED 发出的红光（或可见光、可见红光）打到 Marker 点表面上时，Marker 点反射同样波长的红光给光学摄像头，从而确定每个 Marker 点的 2D 坐标，经过 Vicon 捕捉系统的分析软件处理便可以得到每个 Marker 点的 3D 坐标。将每个 Marker 点的运动轨迹记录下来，从而生成人体刚体模型。

（3）软件环境。

Autodesk Motion Builder 是 AUTODESK 公司一款重要的三维动作软件，可以结合动作捕捉系统，对真人演员的动作进行记录。Autodesk Motion Builder 是用于游戏、电影、广播电视和多媒体制作的世界一流的三维角色动画软件。它可利用实时的、以角色为中心的工具集合，完成从传统的插入关键帧到运动捕捉编辑范围内的各种任务，为技术指导和艺术家提供了处理苛刻、高容量动画的功能。它的固有文件格式（FBX）在创建三维内容的应用软件之间具有无与伦比的互用性，使 Motion Builder 成为可以增强任何现有制作生产线的补充软件包。本节均采用了 Motion Builder 软件对捕捉数据进行后处理。

（4）构建维修人员虚拟人体数据。

在虚拟维修研究领域，虚拟人体一般用于维修训练、辅助维修性分析、维修规程核查等方面。因此，要求计算机虚拟出来的维修人员人体模型具备实际维修人员的生理特征、动作规范、行为规范、行为特点以及智力要求。

- 虚拟人体数据采集。

在虚拟维修仿真中，虚拟人体主要是用于代替真实的维修人员进行维修过程的仿真。本节针对具体维修作业中的维修人员进行了外貌特征提取、人体尺寸数据采集、基本姿态图像拍摄。人体尺寸数据采集如表 2 - 4 所示，标准姿态采集图像如表 2 - 5 所示。

表2-4 人体尺寸采集数据

人体尺寸测量参数（单位：cm）					
全身	身高	170	头部	头长	24
	臂长	70		颈长	8
	肩宽	38		颈围	37
手部	手长	18.5	腿部	胯高	97
	中指	10		膝盖高度	51
	食指	9		穿鞋脚长	30
	拇指	6.5		穿鞋脚宽	11.5
腰部	手到指尖	45	坐姿	坐姿高	43
	腰围1	75		膝盖高	53
	腰围2	90		头顶高	127

表2-5 外貌特征及标准姿态采集图像

名称	采集图像	名称	采集图像
双手下垂站立		正面双臂展开	
侧面		背部	
背面双臂展开		坐姿正面	

续表

名称	采集图像	名称	采集图像
坐姿侧面		头部正面视图	
头部左侧视图		头部45°视图	
头部背面视图		头部顶部视图	
手掌		手背	

- 虚拟人体几何模型。

利用 MAYA 建模软件，构建人体三维模型、表面贴图和骨骼的绑定。在此人体外观基础上，根据实际测量数据，形成适用于研究的维修人员虚拟人体模型（表 2 – 6）。

表 2－6　虚拟人与真人的对比

真人	虚拟人

	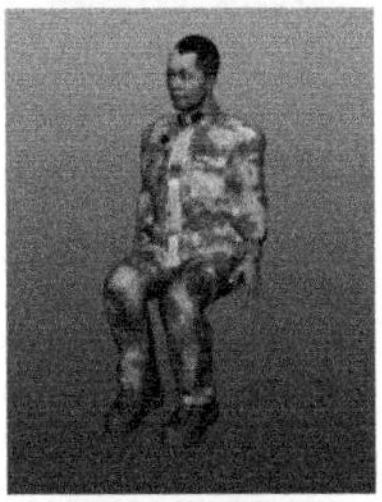
	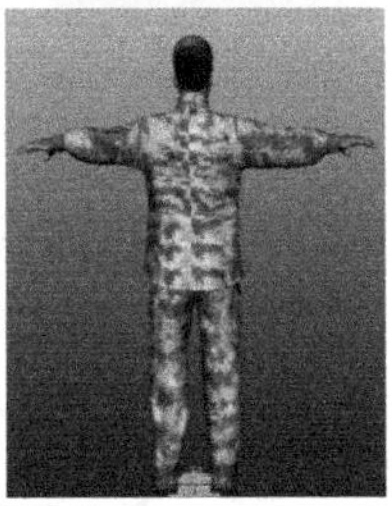

（5）维修动作模型。

维修动作是指在维修作业过程中维修人员使用的动作，如拧下螺栓和打开盖板。根据维修动作的特点，我们将维修动作分为移动类动作和操作类动作。移动类动作是指维修操作人员在维修过程中的位置移动和姿势变化与调整。操作类动作是指操作人员对物体的操作动作，维修操作大多会使用到工具，表 2－7 列出了维修作业的主要工具类型及使用方式。

表 2－7　维修作业使用工具类型及使用方式

编号	工具类型	使用方式	运动描述
1	螺钉旋具	撬	以撬点为圆心的圆弧运动
		拧	绕螺丝刀自身纵轴的旋转
2	钳类	夹	绕钳子连接点的夹合运动
3	锤类	敲击	摆动

续表

编号	工具类型	使用方式	运动描述
4	扳手	拧	以螺栓中点为圆心的圆周和圆弧运动
		敲击	摆动
5	冲具	冲	以螺栓重点为圆心的圆周和圆弧运动
6	撬具	撬	以撬点为圆心的圆弧运动

基于人机工程理论，对维修作业过程中的人体维修动作开展分析的目的是对维修作业时人体部位动作进行分析研究。通过针对某部件具体的维修作业进行分析，将复杂的维修步骤分解成一系列基本作业单元，并映射出相应的人体动作，同时去掉多余动作，把必要的动作组合成标准的动作序列。下面我们以某工程作业车辆更换履带板维修作业为例进行分析，清单如表 2-8、表 2-9 所示。

表 2-8　更换履带板维修动作清单

编号	维修动作
1	使用履带调整扳手松履带
2	使用 M18 套筒扳手拧下锁紧螺母
3	使用履带销冲子及圆头锤打出履带销
4	更换旧履带板
5	将新履带板体一侧连接到履带上
6	使用履带连接器将履带拉到一起，至八方销耳孔基本对齐
7	使用圆头锤，将导销打入销耳孔
8	放入限位垫片
9	将履带销随导销打入板体耳孔
10	用 M18 套筒扳手锁紧螺母
11	使用履带张紧工具张紧履带

表 2-9　更换履带板使用工具清单

编号	使用工具
1	履带张紧工具
2	加力杆

编号	使用工具
3	M18 套筒扳手
4	履带销冲子
5	八角锤
6	圆头锤
7	履带连接器
8	导销

（6）捕捉与采集。

利用 MVN 惯性动捕设备对该典型维修任务的人体运动数据进行采集。动作捕捉的过程实际上更像是拍电影，因为它与时间顺序是紧密相关的，需要有场地条件，还要有任务分工，需要演员、导演、场记和摄像等相关人员。我们针对这一特点，进行了本次采集任务的人员分工。除了测试人员有人体模型原型担当外，我们还设置了动捕设备支持人员 2 名，一名负责电脑终端监视，另一名负责测试人员的动捕衣随时调整及穿戴工作。还有一名摄像人员，对测试人员的动作过程进行视频记录。一名导演兼场记，对整个维修过程脚本进行质量控制。

虽然已做好各项准备，但在实际采集过程中还是出现了不少问题，导致有时对某一项动作进行重复采集。天气对测试人员的影响也比较大（本书所做测试是在冬天比较冷的无采暖的实验室进行的）。动捕衣要求穿戴比较贴身，这样才能捕捉得更加准确，所以测试人员就不能穿厚棉衣，最后导致动作有不自然、僵硬的现象。

（7）数据处理。

利用 MVN 惯性动捕设备进行捕捉与采集的过程中，人体在进行双脚离地、跪姿爬行等动作时，有时会产生位置惯性传感器的漂移和错位，从而产生动作捕捉失真的问题。针对这个问题，我们利用 Motion Builder 软件进行后期处理。在试验过程中，我们专门录制了整个维修过程动作。在后期处理失真模型时，我们参考录像的实际动作姿态，对人体关节进行逐个逐帧修改。如图 2 - 84 所示为正在修正脚踝关节变形。

调整角色的关节曲线，通过对比视频修正动作和姿态。关节曲线后期处理如图 2 - 85 所示。

图 2-84　脚踝关节修正

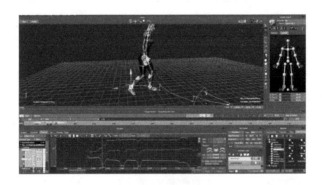

图 2-85　数据修正

在后期处理的过程中，我们还针对虚拟人的手指动作的某些地方进行了修正。然后将动作数据分割成为相对独立的小段动作，然后将大的维修任务和一系列小的维修工序对应组织成树形结构，编写进动作库条目。同时，我们对动作库维修工序的条目进行了讨论，最终确定细分为维修动素级和任务级。最后我们将分割后的动作分别导入 DELMIA 平台中进行测试。

通过本次工作，我们发现了一些在下一次动作捕捉时可以避免的问题，以减少后期处理工作量和时间。

4. 虚拟装配

VR 虚拟装配开发平台具有产品三维设计 CAD 数据的快速及轻量化导入、虚拟装配场景及样机的编辑、三维模型可交互操作、装配过程的仿真验证、交互式装配内容制作以及发布成工艺指导文件等功能。该平台可实现的具体功能如下：

（1）支持多种工作场景下 CAD 数据的导入。

虚拟装配工作开展过程中，会涉及多种工作场景下的 CAD 数据导入，比如车间厂房等工作场景需要快速导入，内燃机等设备模型需要在导入后还可以做精确的尺寸测量和精确装配，还会有来自协作单位的不同 CAD 软件生成的三维数据（比如 CATIA、UG 等），需要采用不同的数据导入方式，具体可实现的功能如下：

● 对于装配的工作场景，比如车间厂房等，支持三维模型或场景基于 Open GL 的在线读取导入，不需要进行中间格式转换，在线读取的同时可对三维模型进行自动轻量化处理，并将数据保存在本地。在线读取导入的方式支持 Creo 2.0 及以上版本。

● 对于内燃机等设备模型，需保留设计特征参数，导入后能够保留和显示完整结构树，导入后的模型几何无变形、不失真，CAD 模型相关点、线、面、弧长、角度等精确尺寸信息可导入虚拟现实软件中。

● 针对不同协作单位提供的多种异构 CAD 三维模型（比如 Creo、CATIA、UG 等），支持局域网内多台电脑之间的异构 CAD 三维模型同时在线读取，并导入虚拟现实软件的同一场景中，如图 2-86 所示。

图 2-86　支持多种工作场景下 CAD 数据的导入，快速构建逼真的装配数字样机和工作场景

（2）虚拟现实中三维模型的可交互操作。

虚拟现实中的装配场景及设备模型建立之后，还需要通过交互手柄对虚拟现实中的三维模型进行交互式操作，如图 2-87 所示，比如人需要通过漫游的方式走近设备，需要支持多种形式的漫游；需要对一些位置关系进行测量等。具体可实现的功能如下：

● 软件可支持多重漫游方式，至少包括行走模式、飞毯模式、CAD 模式；用户可以自由控制漫游的速度。

图2-87 对虚拟现实中的三维模型进行交互式操作

● 在桌面操作时，支持对三维模型不小于4个独立的横切剖面的操作，剖切面可以实现球形剖切；通过头盔和交互手柄操作时最少支持1个剖切面；剖切面必须能真实反映物体特性，如实心体剖切面必须为实心面而不是空心面，且材质效果与零部件一致。

● 支持对三维模型进行动态测量，即在三维模型上拾取一点，移动测量线段到另一点，测量线段距离变量实时显示。

● 在虚拟现实环境下可实现点到点距离、点到面距离、点到线距离、面到面距离、半径、边长的精确测量，支持沉浸式环境下的点对点、动态测量功能。

● 具有注释功能，在桌面编辑端可以输入中文注释文字信息。

● 具有虚拟拆装功能，可自由拾取零件模型做拆装。

● 支持自动爆炸图，可以选择全局、局部自动爆炸图显示，可以设定 $X/Y/Z$ 轴爆炸方向。

（3）装配及拆装过程的仿真。

在设备的装配及拆装过程中，要保证结构的可装配性，碰撞检测是不可回避的问题之一。在虚拟装配环境中，当两个零件发生接触时，它们应该按装配关系进行装配，而不应发生零件间的相互穿透现象，要做到这一点，必须要实时、精确地判断零件模型间是否发生碰撞，因此，需要在设备的装配及拆装过程中进行碰撞检测和物理仿真，如图2-88所示。具体可实现的功能如下：

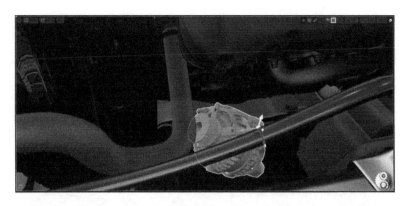

图 2 - 88　采用实时的动力学仿真物理引擎来实现装配及拆装过程的仿真

● 可以模拟轴对孔的装配碰撞仿真，当零部件之间发生碰撞时模型不穿透。

● 通过定义运动机构的物理约束，可实现复杂运动机构的物理仿真，如多齿轮机构的啮合传动等。

● 可实现线缆柔性体的实时仿真，支持柔性体与刚体的物理碰撞检测，也可实现柔性体之间的物理碰撞检测。柔性线缆支持设置杨氏模量、线缆半径、分辨率。

● 支持沉浸式环境下的虚拟拆装，可进行任意几何部件的拾取与释放，也可支持带约束的虚拟拆装。

● 可实现约束管理，约束类型包括：旋转副、棱柱副、圆柱副、平面副、球形副，并可自定义约束副。

● 可根据预先定义的判别准则、预留标准等规则进行空间预留不合理等的验证和判断。

（4）交互式装配内容制作及发布。

装配过程的验证会得到相对优化的工艺方案，经过验证的工艺方案可以交互的方式生成和发布，并可以独立运行，达到培训、锻炼的目的，直至通过完整的装配过程模拟来辅助人员的训练，生成相应的交互式电子技术手册，并可以脱离编辑环境，通过播放器进行播放，如图 2 - 89 所示。具体可实现的功能如下：

● 具备可视化编程能力，不需要编写代码，可直接通过模块化拖拽式的可视化编程方式实现控制逻辑添加。

● 具备常用的交互行为库，通过拖拽连接即可实现一些交互的操作（比如模型的旋转、动画播放等）。

图 2-89　通过 VR 头盔来学习装配操作过程

● 支持在三维场景中创建对象和摄像机的关键帧动画功能。具备灵活的动画控制器，关键帧动画必须支持触发指定的事件（比如人走到车间的门前，门可以自动打开）。

● 能够制作可交互式的内容，并可进行内容发布，脱离编辑器环境，通过软件的播放器进行播放；如将装配过程制作成可交互操作的培训课件，通过 VR 头盔来学习操作过程。

5. 虚拟维修

VMPro 是北京朗迪锋科技有限公司自主研发的一款专注于维修性设计分析、仿真与评估的工具软件。主要面向以航空、航天、兵器、舰船等为代表的复杂装备维修性设计分析与验证人员，针对维修性设计分析严重滞后于产品功能结构设计、过度依赖于实物样机、平均修复时间（MTTR）分配和预计工具缺乏等痛点需求，提供维修性主动设计、虚拟维修仿真、MTTR 分配和预计等功能。

VMPro 平台的主要任务就是利用虚拟现实技术，建立一个包含装备虚拟样机、维修人员、维修工具、维修设备、维修设施、维修过程信息的虚拟环境，结合虚拟交互设备，如全身动作捕捉系统、虚拟现实头盔及数据手套等，在该虚拟环境下模拟产品的维护、维修及其相关过程，如图 2-90～图 2-93 所示。

图 2-90　维修任务过程仿真

图 2-91　评估维修时间

图 2-92　维修过程中的可达性分析

图 2－93　维修过程中的人体姿势舒适度分析

6. 基于 AR 的远程维修 IETM

如图 2－94 所示，通过穿戴式设备系统上的摄像机捕捉装备上的某个部件，再通过无线收发装置，传输到维修诱导服务器，利用后台数据库进行匹配，调出相应的 IETM 虚拟维修信息（包括文字、图像、三维虚拟样机等），利用三维注册技术精确地将信息叠加到真实场景中，并显示在透视式头盔显示器上，与维修人员看到的真实局部场景无缝地叠加融合，系统也可以给出非常详细的有动态演示的维修步骤进行视觉诱导。另外，从维修诱导服务器得到的语音指导信息，可以通过无线收发装置由耳机直接提供给维修人员，进行声音

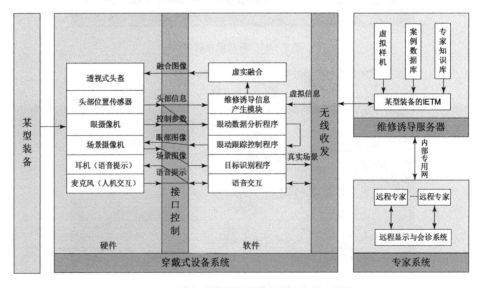

图 2－94　面向远程维修系统的 IETM 应用工作原理

辅助诱导。除了进行场景图像匹配调出诱导信息，维修人员还也可以通过麦克风直接发出简单语音指令，根据语音识别技术，将匹配出的后台诱导服务器中的虚拟维修信息显示出来。

对于维修人员无法解决的疑难问题，可以通过内部专用保密网，将维修现场摄像机拍摄到的场景图像传输给远程专家，让他们直接提出维修意见，再将专家的视频、语音信号回传到维修诱导服务器，通过无线传输模块，传输给现场的维修人员，直接叠加到维修人员佩戴的透视式头盔显示器上。

如图 2 – 95、图 2 – 96 所示，面向远程维修系统的 IETM，通过 AR 技术与穿戴式设备结合使用，前方的作业人员与后方的专家通过 AR 智能眼镜设备实时连线，让专家可以第一视角看到现场情况，并对一线作业人员进行实时指导。

图 2 – 95　基于增强现实和 IETM 的远程维修系统应用示意（一）

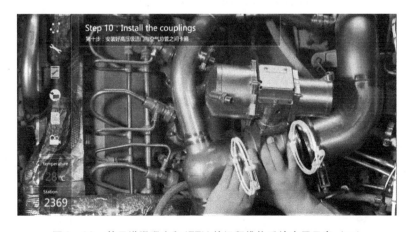

图 2 – 96　基于增强现实和 IETM 的远程维修系统应用示意（二）

整个远程维修系统是利用增强现实技术、视线跟踪技术、知识库技术和远程故障专家诊断技术构成的针对大型复杂机电系统的维修工具，可以直接将需要的数字化诱导信息根据视线和语音指令无缝实时地叠加到维修对象，并显示在头盔显示器上，从而解放作业人员的双手，使之专注于维修工作，提高作业效率、减少维修差错。

基于增强现实和 IETM 的远程维修诱导系统不仅使技术内容可以更加生动真实地呈现，而且使技术信息得以直观地融于现实操作，摆脱了查阅手册必须暂停工作的束缚，将会是在装备维修领域中的一次重要技术革新。

2.7 半实物仿真技术

半实物仿真是系统仿真技术的一个分支，是工程领域内一种应用较为广泛的仿真技术。半实物仿真是在计算机仿真回路中接入部分实物进行的试验，因而更接近实际情况。半实物仿真试验是将对象实体某组成部分的动态特性通过建立数学模型、编程而在计算机上运行，与另外组成部分的实物构成回路，这是装甲车辆系统设计与研制中必不可少的试验。

2.7.1 半实物仿真和半实物仿真系统

半实物仿真，又称为硬件在回路中的仿真（Hardware in the Loop Simulation），是指在仿真实验系统的仿真回路中接入部分实物的实时仿真。半实物仿真相比其他类型仿真具有实现更高真实性的可能性，是置信度水平最高的一种仿真方法。

1. 半实物仿真的特点

半实物仿真具有以下特点：

（1）在回路中接入实物，必须实时运行，即仿真模型的时间标尺和自然时间标尺相同。

（2）有些系统很难建立准确的数学模型，利用实物直接参与测试，可避免准确建模的难度。

（3）从系统的观点来看，利用半实物仿真，检验系统各设备的功能和性能，将更直接和有效，因此半实物仿真是提高系统设计的可靠性和研制质量的必要手段。

2. 半实物仿真的任务

半实物仿真包括以下几个任务：

（1）根据任务目标和对象特性，确定仿真目标和仿真系统总体方案。

● 根据系统组成，对仿真目标进行功能划分和系统分析。

● 根据仿真目标，针对每个部件，分析其性能，确定其仿真需求及哪些可以和能够进行半实物仿真。

● 按照系统工作原理，确定仿真相似关系和实现方法。

● 确定半实物仿真系统组成，论证和分解半实物仿真系统和分系统指标。

● 制定半实物仿真系统的信号流程、通信协议和试验方法。

（2）建立系统的数学模型并适当优化。

● 针对每个分系统，按照其工作原理进行机理建模。

● 按照系统工作原理，进行系统信号流程和回路整合。

（3）构建半实物仿真系统，进行仿真设备的采购、研制、安装、调试、验收等。

● 根据仿真分系统和设备指标，进行仿真设备采购或研制。

● 进行仿真设备的安装、调试和验收。

● 采用标准信号进行系统立案试验。

● 开展系统集成，进行仿真系统精度和置信水平分析。

（4）选择实时算法，合理选择仿真帧时间。

● 根据仿真对象和精度要求以及仿真计算机的情况，选择仿真算法，确定仿真步长，先进行试算，最终根据仿真结果确定。

（5）建立仿真模型。

● 使各参试设备处于正常的工作状态。

● 根据数学仿真计算结果及仿真设备的性能，构造正确的指令生成算法。

● 根据相似关系，推导各设备驱动信号的生成算法。

● 根据系统工作原理，保证正确的信号通路及极性。

（6）利用专用或通用计算机语言编制正确的实时仿真软件。

● 仿真系统和仿真对象的时序和逻辑控制。

● 气候、背景、干扰等环境模型的实时结算。

● 转台及其他设备的驱动指令的形成。

● 仿真对象和仿真设备有关信号的采集。

（7）开展仿真试验，进行数据收集和仿真过程记录。

● 根据试验方案，编制仿真辅助程序。

- 确定仿真试验条件，开展仿真试验。
- 进行数据收集和仿真过程记录。

（8）检验模型。

- 设计模型内容包括通过设备自检、理论推导、信号通路测量及观测设备反馈值来验证。
- 通过数学仿真进行所选帧时间合理性的校核。
- 进行实时仿真软件的校核。
- 对全部仿真模型进行校核。

（9）仿真试验总结。

- 收集整理仿真数据，进行数据分析。
- 撰写试验报告，给出试验结论。

3. 半实物仿真系统原理及组成

半实物仿真系统是采用仿真设备为被测对象构建物理环境，并与物理模型和数学模型一起开展仿真试验的系统。半实物仿真系统属于实时仿真系统，把实物利用计算机接口嵌入软件环境中，并要求系统的软件和硬件都要实时运行，从而模拟整个系统的运行状态。

半实物仿真系统一般由六个部分组成：仿真计算机、物理效应设备、参试实物、仿真设备、接口设备、支持服务系统。在仿真计算机中通过对动力学系统和环境数学模型的解算，获得系统和环境的各种参数。对半实物仿真系统，这些参数通过物理效应设备生成传感器所需要的测量环境，从而构成完整的闭环仿真系统。物理效应设备是实现仿真系统所需要的中间环节，它的动态特性、静态特性和时间延迟都将对仿真系统的置信度和精度产生影响，应该有严格的相应技术指标要求。半实物仿真系统原理框图如图 2 - 97 所示。

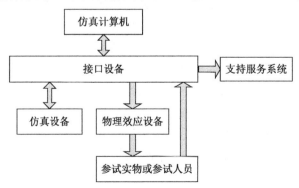

图 2 - 97　半实物仿真系统原理框图

（1）仿真计算机。

仿真计算机是实时仿真系统的核心部分，它运行实体对象和仿真环境的数学模型和程序。一般来说，采用层次化、模块化的建模法，将模块化程序划分为不同的速率块，在仿真计算机中按速率块实时调度运行。对于复杂的大型仿真系统，可用多台计算机联网实时运行。

（2）物理效应设备。

物理效应设备的作用是模拟复现真实世界的物理环境，形成仿真环境或称为虚拟环境。物理效应设备实现的技术途径多种多样，方案之一是采用伺服控制回路，通过伺服控制回路控制形成相应的物理量，方案之二是在已储存好的数据库中搜索相应的数据，转化为相应的物理量。

（3）参试实物。

参试实物包括被测实物部件及陪测实物部件。

（4）仿真设备。

除仿真计算机外的模拟仿真设备，其既非仿真计算机中的数学模型，也不是被测的实物部件，一般是实物部件的功能裁剪设备或功能模拟设备，包括各种目标模拟器、座舱模拟器、GPS 模拟器等。

（5）接口设备。

接口设备包括模拟量接口、数字量接口、实时数字通信系统等。仿真计算机输出的驱动信号经接口变换后驱动相应的物理效应设备。接口设备同时将操作人员或实物系统的控制输入信号馈入仿真计算机。

（6）支持服务系统。

支持服务系统包括如显示、记录、文档处理等事后处理应用软件系统。

2.7.2 半实物仿真技术

2.7.2.1 仿真计算机技术

半实物仿真开发的初期阶段，需要快速地建立控制对象原型及控制器模型，并对整个控制系统进行多次离线的及在线的试验来验证控制系统软硬件方案的可行性，这个过程称为快速控制（RCP）。仿真计算机技术为半实物仿真和 RCP 的应用提供了一个协调统一的一体化解决途径。以下介绍几种常用的半实物仿真平台。

1. dSPACE 半实物仿真平台

dSPACE 实时仿真系统是由德国 dSPACE 公司开发的一套基于 Matlab/Simu-

link 的控制系统在实时环境下的开发及测试工作平台，实现了和 Matlab/Simulink 的无缝连接。

dSPACE 实时仿真系统具有许多优点：一是组合性强。使用标准组件系统，可以对系统进行多种组合。二是过渡性好，易于掌握使用。与 Matlab/Simulink 无缝连接，方便地从非实时分析设计过渡到实时分析设计。三是快速性好。用户可以在几分钟内完成模型/参数的修改、代码的生成及下载等工作，大大节省了时间和费用。四是实时性好。一旦代码下载到实时系统，将独立运行，不会导致试验过程的中断。五是可靠性高。dSPACE 系统软硬件均为精心设计、制造和调试的，无兼容性问题，可以信赖。六是灵活性强。允许用户在单板/多板系统、单处理器/多处理器系统、自动生成代码/手工编制代码进行选择，适应各方面的应用需求。七是基于 PC 的 Windows 操作系统，其代码生成及下载软件、试验工具软件都基于 Windows 操作系统，硬件接口采用标准总线，方便掌握使用。

2. RT – LAB 半实物仿真平台

RT – LAB 实时仿真器是加拿大 Opal – RT Technologies 公司推出的基于模型的工程设计与测试应用平台。应用此仿真器，工程师可以在一个平台上实现工程项目的设计、实时仿真、快速原型与硬件在回路测试的全套解决方案。

RT – LAB 的主要特性是分布式运算。将复杂的模型分布到若干处理器上并行运算是 RT – LAB 的独创，通常可以用普通的 COTS 硬件作为模型运行的载体目标机，这样做除了扩展运算能力外，还意味着用户可以在较短的时间内灵活地组建符合自己需要的实时仿真平台，并能结合项目的需要扩展。

3. xPC 半实物仿真平台

xPC 目标采用宿主机 – 目标机的技术途径，其中宿主机运行 Matlab/Simulink，用 Simulink 模块图来创建模型，进行非实时仿真，用 RTW 代码生成器和 C 编译器来生成可执行代码；目标机执行所生成的代码，通过以太网或串口连接实现宿主机和目标机之间的通信。xPC 目标工作模式具有如下特点：一是两机可通过 RS – 232 或 TCP/IP 协议进行通信，也可通过局域网、Internet 进行连接。二是支持任何台式 PC、PC/104、CompactPCI、工业 PC 或 SBC（单板机）作为实时目标系统。三是依靠处理器的高性能水平，采样率可达到 100kHz。四是扩展了 I/O 驱动设备库，现已支持超过 150 种标准 I/O 板。五是可以接收来自主机或目标机的信号，也可以动态调整参数。六是在宿主机和目标机上都可进行交互式的数据可视化和信号跟踪。七是使用 xPC Target Embedded Option 能针对独立操作进行系统配置。

4. NI 半实物仿真平台

NI 半实物仿真平台系统构架主要包括 Compact RIO 实时控制器（内置嵌入式处理器）、可重配置 FPGA 及模块化 I/O。Compact RIO 的 RIO（FPGA）核心内置数据传输机制，负责把数据传到嵌入式处理器以进行实时分析、数据处理、数据记录或与联网主机通信。利用 Lab VIEWFPGA 基本的 I/O 功能，用户可以直接访问 Compact RIO 硬件的每个 I/O 模块的输入/输出电路。所有 I/O 模块都包含内置的接口、信号调理、转换电路（如 ADC 或 DAC），以及可选配的隔离屏蔽。这种设计使得低成本的构架具有开放性，用户可以访问到底层的硬件资源。

四种半实物仿真平台都是成熟的分布式、可以用于实时仿真和半实物仿真的平台；都是基于 PC 的 Windows 操作系统，具有高度的集成性和高度模块化；用户可以根据需要，在运算速度不同的多处理器之间进行选择，选用不同的 I/O 配置，以组成不同的应用系统。相对来说，RT – LAB 和 xPC 侧重于工程设计与测试方面，而 dSPACE 和 NI 更侧重于控制系统开发及测试方面。

2.7.2.2　半实物仿真通信网络与接口技术

半实物仿真实时通信网络作为半实物仿真系统中的重要组成部分，其主要功能是按照系统组成、接口和数据交互要求，实现各参试设备及受试件之间的数据通信和资源共享。其关键技术包括实时通信网络技术、系统时钟同步技术。

1. 实时通信网络技术

实时通信网络一般包括以下几类网络：实时仿真控制网络、受试件接口网络、试验与数据管理网络等。

（1）实时仿真控制网络。

实时仿真控制网络用于计算机集群系统中仿真节点设备的连通，实现仿真过程数据的实时传递和系统控制，是半实物仿真网络中的核心。适用于集群系统通信的实时仿真控制网络可采用内存映射技术和基于 CORBA（Common Object Request Broker Architecture，公共对象请求代理体系结构）的实时网络技术。

内存映射技术特点是实时性强、使用方便、可靠性高，通常两通信节点数据传输时间延迟可达到纳秒级，比通用局域网快两个数量级。目前基于内存映射技术实现强实时性通信的网络产品主要有美国的 GE 公司的 VMIC 和 Systran 公司的 SCRAMNet 实时网。

基于 CORBA 的实时网络技术是利用 CORBA 中间件构建满足系统软硬件协同工作能力的通信网络技术。CORBA 的特点是能实现集群计算机或服务器高速度、高稳定性地处理大量用户的访问，且支持分布环境异构的系统，如硬件平台异构性：IBM 主机、UNIX 主机、PC 主机等；操作系统异构性：UNIX、Microsoft Windows、IBMOS 等；开发语言异构性：C、C++、Java 等；网络平台异构性：以太网、TCP/IP、ATM、IPX/SPX 等。

（2）受试件接口网络。

受试件接口网络主要是以受试产品为中心，为其提供所有的外部接口和转换设备，实现受试产品与半实物仿真网络的连接和通信，该接口网络的关键技术在于接口转换及其抗干扰设计。半实物仿真系统接口转换技术解决各仿真设备和受试系统间的信息互联、协同工作问题。半实物仿真系统中各仿真设备、受试件的接口种类繁多、通信方式各不相同、通信距离和信号链路环境各异。按照仿真系统中传递信号和接口特性，接口类型分为模拟信号接口、数字信号接口。模拟信号接口：受试产品专用供电信号、连接模拟量信号、离散模拟量信号等；数字信号接口：串行数字接口、并行数字接口、实时仿真专用网络通信接口、辅助网络通信接口等。半实物仿真系统接口转换和信号传递需考虑实时性、准确性、抗干扰性、可靠性。

（3）试验与数据管理网络。

试验与数据管理网络主要是用于仿真系统中对实时性要求不高的仿真控制和过程数据的传递，完成仿真试验任务管理、初始参数设定、数据分析与显示、大数据量传递等半实物仿真试验辅助任务。试验与数据管理网络一般采用基于 DDS 中间件的以太网技术。基于 DDS 中间件的试验与数据管理网络具有以下优势：高可靠性，不丢包；高可用性，各个仿真节点相对独立，互不影响；可扩展性，使用通用 OMG（对象管理组织）标准，方便与第三方应用通信。

2. 系统时钟同步技术

半实物仿真实时通信网络需要解决的关键技术是时间相似问题、仿真系统各异构节点的时钟同步问题。各仿真设备的异构性会造成系统时间的不一致，具体表现为仿真系统外联时间的时间歧义。为解决系统时钟同步问题，实时通信网络可采用基于以太网的 IEEE1588 协议和 IRIG － B 协议的硬件或软件，将网络设备的内时钟和主控机的主时钟实现同步，时钟同步进度可达到 1ms。IEEE1588 协议的全称是"网络测量和控制系统的精密时钟同步协议标准"，是通用的提升网络系统定时同步能力的规范。

2.7.2.3　半实物仿真试验技术

在装甲车辆系统的研制过程中，数学仿真和半实物仿真试验起着非常重要的作用，几乎伴随着装甲车辆系统研制的全过程。半实物仿真试验主要包括试验目的和要求、试验系统及试验方案设计、试验过程控制、故障处理、仿真结果评定与分析几个阶段的内容。

1. 试验目的和要求

试验目的一般包括系统方案及性能验证、部件技术性能检验、系统性能评估等。试验要求包括试验系统要求、试验内容要求、试验方法要求、参试对象要求等。

2. 试验设计及试验方案

A. 试验系统方案设计：实现对系统组成、重要仿真设备的实现方案、仿真系统的组成方式、实时网络方案的设计。

B. 仿真试验设计：安排哪些试验项目、选取什么试验条件、按照什么试验流程、收集哪些数据等问题。

C. 试验大纲制定：以研制计划和研制任务书为输入，明确半实物仿真试验的目的和试验内容，试验设备的性能指标、参试部件及仿真结果数据的处理方法，明确试验方法、试验步骤，以及要采集、记录的试验数据，给出数据处理、分析方法等。

D. 试验方案制定：设计试验系统、内容、方法和步骤等详细内容。

3. 试验流程

试验流程是试验方法和步骤的具体实现，一般包括部件的动态测试、分系统半实物仿真、全系统半实物仿真过程。

4. 试验过程控制

半实物仿真试验的进程一般可分为以下三个阶段。①初始化阶段：各参试部件及各试验设备的状态检测、启动及初始状态设置。②仿真运行阶段：按原系统的工作时序及预定的试验条件，由仿真机指导仿真系统进行模型解算和实

时信号传递，进行仿真试验。仿真运行阶段的要求仿真过程尽量模拟原系统的实际工作过程。③结束阶段：各参试部件及各试验设备状态保持仿真结束状态，并按照设计要求进行系统复原。

5. 故障处理

进行故障现象与故障原因分析，提出故障避免、故障处理方法及避免故障的系统设计。

6. 仿真结果评定与分析

进行仿真结果与原系统试验结果一致性的评定，对仿真结果进行分析。

2.7.3 装甲车辆信息系统半实物仿真集成

装甲车辆信息系统，也常常被人们称为坦克装甲车辆综合电子信息系统，简称"车电"系统。装甲车辆信息系统半实物仿真集成是利用建模技术、半实物仿真技术和试验技术等，构建"真实"的装甲车辆信息系统及其运行环境——信息系统半实物仿真集成系统，对不同任务剖面、不同战场环境、不同战场态势下装甲车辆信息系统的功能、性能等进行试验。

下面将以某装甲车辆信息系统半实物仿真集成为例，对装甲车辆信息系统半实物仿真集成系统及测试的关键问题进行说明。

2.7.3.1 装甲车辆信息系统功能组成

装甲车辆信息系统的一般构成如图 2 – 98 所示。

1. 底盘控制总线

底盘控制总线连接惯导、电气控制、发动机控制、传动控制、三防和灭火等子系统，用于完成各功能子系统控制层的信息传输与共享。底盘控制总线一般采用 CAN 或 FlexRay 总线。底盘控制总线上设备一般包含如下部件：

- 惯导：利用惯性敏感元件（如陀螺仪等）获得车辆的位置信息，通过总线将位置信息共享至其他功能子系统，可用于定位导航、战场态势生成等。
- 低压控制装置：对低压用电负载进行供配电控制。
- 高压控制装置：对高压用电负载进行供配电控制。
- 电源控制器：对发电机、电池及 DC/DC 等进行控制。
- 发动机控制器：根据乘员操控，对发动机进行控制。

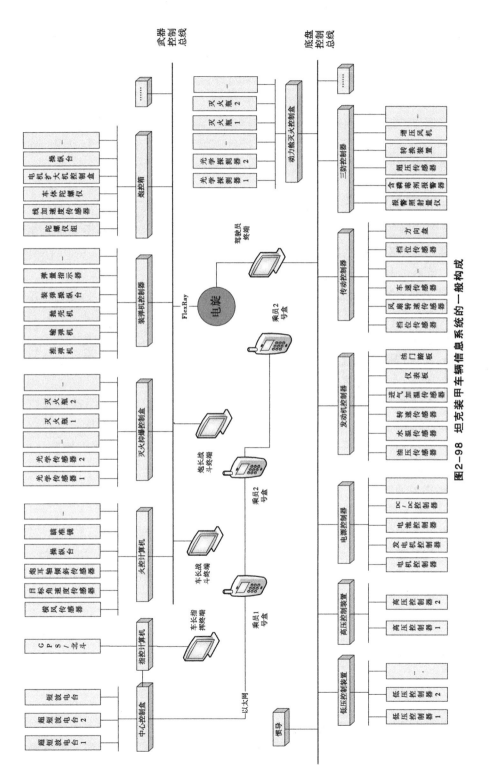

图 2-98　坦克装甲车辆信息系统的一般构成

- 传动控制器：对传动装置进行控制，完成换挡、转向、制动及速度控制。
- 三防控制器：对核、生、化等威胁进行探测，自动控制增压风机、转换装置等动作，以防御核武器、生物武器和化学武器的攻击，保护车内乘员安全。
- 动力舱灭火控制器：通过火警探测器（光学探测器和线式探测器）探测火警信号，控制灭火瓶动作。
- 驾驶员终端：完成各功能子系统状态信息显示，以及电子地图、导航定位等信息的显示。

2. 武器控制总线

武器控制总线连接火控、灭火抑爆、装弹机、炮控、指控等子系统，用于完成各功能子系统控制层的信息传输与共享。武器控制总线可以采用 FlexRay 总线。武器控制总线上设备一般包含如下部件：

- 火控计算机：根据各种弹道修正传感器的测量参数和人工装定的各种弹道计算参数，求解弹道和提前角，确定火炮瞄准角和方位修正量，同时完成自动跟踪瞄准线、调炮、装定表尺等操作，使火炮随时处于待击发状态。
- 灭火抑爆控制盒：对坦克装甲车辆乘员室的火警进行探测，自动控制灭火瓶动作，以扑灭乘员室内爆燃性火灾或一般性火焰。
- 装弹机控制箱：对自动装弹机的输弹机、推弹机、火炮闭锁器等执行部件进行控制与驱动，完成补卸弹，以及自动和半自动装弹等功能。
- 炮控箱：通过采集陀螺仪组、线加速度传感器、车体陀螺等传感信息，对火炮高低射角和方位射角进行驱动和稳定控制。
- 指控通信系统：由超短波电台、短波电台、车通、指控计算机等组成，用于实现坦克装甲车辆指挥控制、车际通信、车内通信等功能。
- 车长战斗终端：完成武器、防护等各功能子系统状态信息显示和操作控制。
- 炮长战斗终端：为炮长完成瞄准、跟踪和射击提供信息显示和操作控制。
- 驾驶员终端：不但作为底盘控制总线的节点，通过 CAN 总线与底盘各节点连接，且通过 FlexRay 总线经电旋连接至武器控制总线，能够作为底盘与炮塔的网关，实现底盘与炮塔各节点之间的信息交互与传输。

3. 乘员人机交互设备

乘员人机交互设备包括信息系统为驾驶员、车长和炮长提供的所有信息显示设备和操控设备。

坦克装甲车辆信息系统的一般构成中，驾驶员的人机交互设备由属于不同子系统的设备组成，包括方向盘、油门踏板、制动踏板、操控面板、电气操控面板等设备，能够对不同功能子系统进行操作控制；此外，还为驾驶员配置了驾驶员终端，能够实现各功能子系统信息的综合显示，在信息显示层实现综合化。同样，车长和炮长的人机交互设备也由分别属于火控、炮控、指控等子系统的设备组成，并根据乘员任务的不同，为车长配置了车长指控终端和车长战斗终端，分别用于完成车辆的指挥控制和搜索侦察；为炮长配置了炮长战斗终端，提供瞄准与射击有关的信息。

2.7.3.2　装甲车辆信息系统半实物仿真系统

装甲车辆信息系统半实物仿真系统包括五部分功能模块：系统管理模块、系统仿真模块、测试模块和人机交互模块、网络与接口模块，如图2-99所示。

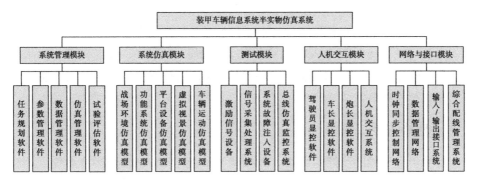

图2-99　装甲车辆信息系统半实物仿真系统组成

1. 系统管理模块

系统管理模块功能由系统管理计算机或计算机集群中的软件实现，包括任务规划软件、参数管理软件、数据管理软件、仿真管理软件、试验评估软件，主要完成试验过程中的场景管理和监控工作。在试验前完成系统初始化、任务或场景规划、参数设置、试验定制、数据导入、模型库管理等；试验完成后完成测试数据分析、结果对比、试验评估、试验报告生成等。

2. 系统仿真模块

系统仿真模块功能由系统仿真计算机或计算机集群中的仿真模型实现，包括战场环境仿真模型、功能系统仿真模型、平台设备仿真模型、虚拟视景仿真模型和车辆运动仿真模型。在整个试验过程中主要完成动态实时仿真，包括复杂战场环境类型目标的模型仿真、信息系统所属各功能子系统的模型仿真、平台的控制执行设备和装置的模型仿真、虚拟战场环境的视景仿真、车辆运动平

台的动态变化仿真等。

3. 测试模块

测试模块功能由多个硬件设备或系统实现，包括激励信号设备、信号采集处理系统、系统故障注入设备、总线仿真监控系统。在试验过程中主要完成实物设备物理接口检测、信号测试、可靠性验证等，包括物理信号的激励产生、设备输出信号的采集、实时信号调理、设备故障干扰和故障注入、总线网络通信仿真、总线网络通信监控等。

4. 人机交互模块

人机交互模块功能由乘员模拟座舱内设备及座舱仿真计算机中的乘员显控软件组成，包含驾驶员显控软件、车长显控软件、炮长显控软件和人机交互系统。主要完成试验过程中人在回路的仿真控制，包括模拟坦克装甲车辆乘员（车长、炮长和驾驶员等）的显示和操控流程，以及对信息系统半实物仿真验证系统的操作控制。

5. 网络与接口模块

网络包括时钟同步控制网络、数据管理网络、输入/输出接口系统、综合配线管理系统。主要完成仿真节点设备的联通、仿真节点的时钟同步、仿真控制和过程数据的传递、通用信号及总线信号接口转换，以及实物件与仿实物部件的配线及其切换控制。

从硬件角度看，装甲车辆信息系统半实物仿真系统由系统管理计算机、系统仿真计算机、座舱仿真计算机、人机交互系统、输入/输出接口系统、综合配线管理系统、系统故障注入设备、激励信号设备、信息系统实物设备、供电系统、时钟同步控制网络、数据管理网络组成，其系统连接关系如图2-100所示。

装甲车辆信息系统半实物仿真系统通过系统管理计算机和系统仿真计算机运行所有人机交互软件，以此对所有子系统进行统一管控和部署。装甲车辆信息系统半实物仿真系统中，任务计划是最初输入，试验人员根据想定的作战任务在任务规划软件中对战场环境和任务目标仿真进行设置，在参数管理软件中对装甲车辆信息系统仿真模型提供初始参数；战场环境仿真模型、功能系统仿真模型、平台设备仿真模型、虚拟视景仿真模型和车辆运动仿真模型运行在系统仿真计算机中，通过试验网络与输入/输出接口设备交互数据，试验人员通过仿真管理软件对仿真模型进行控制；所有的车辆信息系统实物部件、乘员模

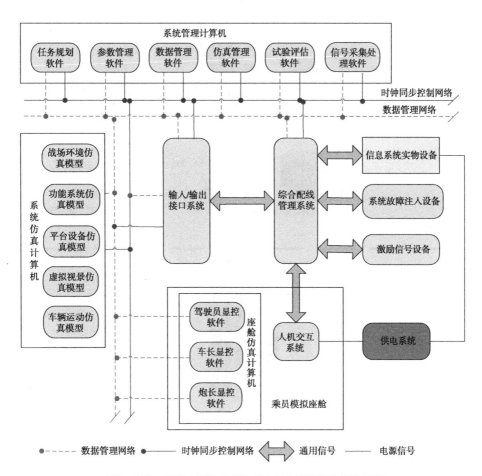

图 2-100 装甲车辆信息系统半实物仿真系统连接关系图

拟座舱内的人机交互设备、系统故障注入设备、激励信号设备通过综合配线系统与输入/输出接口设备交联,实现其真实总线接口的交互;试验人员通过配线管理软件操作综合配线,切换不同任务要求的不同试验构型,通过输入/输出接口管理软件对参与试验的所有输入/输出设备进行控制,通过总线仿真监控软件对真实总线接口的数据进行解析和监控。座舱仿真计算机中运行的乘员显控软件通过数据管理软件与系统仿真计算机内仿真模型、总线仿真管理软件进行数据交互。乘员模拟座舱与信息系统实物部件通过低压供电设备进行供电。

2.7.3.3 车辆信息半实物仿真系统集成

车辆信息半实物仿真系统集成的工作流程如图 2-101 所示,分为三个阶

段：分系统调试、全系统联试与故障定位、动态仿真综合与集成。

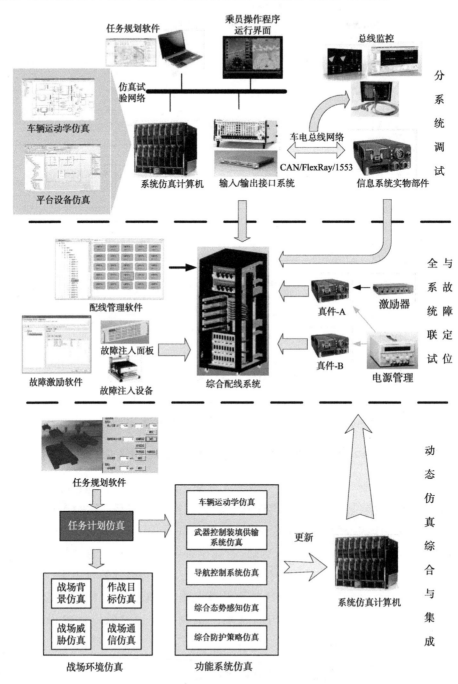

图 2-101　车辆信息半实物仿真系统集成试验流程

1. 分系统调试

建立分系统调试环境，对车电实物设备进行功能调试。调试的方式基于此设备参与的某项作战任务，通过作战任务仿真、车辆本体运动学仿真、其他交联设备仿真、乘员操作程序运行界面构建仿真系统，通过 I/O 设备提供的真实总线接口与待调试车电实物部件相连，通过仿真管理软件对仿真模型进行监控及总线仿真监控等多种手段，对车电实物部件进行接口测试、功能调试和验收测试。

2. 全系统联试与故障定位

单台车电设备完成调试后，使用系统集成的方法，将全部车电设备集成并完成系统交联试验，定位并解决出现的问题，对各设备的故障逻辑进行验证。联试过程从全数字仿真开始，使用 I/O 设备将仿真模型转换为对外接口与实物部件一致的仿真部件，然后通过综合配线系统，使用程控切换手段，在实物部件与仿实物部件之间逐一进行替换，逐步完成整个车电系统的集成工作，在集成过程中，试验人员可及时发现并定位问题。

在集成过程中，试验人员可通过故障注入设备和故障注入面板，对参与系统集成的车电实物部件进行故障注入，验证各设备的故障处理逻辑。同时，为保证实物部件能正常工作，可将设备专用的激励器集成到系统中，为参与联试的设备提供数据源。此外，所有参与联试的实物部件均由统一的电源管理模块供电。

3. 动态仿真综合与集成

在动态仿真综合阶段，以整车作战任务为关注核心。试验人员使用任务规划软件，对作战任务和战场环境进行想定编辑，根据任务规划的结果，对战场环境仿真、作战目标仿真、战场威胁仿真、战场通信仿真等进行设置，模拟想定的作战环境，构建外部数据源。根据作战任务的要求，视情况更新车电各个分系统仿真模型和车辆运动学模型，借助系统仿真计算机、输入/输出接口系统和综合配线系统，与所有的真实车电设备共同组成动态仿真综合试验环境。试验人员使用仿真模型监控、车电总线监控、配线切换管理、乘员显控界面等软件，对车电系统执行想定的作战任务过程进行测试和评估。

第 3 章

车辆性能仿真技术

|3.1 机动性能仿真|

坦克装甲车辆主要作战任务是进行突击和占领，机动性能是关键。其相关指标包括：加速性、通过性（通过障碍能力）、制动性、燃油经济性、转弯特性、平顺性、动力传动扭转特性等指标。本节主要针对坦克装甲车辆在论证和总体方案设计阶段，选取典型的加速性和通过性仿真案例进行说明。

机动性能仿真，首先要建立完成履带装甲车辆多体系统动力学仿真分析模型，主要包括如下几个部分：

（1）车体（Hull）多体模型的建立：关键硬点的坐标由 CAD 数模确定，部件的质量、惯量、质心位置等由 CAD 数模确定，弹性元件非线性特性由试验确定。

（2）主动轮（Sprocket）多体模型的建立：关键硬点的坐标由 CAD 数模确定，部件的质量、惯量、质心位置等由 CAD 数模确定。

（3）负重轮（Road Wheel）多体模型的建立：关键硬点的坐标由 CAD 数模确定，部件的质量、惯量、质心位置等由 CAD 数模确定。

（4）诱导轮（Idler）模型：关键硬点的坐标由 CAD 数模确定，部件的质量、惯量、质心位置等由 CAD 数模确定。

（5）拖带轮（Support Roll）模型：关键硬点的坐标由 CAD 数模确定，部件的质量、惯量、质心位置等由 CAD 数模确定。

（6）履带（Belt）模型：关键硬点的坐标由 CAD 数模确定，部件的质量、惯量、质心位置等由 CAD 数模确定。

（7）履带调整器（Tensioner）模型：关键硬点的坐标由 CAD 数模确定，部件的质量、惯量、质心位置等由 CAD 数模确定。

（8）悬挂系统（Suspension）模型：关键硬点的坐标由 CAD 数模确定，部件的质量、惯量、质心位置等由 CAD 数模确定。

（9）典型路面（Road）：建立各种履带装甲车辆通过路面及坡道的路谱模型。

（10）履带装甲车辆整车模型的装配集成：利用整车装配模板完成某履带装甲车辆多体系统动力学模型的集成。

然后对该模型进行校验及各个工况的仿真分析，主要包括：

（1）模型校验：结合实车试验（转向操控性、行驶平顺性、通过性实车试验）与仿真模型进行校验，综合比较，初步确定仿真模型的精度，对整车模型进行调校，使仿真模型的精度达到工程使用要求。

（2）仿真分析：对经过验证的履带装甲车辆各个工况进行全面系统的动力学仿真分析。

3.1.1　整车机动性能仿真概述

现代坦克装甲车辆需要具有较高的机动性，才能满足节奏快、纵深大、强度高的作战和使用需求。车辆直线行驶、转向、加速、制动、爬坡、跨垂直墙、越壕沟等各项性能是机动性的主要方面，从广义来讲平稳性也属于机动性的一部分。

3.1.1.1　履带与地面相互作用模型

履带与地面间的相互作用相当复杂，很难用精确的数学公式表达。各国学者进行了大量的研究，其中 Bekker 根据 Bekker 沉陷理论提出了半经验性质的计算关系式。

基于 Bekker 沉陷理论建立履带在路面上行驶的履带车辆沉陷量为：

$$z = \left[\frac{G/(bL)}{\frac{K_c}{b} + K_\varphi} \right]^{\frac{1}{n}}$$

式中，z 为沉陷量；b 为履带宽；L 为履带接地长；n 为负重轮个数；K_c 为地面土壤内聚力；K_φ 为土壤内摩擦角的正切。

地面所受正压力大小为：

$$P = \left[\frac{K_c}{b} + K_\varphi \right] z^n$$

式中，P 为地面正压力。

在履带接地段法向载荷均匀分布情况下，履带接地段所受的剪切作用力为：

$$\tau = (K_c + P\tan\varphi)(1 - e^{-j/K})$$

式中，τ 为接地段所受剪切作用力；φ 为土壤的内摩擦角；j 为剪切位移；K 为

剪切变形模量。

3.1.1.2 负重轮与履带间的摩擦力模拟

第 i 负重轮与履带间的摩擦力大小为：

$$F_f = \text{sign} \cdot u_r \cdot |P_i^n|,$$

式中，u_r 为摩擦系数；P_i^n 为第 i 负重轮与履带正压力。sign 为符号函数，定义为：当摩擦力作用方向与相对速度方向相反时，$\text{sign} = -1$；当摩擦力作用方向与相对速度方向相同时，$\text{sign} = 1$。

在 ADAMS 中，碰撞力计算公式为：

$$F_c = -k'(q - q_0)^{n_1} - c\dot{q},$$

式中，F_c 为碰撞力；k' 为碰撞刚度；n_1 为碰撞指数；c 为碰撞阻尼；q 为碰撞物体位移；q_0 为发生碰撞时物体间的距离。根据 Hertz 接触理论，碰撞指数 n_1 取 1.5 较好，但是取 2~3 时收敛较快。

车辆转向过程是个复杂的运动学、动力学过程，随着地面情况、转向半径、车速的变化，转向工况不断变化。车辆的爬坡性能是反映车辆越野机动性能的主要特性指标。

3.1.1.3 直驶阻力模拟

车辆直线行驶时，车辆所受阻力主要有负重轮地面变形阻力 R_f，坡度阻力 R_i，加速阻力 R_j，空气阻力 R_w。总阻力可以表示为：

$$R = R_f + R_i + R_j + R_w$$

根据各阻力的具体形式，总阻力可以表示为：

$$R = fG\cos\alpha \pm G\sin\alpha + \left[\frac{G}{g} + I_e \frac{i_m^2}{r_k^2}\eta_m\eta_r\right]\frac{\mathrm{d}v}{\mathrm{d}t} + C_D A v^2$$

式中，G 为车辆质量；g 为重力加速度；α 为坡度角，上坡为正，下坡为负；I_e 为换算到发动机曲轴上的转动惯量；i_m 为传动系总传动比；r_k 为主动轮半径；η_m 为传动系总效率；η_r 为行驶系效率；f 为地面变形阻力系数；v 为车辆行驶速度；C_D 为空气阻力系数；A 为迎风面积。

地面变形阻力系数 f 由试验测得，主要与地面性质、接地段平均压力、履刺高度、行驶速度有关，根据不同路面进行选择，在 ATV 中通过履带与路面接触进行模拟。

车辆直线行驶时所受到的阻力矩为：

$$T = (R_f + R_i)r_k + R_j H_{cm} + R_w \frac{1}{2}H$$

$$= (fG\cos\alpha \pm G\sin\alpha)r_k + \left(\frac{G}{g} + I_e\frac{i_m^2}{r_k^2}\eta_m\eta_r\right)\frac{dv}{dt}H_{cm} + C_D A v^2 \frac{1}{2}H$$

式中，H_{cm} 为质心高度。

3.1.1.4　转向阻力模拟

由车辆转向运动学可知，车辆的转向运动可以看作是车辆随其中心的平移运动和绕其中心的旋转运动的合成，接地段平移运动和旋转运动所受外力和外力矩作用在车辆上。理想状态车辆在转向时受力为：

$$F_{R1} = F_{R2} = \frac{1}{2}fG$$

$$S_l = S_r = \frac{\mu G}{2}$$

式中，F_{R1}，F_{R2} 为左右转向时的地面变形阻力；S_l，S_r 左右所受横向阻力；μ 为转向阻力系数，由试验测得，在 ATV 中通过履带和路面接触参数设置。

3.1.1.5　仿真实现

运用多体动力学软件 ADAMS 的履带工具箱 ATV 建立某型战车整车模型。模型结构包括：车体、行动系统等。整车模型的自由度多，超过 1 000 个，采用拉格朗日乘子法或者递归算法求解运动方程。在样机仿真过程中遵循渐进的原则和自下而上的设计方法。在进行整车仿真试验前，主要对构成样机的零部件、子系统进行仿真分析试验。经过对零部件、子系统反复的仿真试验分析、优选后确定车辆的虚拟样机模型，再进行整车的仿真分析试验。该模型有两条履带系统，采用双销履带，每条履带系统由 1 个诱导轮、5 个负重轮、1 个主动轮、托带轮和履带板组成。

选取系统内每个刚体、质心在惯性参考系中的三个直角坐标和确定刚体方位的三个欧拉角作为笛卡儿广义坐标。参考位置是车体在总体坐标系统中的相对位置，参考方向也是相对于总体坐标框架，符合右手规则。

在建模过程中首先需要完成行动部分的建模，包括：主动轮、负重轮、诱导轮、托带轮、平衡肘、扭杆弹簧、油气弹簧、减震器、履带调整器、履带等行动部分的部件建模，根据它们在车上的安装位置，将它们装配在车体上构建出初步的样机模型。

ADAMS 下的车辆模型根据实际受力状况定义了重力场及各个零件之间的作用力。

1. 履带板

履带板与地面之间的作用力用一般力表示，有 3 个方向的力和 3 个方向的

力矩，由一个用户子程序完成该一般力的计算。程序中只计算 3 个方向的力，其中 z 方向力表示履带板与地面之间的垂直方向的作用力，另外两个水平方向的作用力表示履带板与路面之间的剪切力（摩擦力）。在仿真中，首先计算某一履带板上的参考坐标系原点在整体坐标系中的坐标 (x, y, z)，然后计算坐标为 (x, y) 的路面点的 z 坐标，通过比较这两个 z 坐标，判断履带板是否与地面接触，并计算接触后的变形，根据变形量，计算履带板与路面之间的 z 向作用力。另外两个水平方向的变形，则以该履带板在两个相邻积分时刻的水平位置变化为度量。两个相邻的履带板之间作用有场力和销子的摩擦力矩。缺省设置下，摩擦力矩为零。两个相邻的履带板之间作用的场力表明每个履带板都有 6 个自由度，两个相邻的履带板之间的相对平移和相对转动引起这种场力作用，它实际上相当于一个广义的线性弹簧和阻尼器。履带板之间用场力相连而不是简单地用转动铰链相连，可以模拟车体做复杂运动时引起的履带板的摆动。第一块履带板通过平面铰与车体相连，履带板与车体的挡板之间定义有接触力，即当履带摆动，其位置高于车体挡板时，即与车体接触，接触力的合力用一个一般力表示。

2. 诱导轮

诱导轮上作用有一个一般力，该力是履带板对诱导轮作用力的合力。首先判断哪些履带板与诱导轮接触，然后计算接触变形、接触力，最后计算这些接触力的合力。该一般力由一个用户子程序计算。诱导轮与张紧装置通过转动铰链相连，在该铰链上可设置摩擦力矩。

3. 负重轮

负重轮上作用有一个一般力，与诱导轮上一般力的计算方法相同。负重轮通过转动铰链与平衡肘相连，在铰链上可定义摩擦力矩的作用。

4. 平衡肘

负重轮与车体通过平衡肘相连，平衡肘一端通过转动铰链连接负重轮，一端通过转动铰链和扭转弹簧与车体相连。平衡肘与车体相连的铰链处作用有：轴承摩擦力矩、阻尼力矩、扭转弹簧力矩和限制扭转过位的力矩，该力矩只有当平衡肘的扭转弹簧变形过大时才起作用。

5. 主动轮

主动轮与车体通过转动铰链相连。主动轮受到的履带板的作用力之合力也用一个一般力表示,计算方法与诱导轮、负重轮上的一般力的计算方法相同,由一个用户子程序完成计算。另外在铰链上作用有轴承摩擦力矩。

6. 托带轮

托带轮与车体用铰链相连,在该铰链上作用有轴承摩擦力矩,托带轮上作用的一般力的计算方法与负重轮一样。

路面谱文件的建立是采用一系列点的坐标以及三角形平面缝合来确定路面形状的,路面为刚性路面。

3.1.2　整车通过性能仿真

动力学仿真采用软件 ADAMS/ATV。设置车辆初速度为 5km/h,壕沟宽度按设计指标要求设置,车辆顺利通过 2.2m 壕沟,车辆跨越壕沟过程如图 3 - 1 所示。

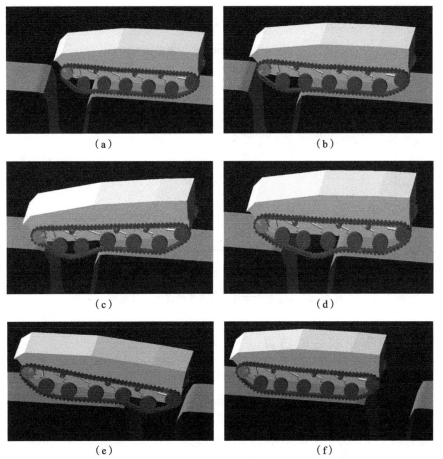

（a）　　　　　　　　　　　（b）

（c）　　　　　　　　　　　（d）

（e）　　　　　　　　　　　（f）

图 3 - 1　车辆跨越壕沟过程

从图 3 - 1 的仿真过程可以看出，车辆可以跨越 2.2m 宽的壕沟，车辆跨越壕沟过程中，由于履带和地面间的摩擦较强，实际可以通过大于静态计算宽度的壕沟。图 3 - 2 为克服壕沟过程中质心垂直振动加速度，从图中可以看出垂直振动加速度最大值约为 2.5g。图 3 - 3 为克服壕沟过程中各负重轮受力，负重轮受到的瞬间冲击力达到 60 000N。

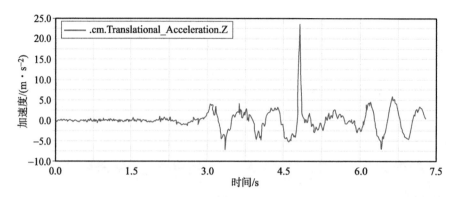

图 3 - 2　克服壕沟过程中质心垂直振动加速度

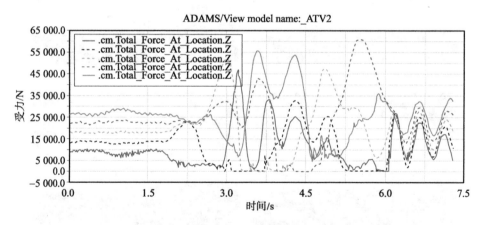

图 3 - 3　克服壕沟过程中各负重轮受力（见彩插）

3.1.3　整车平顺性能仿真

多刚体动力学理论已经在车辆系统动力学计算中得到了广泛的应用，本项计算采用 ADAMS/ATV 的履带车辆工具包建立履带车辆模型，轻型步兵战车采用全车油气弹簧方案，建模时采用其实际结构尺寸建模，其他车辆部件如车身、负重轮、履带等均简化为集中质量的刚体，建好后的整车模型如图 3 - 4 所示。

整车模型主要包含车身和行动部分，行动部分由诱导轮、负重轮、主动

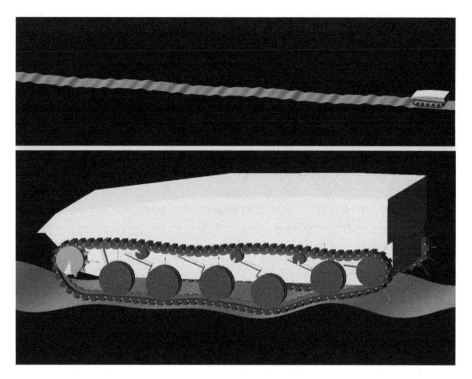

图 3 - 4　履带车辆平顺性仿真模型

轮、托带轮、履带组成。各履带板之间通过销套弹性连接。车身与各悬挂之间为弹性连接，车身具有 6 个自由度，其中 3 个为平动自由度，3 个为转动自由度。

（1）车辆以恒速（20km·h^{-1}）通过越野起伏路面，如图 3 - 5 所示。

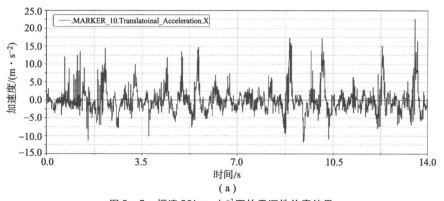

（a）

图 3 - 5　恒速 20km·h^{-1} 下的平顺性仿真结果

（a）纵向加速度

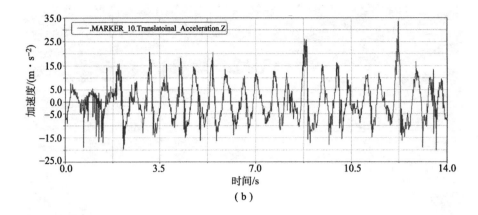

（b）

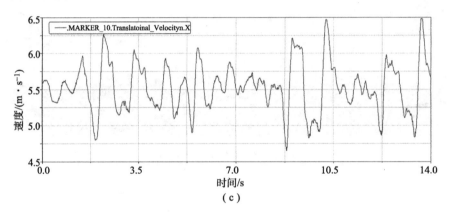

（c）

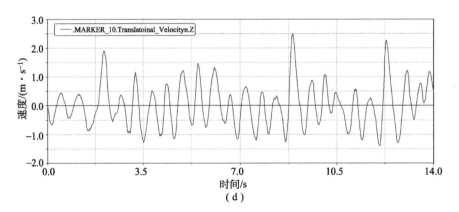

（d）

图 3 - 5　恒速 20km · h⁻¹ 下的平顺性仿真结果 （续）

（b）垂向加速度；（c）纵向速度；（d）垂向速度

（2）车辆以恒速（40km·h⁻¹）通过越野起伏路面，如图 3 - 6 所示。

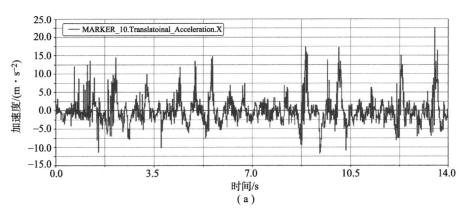

（a）

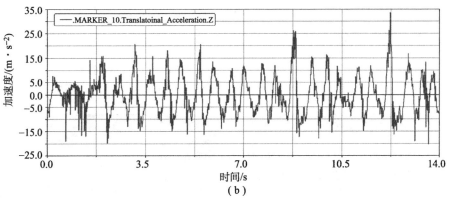

（b）

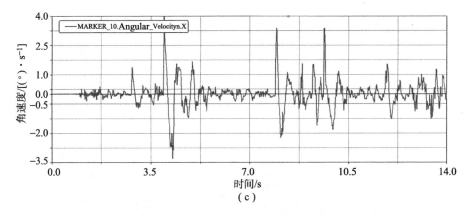

（c）

图 3 - 6　恒速 40km·h⁻¹ 下的平顺性仿真结果

（a）纵向加速度；（b）垂向加速度；（c）纵向角速度

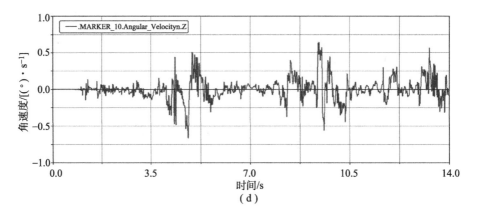

图 3 - 6　恒速 40km · h⁻¹ 下的平顺性仿真结果（续）

（d）垂向角速度

3.1.4　过垂直墙计算

动力学仿真采用软件 ADAMS/ATV。设置车辆初速度为 5km/h。图 3 - 7 为车辆克服垂直墙的仿真过程，从仿真过程来看，车辆顺利通过 0.7m 高的垂直墙。

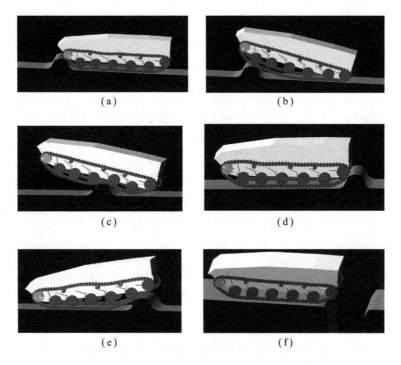

图 3 - 7　车辆跨越壕沟过程（见彩插）

车辆克服垂直墙主要分为三个阶段，如图 3 - 8、图 3 - 9 所示。

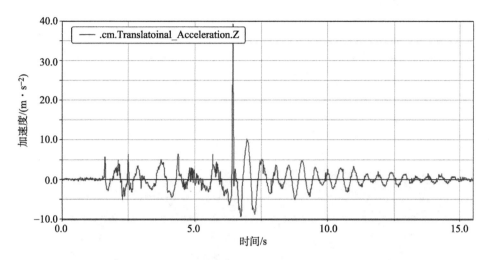

图 3 - 8　克服垂直墙过程中质心加速度

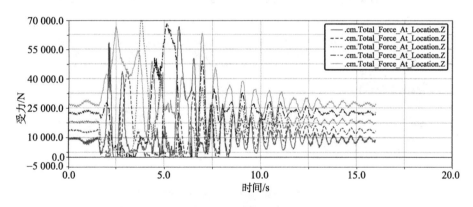

图 3 - 9　克服垂直墙过程中各负重轮受力（见彩插）

第一阶段：车辆先以低速与墙面接触，然后车辆发生旋转，使车辆前部沿垂直墙面渐渐上移；第二阶段：车辆质心运动到垂直壁线上方；第三阶段：车辆质心越过垂直壁线，车身整体落于垂壁上。

从以上克服垂直墙的仿真分析过程可以看出，车辆可以克服 0.7m 高的垂直墙。图 3 - 9 显示了车辆在克服 0.7m 高的垂直墙过程中，车辆质心垂直加速度情况。从图 3 - 9 中可以看出垂直振动加速度最大值约为 4g。图 3 - 9 为过垂直墙过程中各负重轮受力，各负重轮受到的瞬间冲击力约达到 70 000N。

3.1.5　爬纵坡计算

动力学仿真采用软件 RECURDYN，车辆模型与平顺性仿真模型一致，设置车辆初速度为 5.6km/h，地面附着系数取 0.7。图 3 – 10 为所采用的纵坡路面模型，图 3 – 11 为车辆爬纵坡仿真过程，根据理论计算，若动力性满足条件，附着系数应大于 0.66，车辆才能不打滑爬上 30°坡。根据多体动力学计算结果，附着系数在 0.66 ~ 0.69 之间，爬坡时履带处于滑转的临界状态，当附着系数大于等于 0.7 时，车辆可以爬上 30°坡。

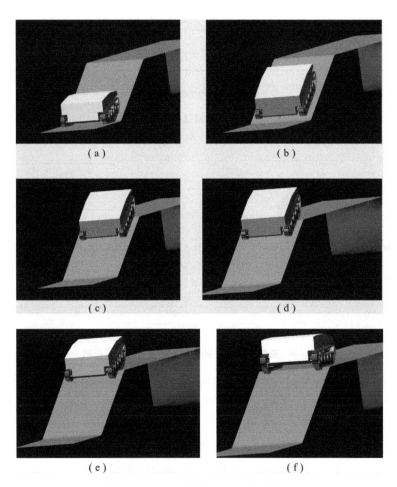

（a）　　　　　　　　　　　　（b）

（c）　　　　　　　　　　　　（d）

（e）　　　　　　　　　　　　（f）

图 3 – 10　车辆爬纵坡过程（见彩插）

图 3 – 11、图 3 – 12 显示了车辆在爬纵坡过程中，车辆质心垂直位移量、质心垂直加速度情况。从图 3 – 12 中可以看出车辆在刚上坡和登上坡顶时，对

乘员有较大冲击，垂直振动加速度最大值约为 $0.5g$。图 3-13 为克服壕沟过程中各负重轮受力，负重轮受到的最大瞬间冲击力，约达到 60 000N。

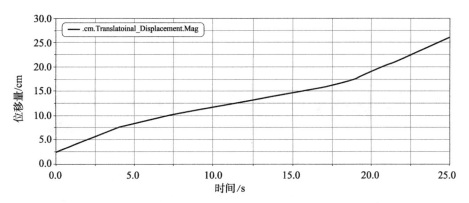

图 3-11　爬纵坡过程中质心垂直位移量

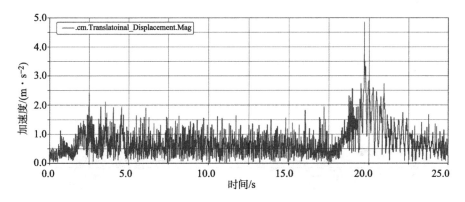

图 3-12　爬纵坡过程中质心垂直加速度

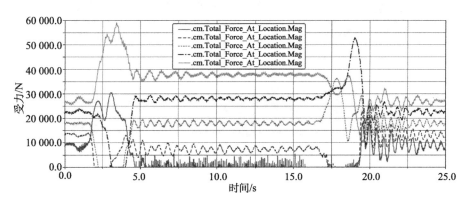

图 3-13　爬纵坡过程中各负重轮受力（见彩插）

3.1.6 过侧倾坡计算

动力学仿真设置车辆速度为 5km/h，车辆能通过 25°纵坡，但下滑明显。图 3－14 为两侧履带一致的通过侧倾坡仿真过程，车辆有一定下滑，且后侧比前侧下滑严重。

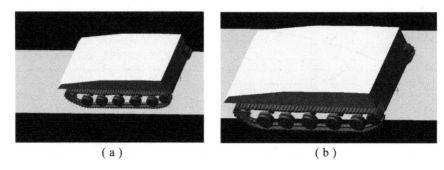

（a）　　　　　　　　　　　　（b）

图 3－14　侧倾坡仿真过程（两侧履带转速一致，明显下滑）（见彩插）

3.1.7 转向仿真分析

（1）转向模型及数据如图 3－15、图 3－16 所示。

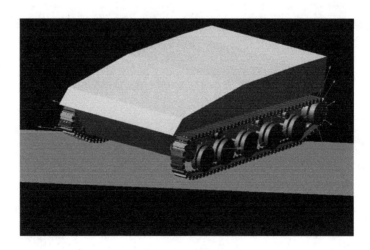

图 3－15　转向模型

（2）原地转向仿真过程及数据如图 3－17、图 3－18 所示。

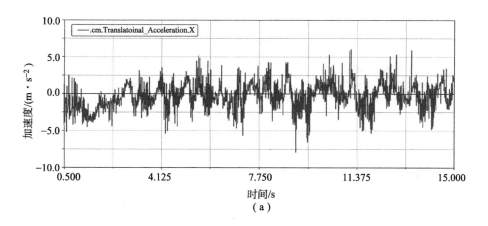

（a）

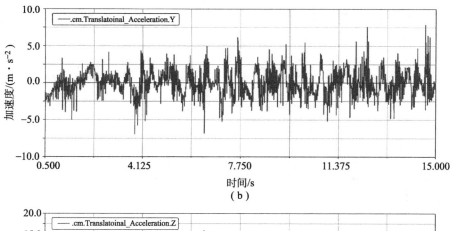

（b）

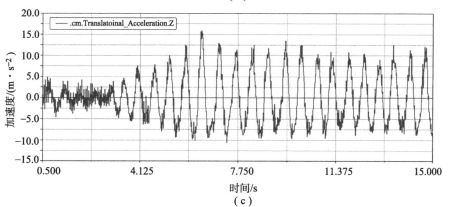

图 3-16　转向模型数据

（a）纵向加速度曲线；（b）侧向加速度；（c）垂向加速度

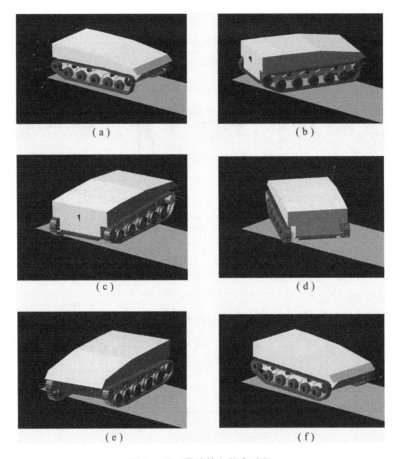

图 3 - 17 原地转向仿真过程

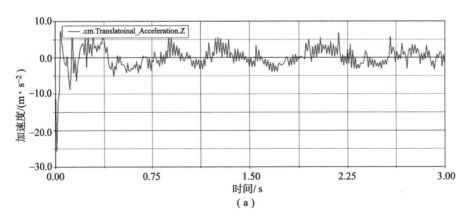

图 3 - 18 原地转向仿真数据

（a）垂向加速度

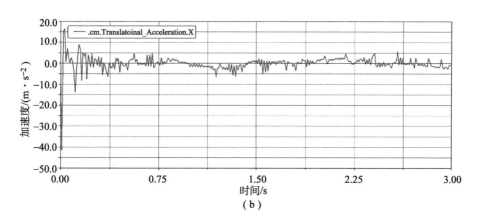

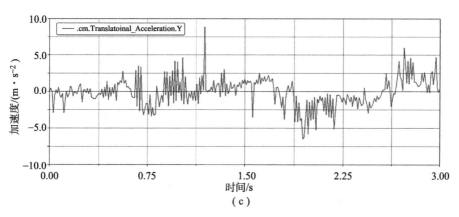

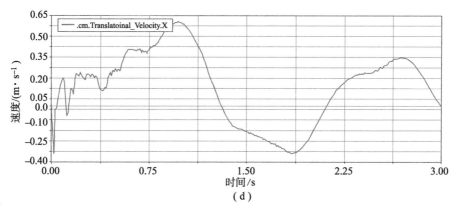

图 3 - 18　原地转向仿真数据（续）

（b）纵向加速度；（c）横向加速度；（d）纵向速度

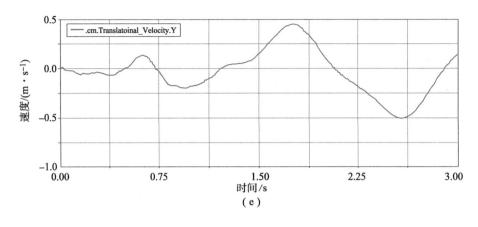

（e）

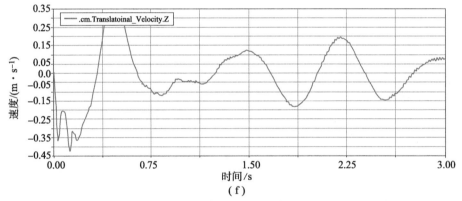

（f）

图 3-18　原地转向仿真数据（续）

（e）横向速度；（f）垂向速度

|3.2　火力性能仿真|

3.2.1　概述

坦克主要作战任务是与敌方坦克相抗衡，火力性能是关键。其相关指标包括：火炮威力、弹药基数、射击精度、首发命中概率、战斗射速或系统反应时间、射界等。本节主要讨论在论证和方案总体设计阶段，提出可预见的指标性能要求，然后依次分解，获得坦克火力性能的详细特征。

本节选取几个复杂的综合性指标，进行仿真说明，包括：首发命中概率、密集度、射击反应时间、毁伤性能、火力效能评估等。

3.2.2 首发命中概率

3.2.2.1 首发命中概率影响因素及计算方法

首发命中概率是指装甲车辆在规定的条件下，射击某一距离上的目标，第一发炮弹命中目标的概率。它是体现火力性能优劣的关键指标之一。影响首发命中概率的因素有很多，可主要归为以下几类：

- 火炮、弹药：公算偏差、装药温度、炮管磨损、炮管弯曲、跳角、偏流等。
- 车辆：悬挂车姿稳定性能、行进间身管动态弯曲、火炮和瞄准镜安装精度等。
- 气象：横风、纵风、气温、气压等。
- 射手操作：瞄准误差、跟踪误差、视差等。
- 火控系统：传感器误差、解算误差、装表误差、同步误差、稳定误差等。

首发命中概率测定试验的射击方式包括：停止间射击静止目标，停止间射击活动目标，行进间射击静止目标，行进间射击活动目标。试验种类通常分为检验性射击试验和准战斗射击试验两种。检验性射击试验是通过精确测量与控制试验条件，检查车辆首发命中概率的试验。准战斗射击试验是在模拟实战条件下，考核车辆射击反应时间及首发命中概率的试验。

在准战斗工况下，多种因素的不确定性将造成部分误差环节显著加大，导致射击精度相对检验性工况明显下降。

首发命中概率计算包括两种计算模式：

（1）基于预测模式的命中概率计算。

假设矩形靶，宽为 W，高为 H，瞄准点为矩形的中心 O。射击火炮的火线垂直于靶面。假定所有误差源是相互独立的，且满足正态分布规律。根据概率论中心极限定理，可按下式进行计算：

$$P = P_z \cdot P_y$$

$$P_z = P_z\left(-\frac{W}{2} < x \leqslant \frac{W}{2}\right) = \phi\left(\frac{W}{2\sigma_z}\right) - \phi\left(\frac{-W}{2\sigma_z}\right)$$

$$P_y = P_y\left(-\frac{H}{2} < y \leqslant \frac{H}{2}\right) = \phi\left(\frac{H}{2\sigma_y}\right) - \phi\left(\frac{-H}{2\sigma_y}\right)$$

式中，P 为首发命中概率；$P_z(P_y)$ 为水平（垂直）向一维命中概率；$\sigma_z(\sigma_y)$ 为

水平（垂直）向系统总偏差：

$$\sigma_z = \sqrt{\sum_{i=1}^{n}(\sigma_z)_i^2}, \sigma_y = \sqrt{\sum_{i=1}^{n}(\sigma_y)_i^2}$$

$\phi(x), \phi(y)$ 为标准正态分布函数：

$$\phi_0(x) = \frac{1}{\sqrt{2\pi}}\int_{-\infty}^{x} e^{-\frac{1}{2}u^2} \cdot du$$

（2）基于统计抽样意义的命中概率计算。

每项误差通过随机函数（正态随机函数和均布随机函数）生成相对应的误差值，对误差值进行累加即得到坐标值。如下式所示，每一发射弹在检靶平面的弹迹坐标为：

$$Y = \sum_{i=1}^{n}(Y_i)$$

$$Z = \sum_{i=1}^{n}(Z_i)$$

命中判断为坐标点落在靶框内，即：

$$-\frac{W}{2} \leqslant Z \leqslant \frac{W}{2}, -\frac{H}{2} \leqslant Y \leqslant \frac{H}{2}(m)$$

3.2.2.2 误差建模及命中概率仿真流程

为模拟某个弹种在指定试验条件下的射击命中概率，需要对每一给定射击方式下的每一射击距离重复进行多次（组）模拟试验，每次试验发射规定发数。记录每发射弹的弹迹坐标及命中情况。试验次数在达到满足规定的判定依据时停止，见图 3 – 19 模拟试验步骤框图。

对每一试验组抽取一次射弹重复误差（干扰）随机现实，包括：

（1）气温；

（2）气压、海拔高；

（3）风向、风速（均值）；

（4）纬度；

（5）火炮制造；

（6）炮管磨损；

（7）装药温度；

（8）炮管静态弯曲；

（9）火控系统校炮；

（10）瞄准镜校正保持。

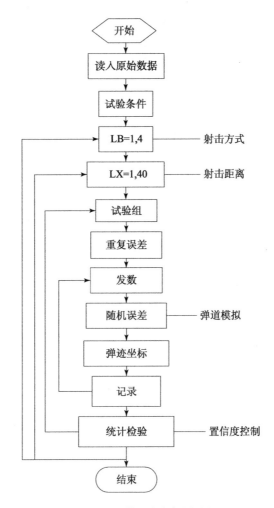

图 3-19　模拟试验步骤框图

对每一试验组内的每一发射弹抽取一次射弹非重复误差随机现实。

首先提取坦克和射击目标的大地坐标及运动速度、加速度、航向、方位等，依据测距时刻坦克和射击目标的大地坐标计算距离、炮目高低角，由此产生测距距离的随机现实用以模拟计算外弹道学参数，产生射击时刻射向、射弹的初速散布等随机现实及初速随机现实。

对坦克射击误差系统进行模拟。每一发射弹在检靶平面的弹迹坐标为：

$$Y = \sum_{i=1}^{n} (\delta_{\theta Y})_i \cdot X/955$$

$$Z = \sum_{i=1}^{n} (\delta_{\theta Z})_i \cdot X/955$$

其中，弹道模拟方法是采用有关外弹道学理论，以现行坦克火炮射表编制采用的微分方法作为模拟依据。经过代入有关关系式并简化整理得到标准弹道条件下的外弹道学弹丸质心运动方程组为：

$$\frac{\mathrm{d}u}{\mathrm{d}t} = -4.74 \times 10^4 CH(y) C_{\bar{x}o}\left(\frac{v}{a}\right)\sqrt{u^2 + w^2} \cdot u$$

$$\frac{\mathrm{d}w}{\mathrm{d}t} = -4.74 \times 10^{-4} CH(y) C_{\bar{x}o}\left(\frac{v}{a}\right)\sqrt{u^2 + w^2} \cdot w - g$$

$$\frac{\mathrm{d}x}{\mathrm{d}t} = u$$

$$\frac{\mathrm{d}y}{\mathrm{d}t} = w$$

3.2.2.3 命中概率计算应用说明

命中概率计算通常包括检验性和准战斗两种状态。检验性射击环境较为理想，目标确定并有十字标记，射手瞄准及操作误差小，能够获取准确的气象参数，便于实时校正，因此命中概率高于准战斗状态，如图 3 - 20 所示。武器射击方式包括静对静、静对动、动对静和动对动四种状态。

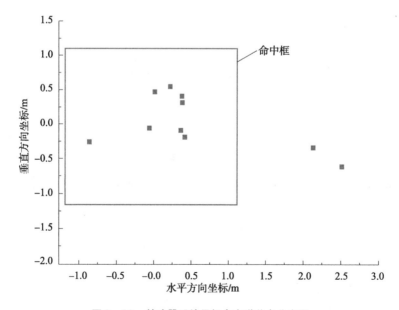

图 3 - 20　某武器系统目标命中弹着点分布图

一般而言，在坦克及目标均为静止状态时，参与的误差环节较少，因此射击精度高。在动对动射击时，由于误差环节最多，因此命中概率相对较低。需要指出的是，由于不同射击方式下标准靶板尺寸不一样（如静对静靶板尺寸为 2.3m × 2.3m，静对动为 2.3m × 4.6m），因此在特定环境下，静对动命中概率可能高于静对静命中概率，如图 3 - 21 所示。

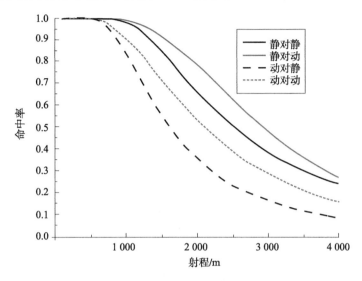

图 3 - 21　穿甲弹命中概率与距离关系（检验性）

战场上坦克外廓尺寸较大，车身较高，则目标相对显著。降低车高可减小车辆被发现和被命中概率，从而提高车辆在战场上的生存概率。现代坦克为减小外廓尺寸，通过综合优化坦克部件及载员空间尺寸来实现，但效果最为显著的是采用无人炮塔技术。图 3 - 22 是车高与被命中概率的关系。从图 3 - 22 可以看出增加车高（或塔高）将增加坦克被发现及被命中概率。

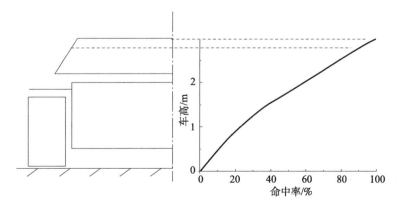

图 3 - 22　整车高度与被命中概率关系

3.2.3 密集度仿真

3.2.3.1 影响密集度因素

射击密集度又可称为射击散布，用平均弹着点到弹着点的矢径表示，它是随机矢量，是由一系列随机误差引起的。火炮设计中的一些重要指标都直接或间接与精度和密集度有关。例如稳定性指标，稳定性好的火炮，射击时火炮姿态平稳，多次发射时射击状态改变量小，因而射击精度好，散布也小，反之则变差。

火炮系统的射击密集度是火炮射弹散布的度量，是火炮系统的重要战术技术性能指标，是射击精度的重要组成部分。火炮在射击诸元不变的条件下，射弹弹着点相对平均弹着点的散布程度，称为射击密集度。从这个定义可知，射击密集度除气象诸元的随机变化之外，主要反映火力系统射击时，射弹发与发之间的随机微小变化因素引起的射弹弹道的偶然变化现象。

火炮系统在同一射击诸元下实施的射击，其弹着点将围绕平均弹着点形成一定范围的有统计规律的散布现象或称射击密集度。造成这种火炮射弹散布的微小随机变化因素一般可以归纳如下：

（1）火炮方面的因素，包括：

- 火炮在每次发射时炮身的温度、炮膛干净程度等方面的微小差异；
- 炮身的随机弯曲；
- 火炮放列的倾斜度；
- 炮身振动；
- 药室及炮膛的磨损；
- 底盘与火炮上部的连接，底盘与地面的接触状态；
- 弹炮的相互作用。

（2）弹药方面的因素，包括：

- 发射药质量、组分、温度和湿度等方面的微小差异；
- 装药结构、点火、传火与燃烧规律的微小变化；
- 装药几何尺寸、密度、理化性能的微小变化；
- 弹丸几何尺寸、质量、质量分布、弹带理化性能、几何尺寸、闭气环的性能等的微小变化。

（3）炮手操作与阵地放列的因素，包括：

- 装定射击诸元、瞄准的微小差异；
- 排除空回、装填力、拉力（击发力）和装填方法的差异；

- 火炮轮胎、履带、坐盘、驻锄放列与土地接触等的微小差异；
- 火控系统的随机误差。

（4）气象方面的因素，包括：

- 每次发射弹丸飞行过程中在地面和空中的气温、气压、风速、风向的差异；
- 气象数据处理的随机误差。

（5）弹着点测量的因素，包括：

- 观测弹着点的方法；
- 计算弹着点的方法；
- 观察人员的误差等。

上述微小随机变化因素，都具体反映在火炮系统各部结构尺寸、质量、性能参数和运动动力学参数的微小随机差异上，以及炮手操作和气象条件等多方面的微小随机变化上。而这些微小变化因素的描述参数，都可以综合反映在火炮系统的某一个或某几个性能参数上，如火药性能、装药结构、点火传火、药室、身管、弹丸质量、弹炮摩擦、膛压等，可以综合反映在弹丸初速度上。因此，可以用几个综合参数的微小变化（如初速、射角、阻力系数等的散布）分析和计算射弹密集度。

在火炮武器系统实际射击过程中，一般都只进行有限次数的射击。在这种条件下，如果火炮系统的密集度水平高或射弹散布小，则解决射击准确度问题将相对容易，产生的系统偏差也容易修正。射击时，由于用弹量少，密集度高，便于对点目标实施射击。

3.2.3.2　密集度仿真模型及流程

1. 火炮射击密集度计算模型

通常确定和估计射击密集度可以采用理论计算方法、试验与理论计算结合方法、统计法、统计试验法以及试验法等。在软件中，我们采用弹道理论计算方法对火炮的射击密集度进行研究。

弹道方程确定射击密集度通常需要预知弹、炮、药的结构、质量、质量分布参数，各参数的误差范围，气象诸元的变化范围。

软件所包含的采用弹道方程法确定射击密集度的具体功能模块如下：

（1）建立一个精确的弹丸系统数学模型；

（2）确定弹丸飞行过程中的各种随机扰动因素以及各种扰动因素的分布规律；

（3）根据各随机扰动变量的分布律，构造相应的数学概率模型，以产生各随机扰动变量的抽样值；

（4）将随机变量的抽样值导入数学模型。模拟射击试验多次，即可获得落点处随机弹道参量的子样；

（5）对模拟射击试验结果进行统计处理。

2. 火炮外弹道方程

确定火炮射击密集度可以采用外弹道方程结合相关空气动力学方程和气象学方程进行计算，本节采用六自由度外弹道方程计算弹着点和密集度。

六自由度外弹道方程以弹丸飞行时间为自变量，计算弹丸飞行速度，弹道倾角，弹丸质心的 X 轴、Y 轴和 Z 轴坐标，以及弹丸自转角速度、弹丸偏角、章动角以及章动角速度等积分变量。

3. 密集度计算流程

考虑装药参数（装药量、弧厚、长度、火药力）、弹丸质量、高低机及方向机空回等随机量，然后进行内弹道仿真和全炮发射动力学计算，输出弹丸出炮口瞬时的炮口扰动参数，经过接口转换生成外弹道计算所需的弹丸初始扰动量，外弹道计算考虑横风和纵风等随机量，获得随机的靶着点坐标，利用中间偏差统计原理计算立靶密集度。计算流程如图 3-23 所示，仿真时弹着点分布如图 3-24 所示。

4. 火炮地面密集度影响因素讨论

火炮系统的密集度误差源除气象条件外，都是全火炮系统弹、炮、药综合作用的结果，需要从系统的角度分析误差源。

密集度的各种误差源及其影响有如下描述。

（1）初速度：初速度散布取决于火药性质、装药结构、点火传火、弹炮相互作用、膛压特性、后效期及起始段章动特性等散布因素的综合作用。

（2）起始扰动：起始扰动包括起始偏角、起始章动角以及起始章动角速度等，通常取决于火炮特性、内弹道特性、弹丸特性等。弹丸在膛内运动过程中，由于膛压的变化、弹炮的相互作用以及火炮身管的振动等原因，形成了起始扰动。对于远程火炮，对散布影响较大的起始扰动因素主要是起始偏角和起始章动角速度，其中起始章动角速度的影响很大，而起始章动角的影响很小，可以忽略不计。起始章动角速度的影响主要是它导致了弹丸在飞行过程中的摆动，导致阻力增大，同时它还可以造成速度方向的变化，产生平均偏角。

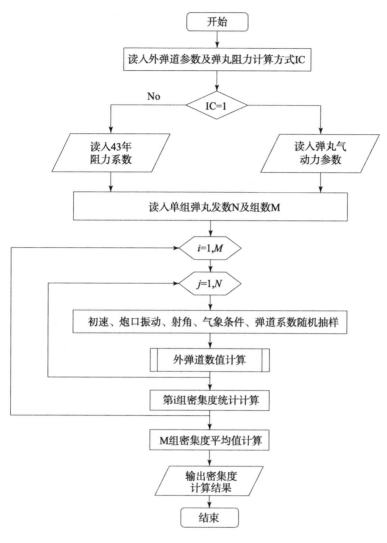

图 3-23　软件计算流程

（3）跳角：跳角由起始偏角和平均偏角组成，跳角散布可造成射弹的铅直跳角和横向跳角。

（4）偏流：弹丸在飞行过程处于旋转稳定状态，由于弹道弯曲产生动力平衡角，动力平衡角对方向的影响会产生偏流，偏流散布对射弹横向散布有影响。

（5）阵风：如果试验时间间隔在 30 分钟内，阵风将对散布产生影响。一般需要控制阵风影响的大小和变化范围以减小对弹道散布的影响。

在内弹道稳定并达到战术技术指标的条件下，当弹炮结构一定时，起始扰

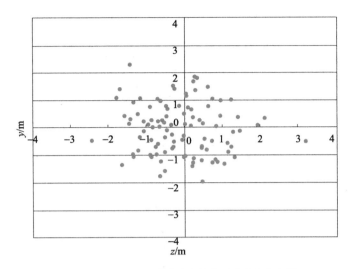

图 3-24　某武器系统密集度仿真时弹着点分布图

动就代表了火炮系统的发射特性或动力学特性，因为起始扰动是火炮系统发射过程动力学特性综合作用的结果。

3.2.4　射击反应时间

坦克火控系统的射击反应时间是总体性能中的重要指标之一。在实战中，当敌我双方装甲车辆主要性能相同或相近时，火控系统反应时间较短的一方，可以先于敌开火和提高战斗射速，能赢得较高的命中概率和击毁对方的概率，同时亦提高了自身的生存概率。

3.2.4.1　射击反应时间组成

火控系统反应时间指的是装甲车辆乘员从其观瞄装置的视场中发现目标到火炮击发的时间间隔。火控系统反应时间一般包括对目标的识别、跟踪、瞄准、确定弹种、测距、装定射击诸元、赋予火炮射角（方向和高低）及击发等时间。若火控系统不具备车长超越炮长调炮和瞄准射击的功能，反应时间还应包括车长向炮长指示目标的时间和炮长观察到车长所指示的目标后判断目标性质的时间。

影响火控系统反应时间的因素包括以下几个方面。

1. 观察识别目标

（1）观察者方面的影响，包括观察者的数量、搜索观察方式和乘员的训练水平及配合密切程度等。

（2）目标方面的影响，包括目标的数量、外廓尺寸、有无标记、目标距离、隐蔽程度、运动状态及战斗姿态等。

（3）装备的性能，包括观察器材的数量和性能、观察扇面的指示装置、装甲车辆内部和外部通信设备的性能以及敌我识别和记录装置等。

（4）环境条件，包括气象能见度、目标与周围环境的反差、目标的噪声电平、目标的热辐射状态等。

2. 弹药的布置及装填方式

弹药的布置是否合理，是否有利于取弹和装填。是否有自动装弹机构，以及弹药是分装还是定装等。

3. 火控系统的结构型式和性能

火控系统的结构型式及其性能的优劣是系统反应时间的决定性因素，不同结构型式之间，其系统反应时间相差很大，系统采用性能优良的元器件，提高自动化程度，均有助于缩短系统反应时间。

3.2.4.2　射击反应时间建模

1. 直瞄乘员战斗反应时间建模

乘员战斗反应时间指下达作战任务指令后，搜索观察、跟踪、瞄准、测距赋予射角直至完成击发所需的时间。

下面假定车长发现目标后交由炮长操作，进行反应时间建模计算。

车长首先进行观察选择目标、粗瞄，然后系统自动调动炮长观察镜至目标处，炮长开始粗瞄、测距、精瞄、击发（射击门限）、装弹。

乘员反应时间按如下公式进行计算：

$$T = t_1 + t_2 + t_3 + t_4 + t_5 + t_6 - t_7$$

式中，t_1 为车长观察选择目标、粗瞄准时间；t_2 为炮长镜调炮时间；t_3 为炮长瞄准；t_4 为跟踪时间；t_5 为炮长测距；t_6 为入门及击发时间；t_7 为重合时间。

稳像工况下（表 3 - 1）取：

$t_1 = 1s, t_2 = 2s, t_3 = 2s, t_4 = 2s, t_5 = 1s, t_6 = 2s, t_7 = 1s$

$T = t_1 + t_2 + t_3 + t_5 + t_6 = 1 + 2 + 2 + 1 + 2 = 8s$（对静态目标）

$T = t_1 + t_2 + t_3 + t_4 + t_5 + t_6 - t_7 = 1 + 2 + 2 + 2 + 1 + 2 - 1 = 9s$（对动态目标）

表3-1 对动态目标乘员反应时间（稳像工况）

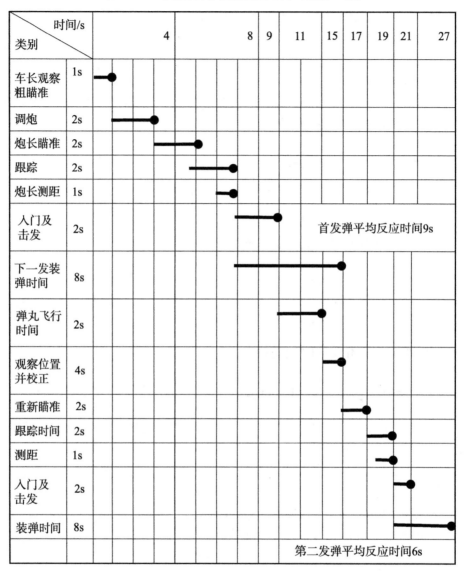

时间/s 类别		4	8	9	11	15	17	19	21	27
车长观察粗瞄准	1s	●								
调炮	2s	——●								
炮长瞄准	2s	——●								
跟踪	2s	——●								
炮长测距	1s	●								
入门及击发	2s	——●	首发弹平均反应时间9s							
下一发装弹时间	8s	————————●								
弹丸飞行时间	2s	——●								
观察位置并校正	4s	●								
重新瞄准	2s	——●								
跟踪时间	2s	——●								
测距	1s	●								
入门及击发	2s	——●								
装弹时间	8s	————●								
		第二发弹平均反应时间6s								

自动跟踪工况下取：

$t_1 = 1s$，$t_2 = 2s$，$t_3 = 2s$，$t_4 = 2s$，$t_5 = 1s$，$t_6 = 2s$，$t_7 = 1s$

$T = t_1 + t_2 + t_3 + t_5 + t_6 = 1 + 2 + 2 + 1 + 2 = 8s$（对静态目标）

$T = t_1 + t_2 + t_3 + t_4 + t_5 + t_6 - t_7 = 1 + 2 + 2 + 2 + 1 + 2 - 1 = 9s$（对动态目标）

2. 间瞄乘员战斗反应时间建模

间瞄射击反应时间为得到打击目标数据和本车数据后，武器系统解算和调转火力时间。

乘员反应时间按如下公式进行计算：

$$T = t_1 + t_2 + t_3$$

式中，t_1 为目标位置指示及解算时间；t_2 为调炮时间；t_3 为火炮稳定及击发时间。

假定：$t_1 = 2s$，$t_2 = 6s$，$t_3 = 4s$

$T = t_1 + t_2 + t_3 = 2 + 6 + 4 = 12s$（对静态目标，见表 3 - 2）

表 3 - 2　对静态目标乘员反应时间

类别 \ 时间		4s	8s	12s	19s
目标位置指示及解算时间	2s	●———●			
调炮时间	6s		●———————●		
稳定及击发时间	4s			●———●	
装弹	7s				●———●

|3.3　防护性能仿真|

3.3.1　防护性能仿真概述

本节概述车辆防护系统构成、各组分功能，以及开展防护系统仿真的目的及意义等。

3.3.2　地雷爆炸冲击防护性能仿真

3.3.2.1　仿真涉及的分析技术方法介绍

针对 EFP 型地雷爆炸成形及对目标靶板的侵彻，采用 MSC. Dytran 的多物

质欧拉技术进行数值仿真分析；针对爆破型地雷对目标靶板及带有假人的方舱结构的爆炸作用仿真，采用 MSC. Dytran 的流固耦合技术进行数值仿真分析。

MSC. Dytran 是一种用于分析结构及流体材料的非线性动态行为的数值仿真程序，该程序适用于分析包含大变形、高度非线性和复杂的动态边界条件的短暂的动力学过程。软件提供拉格朗日求解器与欧拉求解器，因而既能模拟结构又能模拟流体。拉格朗日网格与欧拉网格之间可以进行耦合，从而可以分析流体与结构之间的相互作用，形成精确独特的流固耦合技术。

1. MSC. Dytran 的欧拉方法

欧拉方法主要用于流体流动问题的分析以及固体材料发生很大变形的情况。当采用欧拉方法时，节点固定在空间中，由相关节点连接而成的单元仅仅是空间的划分。欧拉网格是一个固定的参照系，分析对象的材料在网格中流动，材料的质量、动量以及能量从一个元素流向另一个元素。因此，欧拉法计算的是材料在体积恒定的元素中的运动。应当注意的是 MSC. Dytran 中欧拉网格与拉格朗日网格采用同样的方式来定义，网格可以具有任意形状，这样比其他一些仅仅采用矩形网格的欧拉方法的程序要灵活得多。

不过，必须记住欧拉网格与拉格朗日网格用法不同。在建立欧拉网格时最重要的问题是要让网格足够大以能够容纳变形后的全体材料。欧拉网格的作用类似于一个容器，除非专门定义，否则材料不能流出网格。如果网格太小，容易引起应力波反射和压力堆积。

MSC. Dytran 中的欧拉求解器在空间域的离散上采用控制容积法，在时间域的离散上采用时间积分法。程序采用的基本单元为八节点的任意六面体单元，此外还有六节点的任意三棱柱单元及四节点的任意四面体单元。单元中可以充满材料，也可以是空的，或者有一部分空间有材料。同时，一个单元中可以同时有几种材料。材料可以是理想流体，也可以是非理想流体。

一般流体动力学问题需要满足如下控制方程：

- 质量守恒方程；
- 动量守恒方程；
- 能量守恒方程；
- 状态方程。

对于非理想流体，还要满足本构方程。

MSC. Dytran 的欧拉求解器采用控制容积法和时间积分做材料流动的分析，具体方法如下：

将控制方程在流场中任一封闭曲面所包含的容积内进行积分，得到积分形式的控制方程：

质量守恒

$$\frac{\partial}{\partial t}\iiint\limits_{vol}\rho \mathrm{d}V = -\iint\limits_{surf}\rho u \cdot \mathrm{d}S \qquad (3-1)$$

动量守恒

$$\frac{\partial}{\partial t}\iiint\limits_{vol}\rho u \mathrm{d}V = -\iint\limits_{surf}\rho uu \cdot \mathrm{d}S + \iint\limits_{surf} T \mathrm{d}S \qquad (3-2)$$

能量守恒

$$\frac{\partial}{\partial t}\iiint\limits_{vol}\rho e_t \mathrm{d}V = -\iint\limits_{surf}\rho e_t u \cdot \mathrm{d}S + \iint\limits_{surf} u \cdot T \mathrm{d}S \qquad (3-3)$$

将以上方程乘以时间积分的时间步长，可以得到该时间步长内的变化量关系：

$$\Delta\left(\iiint\limits_{vol}\rho \mathrm{d}V\right) = -\Delta t\iint\limits_{surf}\rho u \cdot \mathrm{d}S$$

$$\Delta\left(\iiint\limits_{vol}\rho u \mathrm{d}V\right) = -\Delta t\iint\limits_{surf}\rho uu \cdot \mathrm{d}S + \Delta t\iint\limits_{surf} T \mathrm{d}S$$

$$\Delta\left(\iiint\limits_{vol}\rho e_t \mathrm{d}V\right) = -\Delta t\iint\limits_{surf}\rho e_t u \cdot \mathrm{d}S + \Delta t\iint\limits_{surf} u \cdot T \mathrm{d}S \qquad (3-4)$$

将每一个单元作为一个封闭体应用以上关系式，得出从时刻 t_n 到 t_{n+1} 的变化量关系：

$$\left(\iiint\limits_{vol}\rho \mathrm{d}V\right)_{t_{n+1}} - \left(\iiint\limits_{vol}\rho \mathrm{d}V\right)_{t_n} = \sum_{i=1}^{n}\rho_i(\Delta V)_i$$

$$\left(\iiint\limits_{vol}\rho u \mathrm{d}V\right)_{t_{n+1}} - \left(\iiint\limits_{vol}\rho u \mathrm{d}V\right)_{t_n} = \sum_{i=1}^{n}\rho_i u_i(\Delta V)_i + \left(\Delta t\iint\limits_{surf} T \mathrm{d}S\right)_{t_n}$$

$$\left(\iiint\limits_{vol}\rho e_t \mathrm{d}V\right)_{t_{n+1}} - \left(\iiint\limits_{vol}\rho e_t \mathrm{d}V\right)_{t_n} = \sum_{i=1}^{n}\rho_i(e_t)_i(\Delta V)_i + \left(\Delta t\iint\limits_{surf} u \cdot T \mathrm{d}S\right)_{t_n} \quad (3-5)$$

式中，n 为单元的表面数目；$(\Delta V)_i$ 为从时刻 t_n 到 t_{n+1} 的一个时间步长内穿越该单元的第 i 个表面的体积流量；$\rho_i(\Delta V)_i$ 为相应的质量流量；$\rho_i u_i(\Delta V)_i$ 为相应的动量流量；$\rho_i(e_t)_i(\Delta V)_i$ 为相应的能量流量。在 t_n 时刻的各物理参数已知的情况下，用相邻元素形心处的流速进行线性插值，可以得出元素边界面处的流速：

$$u_b = 1/2(u_1 + u_2) \qquad (3-6)$$

然后用施主法可以计算出穿越单元表面的质量、动量及能量的流量：

$$\Delta M = \rho_2 \Delta V$$

$$\Delta Mom = \rho_2 u_2 \Delta V$$

$$\Delta TE = \rho_2 (e_t)_2 \Delta V \tag{3-7}$$

采用单点高斯积分，可以将以上控制方程中左边的体积分表示为有关物理量（密度、流速、内能等）的线性函数，代入控制方程得到关于单元形心处的各物理量在 t_{n+1} 时刻的值的线性方程：

$$F_M(\rho_{c,t_{n+1}}) = \left(\iiint\limits_{\text{vol}} \rho \mathrm{d}V \right)_{t_n} + \sum_{i=1}^{n} \rho_i (\Delta V)_i$$

$$F_{Mom}(\rho_{c,t_{n+1}}, u_{c,t_{n+1}}) = \left(\iiint\limits_{\text{vol}} \rho u \mathrm{d}V \right)_{t_n} + \sum_{i=1}^{n} \rho_i u_i (\Delta V)_i + \left(\Delta t \iint\limits_{\text{surf}} T \mathrm{d}S \right)_{t_n}$$

$$F_{TE}(\rho_{c,t_{n+1}}, e_{t,c,t_{n+1}}) = \left(\iiint\limits_{\text{vol}} \rho e_t \mathrm{d}V \right)_{t_n} + \sum_{i=1}^{n} \rho_i (e_t)_i (\Delta V)_i + \left(\Delta t \iint\limits_{\text{surf}} u \cdot T \mathrm{d}S \right)_{t_n}$$

$$\tag{3-8}$$

从而可以解出单元形心处的物理量在 t_{n+1} 时刻的值。

2. 欧拉 – 拉格朗日耦合

拉格朗日网格和欧拉网格可以用在同一个分析模型中，并且可以通过一个界面相互耦合。该界面是欧拉网格中的材料的流场边界，同时欧拉网格中的材料对界面产生作用力，使拉格朗日发生变形。MSC. Dytran 中的耦合方式有两种：一般耦合（General Coupling）和任意拉格朗日 – 欧拉耦合（ALE）。ALE 的特别之处在于，欧拉网格可以移动。当结构变形时，耦合界面的位置和形状也发生变化，界面上的欧拉网格节点发生相应的移动，带动欧拉网格的其余部分跟着运动，其运动的方式可由用户确定。因此，在 ALE 耦合计算中，一方面材料在欧拉网格中移动，另一方面，欧拉网格节点本身也在运动，使欧拉网格的位置和形状在不断调整。

本项目采用一般耦合进行爆破型地雷对目标结构的冲击损伤分析。MSC. Dytran 程序中欧拉求解器与拉格朗日求解器是分开的，如果不定义它们之间的耦合关系，即使拉格朗日单元处于欧拉网格的范围之内，也不会对欧拉材料的流动产生任何影响，同时拉格朗日单元也不会受到来自欧拉材料的压力的作用。为此程序在结构网格和流体网格之间定义一般耦合面（General Coupling Surface）以分析它们之间的流固耦合作用，如图 3 – 25 所示。

欧拉网格和拉格朗日网格之间的相互作用力通过这层耦合面互相传递，对于欧拉网格，它充当流场的边界。因为划分圆柱壳的

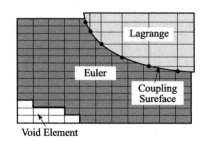

图 3 – 25　一般耦合算法

壳单元本身就构成了一个封闭的面，所以可以利用该封闭面作为一般耦合面。定义一般耦合算法的优点在于在建立有限元模型时，可以不必过多考虑欧拉单元与拉格朗日单元之间的相互匹配，因而简化了建模的过程。为防止冲击波的反射和压力堆积，必须在流体边界定义穿透边界，使得流体介质能够流出。

一般耦合大多是拉格朗日的固体在欧拉的流场范围内运动，即拉格朗日域驱动欧拉域；流场虽有速度，但代表流场的欧拉网格固定在空间及不受拉格朗日的固体影响。换言之，流固耦合过程中，欧拉网格不移动，也不变形。一般耦合计算的前处理大多用封闭的 dummy shell 耦合面隔开拉格朗日域和欧拉域；当开始计算时，拉格朗日的固体需要在欧拉域的范围内有重叠，且固体、流体或两者有运动，以启动流固耦合计算。若拉格朗日域与欧拉域毫无重叠，则无法起动流固耦合计算。当然，拉格朗日的固体可完全位于欧拉域内，不因拉格朗日的固体运动而使欧拉网格移动或变形。此外，一般耦合也可应用于具有不规则的固定固体边界的流场模拟计算，即将不动的固体边界与流场的关联视为流固耦合现象。

3. 接触算法

在经典的有限元方法中，结构之间的相互作用要有网格的连贯性作为保障。这就使经典有限元方法能很好地处理结构小变形问题，但是很难处理大变形问题，以及网格不连贯、结构之间相离的问题。

MSC. Dytran 程序中的接触面模型提供了一个非常简单方便的模拟拉格朗日模型各部分之间相互作用的手段。运用接触面模型，能够模拟可变形体或刚性体之间的连续接触。接触面模型与以前的间隙元模型相比较，不仅收敛性大大增强，而且使相互接触的两个物体可以做大距离的相对移动。

接触面一共有三种类型：

➤ 两个面之间的任意接触；

➤ 单个面自身的接触；

➤ 若干离散节点与一个面之间的接触。

这几种类型的接触均是通过 CONTACT 卡来定义，定义时在卡片上相应的位置确定接触的类型，以及其他有关的参数。

两个面之间的任意接触是最常用到的一种情况，用来模拟两个面之间的接触、分离，并且允许两个面之间具有摩擦系数。

（1）面段与面。

为了定义接触，必须先定义发生接触的面（SURFACE）。面的定义通过确定处于面上的单元的表面（FACE）来实现。每个单元的表面被称作"面段"

（SEGMENT），是组成面的单位，是一种几何单元而非物理单元，但与物理单元一样，也是由节点连接而成的。面段通过 CSEG、CFACE 或 CFACE1 卡来定义。面段可以附连在体元或壳元上，可以是四边形或三角形。

相互接触的两个面，其地位是不相等的，一个被称为"主面"，另一个被称为"从属面"。每个面都是由面段集组成的。这两个面必须相互分开。一个面段不能同时属于主面和从属面，如图 3 – 26 所示。

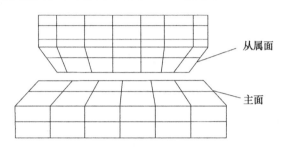

从属面

主面

图 3 – 26　主面和从属面关系图

面段的定义有多种方法。可以使用 CSEG、CFACE 及 CFACE1 等卡片来定义，也可通过面段所依附的壳元或膜元来定义，而 CSEG 卡的定义也可以通过 CQUAD4 与 CTRIA3 的形式来代替。每种方法具体如下：

CSEG：在 CSEG 卡上顺序填写连接起来形成面段的节点的编号。

CFACE：在 CFACE 卡上确定面段依附的单元号及单元表面编号。

CFACE1：在 CFACE1 卡上确定面段依附的单元号，与 CFACE 不同的是，通过确定单元表面上的节点编号来确定表面，而不是直接确定表面编号。

CQUAD4 与 CTRIA3 的形式定义 CSEG：将单元的性质卡号设置为 9999 或 Dummy。

组成面的面段集的确定也有多种方法：

● 确定面段集的集号。每个面段在 CSEG、CFACE 或 CFACE1 卡上都有集号的定义。如果是用 CQUAD4 或 CTRIA3 的形式定义的，则性质卡号就是集号。

● 直接引用二维物理单元 CQUAD4 或 CTRIA3 的集。有三种方法：根据单元号；根据材料卡号；根据性质卡号。

与二维单元一样，面段的节点连接顺序很重要，决定了局部坐标系的方向，以及接触的方向。组成面的面段，其法线应当指向同一个方向，否则会有问题。接触关系定义卡 CONTACT 上可以设定面段法线的方向，据此程序会自动将组成一个面的面段的法线方向统一。发生接触的两个面的方向最好相互指向对方，或相互背离对方，这时 CONTACT 卡上的 SIDE 域（发生接触的一侧）

填写 TOP 或 BOTTOM，否则必须填写 BOTH，而这容易引起问题。

面段与面是 MSC. Dytran 中的重要建模工具，不仅用于接触面，而且流固耦合的界面、流场边界面等均使用它们来建模。

（2）穿透问题。

两个接触面不能有初始的相互穿透，必须相切或相隔一段距离。如果接触面有初始穿透，程序在计算之前的检查中会发现并发出警告信息。但这时计算仍会进行下去，在接触面之间产生很大的相互作用力，以使它们相互分开。穿透量太大，作用力很大，则会出现问题。

CONTACT 卡上的 PENTOL 域定义初始穿透检查的容差。容差范围之外的节点不参加接触计算。

（3）计算方法。

关于接触问题的计算方法的理论本书不做详细介绍。但是对计算原理做一点了解是十分必要的，因为这有助于正确、有效地使用接触模型。接触问题的计算步骤大致是这样的：在每一个时间步，程序检查从属面上的每一个节点，首先找出距离该点最近的主面面段，看节点是否穿透了该面段。如果没有，计算继续进行。如果已经穿透，程序将在垂直于主面的方向上施加作用力阻止进一步穿透的发生。作用力的大小取决于穿透量的大小以及接触处的双方单元的特性。程序内部根据在保持计算稳定的条件下使穿透量最小的原则计算作用力的大小。CONTACT 卡上的 FACT 域可以定义作用力大小的放大系数。如果发生接触的两部件被很大的作用力压在一起，该系数就很有用。不过，太大的系数会带来计算不稳定的问题。

接触面之间可以有摩擦力。摩擦力的大小等于摩擦系数乘以法向接触力。摩擦力的方向与接触面的相对运动方向相反。

摩擦系数的计算按照以下公式：

$$\mu = \mu k + (\mu s - \mu k)e - \beta v \qquad (3-9)$$

式中，μs = 静摩擦系数；

　　　μk = 动摩擦系数；

　　　β = 指数衰减系数；

　　　v = 主从面之间的相对滑行速度。

用户需要确定的参数为 μs，μk 及 β。

接触算法是不对称的。程序针对每个从属面节点检查其是否穿透主面，但反过来却并不检查主面节点是否穿透从属面。因此，从属面的网格应当比主面网格细，否则会发生出现穿透而程序未能检查出来的问题，这将引起沙漏现象或错误的计算结果。

由于距离每个从属面节点的主面面段在计算过程中不断更新，所以即使接触面发生大变形或大相对位移，接触问题的计算也不受影响。

（4）计算精度与效率。

一般来讲，接触面使用起来非常简单，计算效率也高。但穿透检查很费时间，因此接触面的定义应当局限于那些有可能发生接触的地方，以尽量减少面段数量。

CONTACT 卡上的 UPDATE 域及 SORT 域用来控制接触算法，调节计算精度与计算工作量。UPDATE 决定对接触力进行更新的频率。分析的问题可以当作是静态的，在分析过程中接触力几乎保持恒定。在这种情况下，接触力不需要每个时间步长都重新计算。

这样可以节省计算时间。如果所分析的问题动态性很强，则接触力的更新应当很频繁。SORT 域决定与从属面节点对应的主面面段的更新的频率。与 UPDATE 一样，取什么值取决于问题的动态性。

TSTART 与 TEND 分别定义接触关系定义的打开与关闭时间。这使得程序可以只在需要考虑接触问题时进行搜寻最近面段、检查穿透等耗费时间的运算。如果采用缺省值，则接触关系在整个分析过程中一直起作用。

单面自身接触与双面相互接触是相类似的。只不过这里不定义主面和从属面，而是定义不能穿透自身的从属面。这对于结构发生屈曲、弯折，与自身相碰的情况尤其有用。因为这时结构表面哪一部分与哪一部分相碰事先无法确定，从而只能将整个表面定义为自身接触的单一接触面。

单一接触面的定义同样使用 CONTACT 卡，只不过只需要定义从属面，定义主面的域留为空白。单一接触面也可具有摩擦力，其计算方法与双面接触一样。

与双面接触不同的是，面段的节点连接顺序无关紧要。接触发生在哪一侧程序能够自动判别。接触面面段的法向应当指向同一方向。不过如果用户建立的模型中接触面网格的方向不符合这一要求，只要在 CONTACT 卡上打开 REVERSE 功能，程序能够自动将网格方向调整好。

单面接触与双面接触的算法是一样的。而且单面情况计算尤其快，所定义的接触范围可以很广。

4. 某型 EFP 地雷爆炸成形过程仿真研究

爆炸成形弹丸（Explosively Formed Penetrator，简称 EFP）是一种反装甲目标的战斗部。自 20 世纪 60 年代开始应用于武器弹药以来，一直受到美国、俄罗斯等军事强国的重视，广泛应用于反舰导弹、末敏弹、反坦克智能雷和反坦克车底地雷等反装甲弹药上。爆炸成形弹丸的形成机理非常复杂，影响因素很多。对于等壁厚球缺型药型罩的 EFP 成形，在各种影响因素中，装药长径比、药型罩曲率半径、药型罩壁厚、壳体厚度是影响 EFP 成形性能的重要因素。早期大多采用实验研究方法。进入 20 世纪 80 年代后期，随着计算机软、硬件技术的不断发展，以及人们对于材料在大变形、高应变率、高温、高压下动态行为的认识更加深入，计算机仿真在爆炸成形弹丸战斗部设计中发挥出更大的作用，国内外学者将计算机仿真与非线性优化数学方法相结合开展了爆炸成形弹丸战斗部的优化设计。图 3 - 27 为 EFP 典型成形过程的示意图。

图 3 - 27　爆炸成形弹丸示意图

本节内容仿真采用多物质欧拉法，针对大锥形药型罩装药结构的某型 EFP 反坦克车底地雷，建立该型地雷的仿真模型，对起爆、药型罩翻转成形过程进行模拟，要求仿真计算 EFP 弹丸及头部的速度时间曲线及具体成形状态。

3.3.2.2　模型介绍

本项目拟仿真的某型 EFP 地雷结构，主要由炸药、药型罩和壳体组成。炸药为钝化黑索今，有效药量为 0.78kg，装药高度和直径分别为 82mm、95mm，药型罩选用紫铜，形状为等壁厚大锥角圆锥罩，锥度为 120°，壳体为钢材料。

采用多物质欧拉法模拟 EFP 战斗部爆炸成形过程，多物质欧拉法适合模拟弹丸成形过程中的大变形，能够很好地模拟弹丸的加速和成形过程。由于地雷是圆柱形，具有轴对称性，为了减少计算量，EFP 地雷仿真模型设置为 1/2 模型，如图 3 - 28 所示。

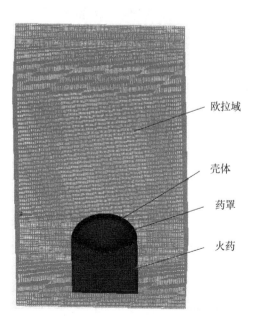

欧拉域

壳体

药罩

火药

图 3 - 28　EFP 地雷模型

1. 欧拉域模型

欧拉域是物质运动的空间，采用多层填充法实现多物质定义，即在不同的空间填充不同的物质，若在相同的空间填充两种以上的物质，则最后一层填充物起作用。欧拉域采用长方体体单元建模，定义 PEULER1 MMSTREN 属性。最初的填充物为理想空气，通过理想气体状态方程描述空气。选用 MSC. Dytran 的 Idea-Gas（DMAT）Eulersolid 材料卡为空气建模。

欧拉域的网格如图 3 - 29 所示。

2. 壳体、药罩模型

壳体、药罩材料表面划分常规壳元，定义 dummy shell 属性，壳元围成的封闭空间填充欧拉材料。选用 MSC. Dytran 的 ElasPlas（DMAT）Eulersolid 材料卡。

壳体、药罩材料表面网格如图 3 - 30 所示。

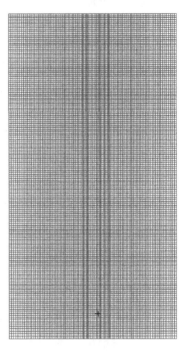

图 3 - 29　欧拉网格

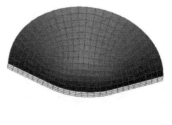

图 3 - 30　壳体、药罩表面网格

3. 炸药模型

炸药表面划分常规壳元，定义 dummy shell 属性，壳元围成的封闭空间填充欧拉材料。选用 MSC. Dytran 的 JWL 状态方程描述炸药爆轰过程。

炸药表面网格如图 3 - 31 所示。

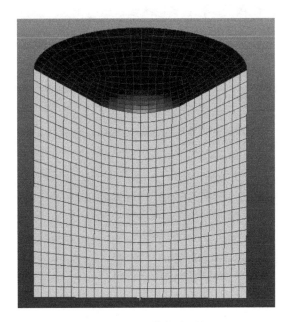

图 3 - 31　炸药表面网格

3.3.2.3　材料模型介绍

本项目对于理想空气的模拟，采用理想气体状态方程模拟，即 γ 律状态方程 EOSGAM。EOSGAM 模型定义气体的 γ 律状态方程中，压力是密度、比内能及理想气体比热容比 γ 的函数：

$$p = (\gamma - 1)\rho e \qquad (3-10)$$

式中，e 为单位质量的内能；ρ 为总体材料密度；γ 为比热容比（C_p/C_v）。

理想空气材料卡片如图 3 - 32 所示。

3.3.2.4　炸药材料卡

本项目对于炸药的模拟，采用 JWL 状态方程，JWL 状态方程 EOSJWL 如下：

$$p = A\left(1 - \frac{\omega\eta}{R_1}\right)e^{-R_1/\eta} + B\left(1 - \frac{\omega\eta}{R_2}\right)e^{-R_2/\eta} + \omega\eta\rho_0 e \qquad (3-11)$$

式中，p 为爆压；$\eta = \rho/\rho_0$；e 为单位质量的内能；ρ_0 为参考密度；ρ 为总体材料密度；A，B，ω，R_1 及 R_2 为常数。

因此，为准确计算炸药爆轰需提供以下参数：

图 3 - 32　理想气体材料卡片

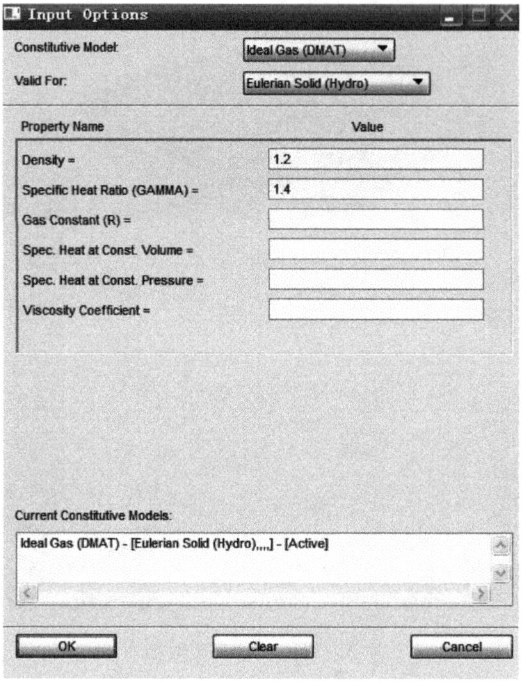

- 炸药名称及炸药药柱形状；
- 装药密度；
- JWL 状态方程常数 A、B、ω、R_1 及 R_2，起爆点，爆速及爆压。

钝化黑索今炸药材料卡片如图 3 - 33 所示。

1. 药罩材料卡

本项目对于药罩的模拟，采用状态方程/弹塑性本构描述材料在高压下的大变形行为。药罩结构材料采用多项式状态方程本构，并采用 Johnson – Cook 屈服模式，用来描述金属材料在大变形、高应变率和高温条件下的本构关系，相应公式如下：

对于多项式状态方程，其压力是相对体积及比内能的多项式函数。

压缩状态（$\mu > 0$）：

$$p = a_1\mu + a_2\mu^2 + a_3\mu^3 + (b_0 + b_1\mu + b_2\mu^2 + b_3\mu^3)\rho_0 e \qquad (3-12)$$

拉伸状态（$\mu \leqslant 0$）：

$$p = a_1\mu + (b_0 + b_1\mu)\rho_0 e \qquad (3-13)$$

式中，$\mu = \eta - 1$；$\eta = \rho/\rho_0$；ρ 为总体材料密度；ρ_0 为参考密度；e 为单位质量内能。

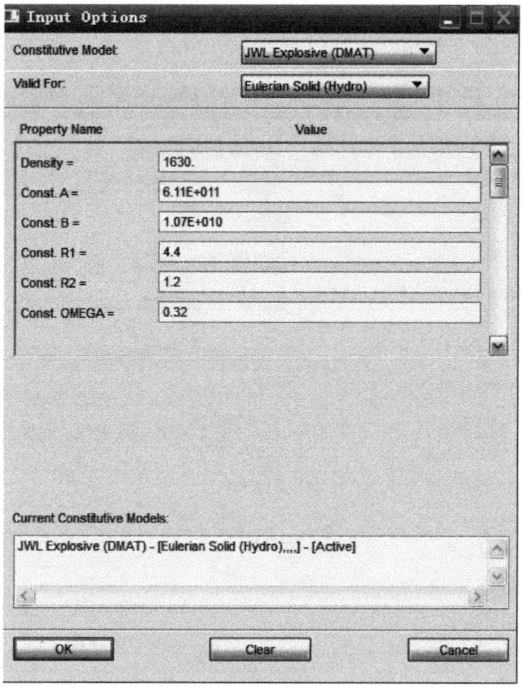

图 3 – 33　炸药材料卡片

Johnson – Cook 屈服模式：

$$\sigma_y = (A + B\varepsilon_p^n)[1 + C\ln(\dot{\varepsilon}_p/\dot{\varepsilon}_0)](1 - T^{*m}) \tag{3 – 14}$$

式中，A、B、n、C 和 m 为材料常数，A 为材料在准静态下的屈服强度，B 和 n 为应变硬化的影响，C 为应变率敏感指数，m 为温度软化系数；$T^* = (T - T_r)/(T_m - T_r)$；$\varepsilon_p$ 为等效塑性应变；$\dot{\varepsilon}_0$ 为参考应变率；T 为温度；T_r 为室温；T_m 为融化温度。

因此，准确模拟该类结构在爆轰作用下的破坏需要以下材料参数：

- 材料密度、杨式模量、泊松比、体积模量；
- 多项式参数 a1、a2、a3、b0、b1、b2、b3；
- 屈服应力、抗拉强度、延伸率；
- 强化系数 B；
- 硬化指数 n；
- 应变率参数 c；
- 参考应变率 $\dot{\varepsilon}_0$；
- 比热容；
- 融化温度 T_m；

● 等效刚度、泊松比、屈服应力、抗拉强度或失效最大塑性应力应变等。
紫铜药罩的材料卡片如图 3 - 34 所示。

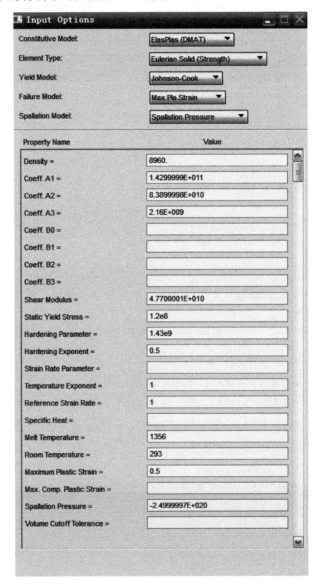

图 3 - 34　紫铜材料卡片

2. 壳体材料卡

本项目对于壳体的模拟，采用状态方程/弹塑性本构描述材料在高压下的
大变形行为。壳体结构材料采用多项式状态方程本构，并采用冯·米塞斯屈服

模型 YLDVM。

　　壳体状态方程如下所述。

　　壳体屈服模式采用冯·米塞斯屈服模型 YLDVM，如下：

　　YLDVM 卡用来定义冯·米塞斯屈服模型。通过确定一条双线性或分段线性的应力 - 应变曲线，定义材料的屈服应力和强化模量。对于拉格朗日及欧拉体元，只能采用弹性理想塑性模型。

　　双线性应力 - 应变曲线（图 3 - 35）

　　屈服应力按以下公式计算：

$$\sigma_y = \sigma_0 + \frac{EE_h}{E - E_h}\varepsilon_p \tag{3-15}$$

式中，σ_0 为屈服应力；E 为杨氏模量；E_h 为强化模量；ε_p 为等效塑性应变。

　　分段线性曲线如图 3 - 36 所示。

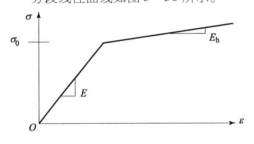

图 3 - 35　双线性应力 - 应变曲线

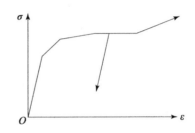

图 3 - 36　分段线性曲线

　　在每一步时间积分的计算中，根据应变值通过插值法计算应力值：

$$\sigma = \left[(\sigma_i - \sigma_{j-1})(\varepsilon - \varepsilon_{i-1})/(\varepsilon_i - \varepsilon_{i-1})\right] + \sigma_{i-1} \tag{3-16}$$

其中 σ_i 与 ε_i 为定义分段线性曲线的表格函数的节点值。在 MSC. Dytran 程序内部，应力 - 应变关系采用真实应力对应等效应变的方式来表示。但为了方便起见，在输入时，可以采用以下方式：

- 真实应力/真实应变
- 工程应力/工程应变
- 真实应力/塑性应变
- 真实应力/塑性模量

真实应力定义为：

$$\sigma_{true} = F/A \tag{3-17}$$

式中，F 为当前的力；A 为当前的面积。

　　塑性应变 ε_{pl} 定义为：

$$\varepsilon_{true} = \int \frac{\mathrm{d}l}{l} \tag{3-18}$$

而工程应变定义为:

$$\sigma_{eng} = F/A_0$$

$$\varepsilon_{eng} = (I - I_0)/I_0 \qquad (3-19)$$

式中,A_0 为初始面积;I_0 为初始长度。

真实应力/真实应变与工程应力/工程应变之间的关系如下:

$$\sigma_{true} = \sigma_{eng}(1 + \varepsilon_{eng}) \qquad (3-20)$$

$$\varepsilon_{true} = \ln(1 + \varepsilon_{eng}) \qquad (3-21)$$

在小应变状态,工程应力 – 应变与真实应力 – 应变差别不大。然而,在应变较大时,差别不可忽视,这时需要确保输入正确的应力 – 应变关系。

壳体 A3 钢材料卡如图 3 – 37 所示。

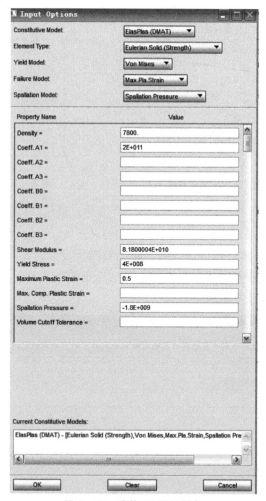

图 3 –37   壳体 A3 钢材料卡

3.3.2.5　载荷及边界条件介绍

欧拉单元的初始状态可以用 TICEL 或 TICEUL 来定义。这是用来设定模型在分析开始时的状态,此后的状态由计算确定。

TICEL 卡用来定义单元的初始状态。任何单元物理量都可以赋予一定的初始值。TICEUL 卡用来针对欧拉网格中的几何区域定义初始状态。TICEUL 必须与 EULER1 卡配合使用。几何区域可以是圆柱形或球形,也可以是由某个单元集构成的。每个几何区域都有一个级别号。当两个区域相互覆盖时,它们的公共区域的初始值的定义以级别号较高的几何区域为准。利用若干不同级别号、不同形状的几何区域相互覆盖,可以构造出形状较为复杂的几何区域用于初始状态的定义。相同级别号的区域不能相互覆盖,否则会发生错误。

初始条件定义的步骤如图 3 – 38 所示。

图 3 – 38　初始条件定义步骤

欧拉域初始形状定义为球形,如图 3 – 39 所示。

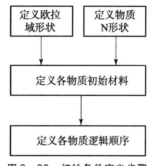

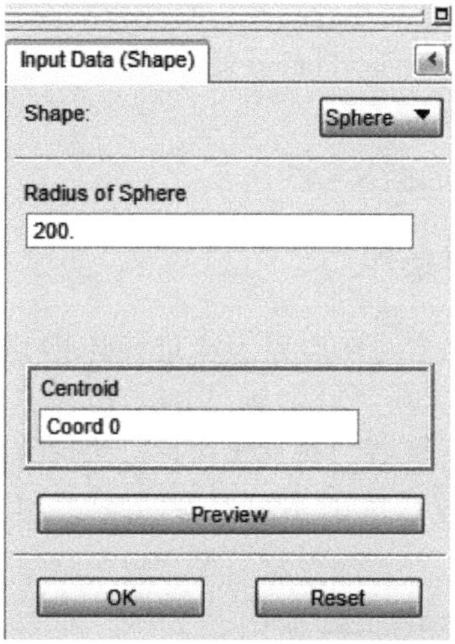

图 3 – 39　欧拉域初始形状定义

药罩初始形状由药罩表面 dummy shell 单元确定，药罩初始形状定义如图 3 - 40 所示。

壳体初始形状由壳体表面 dummy shell 单元确定，壳体初始形状定义如图 3 - 41 所示。

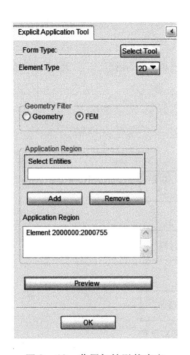

图 3 - 40　药罩初始形状定义

图 3 - 41　壳体初始形状定义

炸药初始形状由炸药表面 dummy shell 单元确定，炸药初始形状定义如图 3 - 42 所示。

各物质的逻辑顺序，如图 3 - 43 所示。

3.3.2.6　欧拉边界条件

流场边界条件定义欧拉网格边界上流进流出网格的材料的物理性质及其位置。在 MSC. Dytran 中，欧拉域的默认截断边界是对称边界条件，本项目采用 1/2 模型计算，也就是说，其 1/2 模型的对称面可以选用默认的边界条件。其余五个面，需要定义流出边界条件，否则会导致欧拉域内压力急剧增大。

欧拉域的边界条件如图 3 - 44 所示。

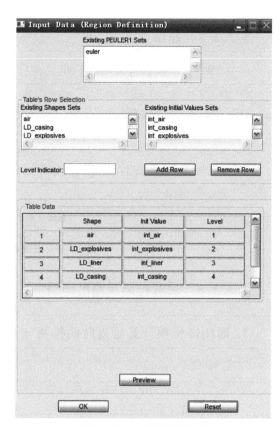

图 3 - 42 炸药初始形状定义　　　　　　图 3 - 43 各物质逻辑定义

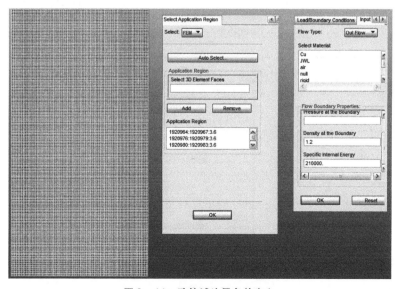

图 3 - 44 欧拉域边界条件定义

3.3.2.7　起爆点定义

具有 JWL 类型状态方程的欧拉单元在分析过程中会发生爆炸。模型中必须有一张 DETSPH 卡用于起爆点的定义（图 3 - 45）。爆炸波的波阵面是一个球形面。DETSPH 卡上定义起爆点的位置、起爆时间、爆炸波的传播速度。程序据此计算每个炸药单元的爆炸时间。不具有 JWL 型状态方程的单元不受影响。

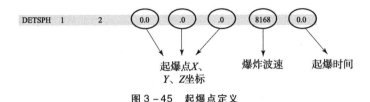

图 3 - 45　起爆点定义

3.3.2.8　求解控制及输出控制

1. 时间步长和计算结束时间控制

采用 MSC. Dytran 进行有限元分析，需要定义初始时间步长和最小时间步长，以及计算结束时间。计算成形过程时间为 $1.5\mathrm{e} - 4\mathrm{s}$。

时间步长和计算结束时间控制如图 3 - 46 所示。

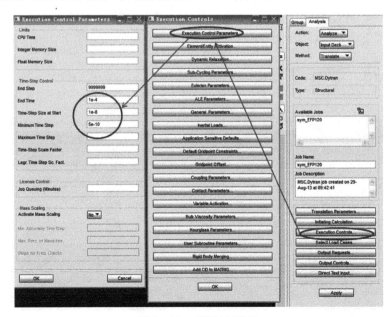

图 3 - 46　求解控制设置

2. 欧拉域内物质最大速度控制

欧拉域内物质最大速度控制如图 3 - 47 所示。

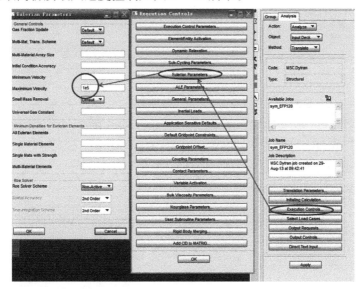

图 3 - 47　最大速度设置

3. 结果输出控制

结果输出控制，主要是方便客户定制需要的结果数据，包括动画、云图、曲线等。

结果输出控制如图 3 - 48 所示。

3.3.2.9　计算提交

在进行完前处理后，可以导出 MSC. Dytran 计算文件，并打开 MSC. Dytran 客户端提交作业，如图 3 - 49 所示。

3.3.2.10　计算结果

计算成形过程时间为 1.5e - 4s，计算费时为 3 374s。

计算显示，由于炸药底部中心点起爆，爆轰波以球形波的形式向外扩散，爆轰波首先轰击到药罩的底部中心点，药罩的中心首先被加速，紧跟着药罩的边缘也被加速，整个药罩被驱动沿轴向飞出，药罩在飞行过程中，由于中心先被加速，中心速度大于边缘，故药罩发生翻转，在继续飞行一段时间后，翻转完成，药罩以一种稳定的形态向前飞行。

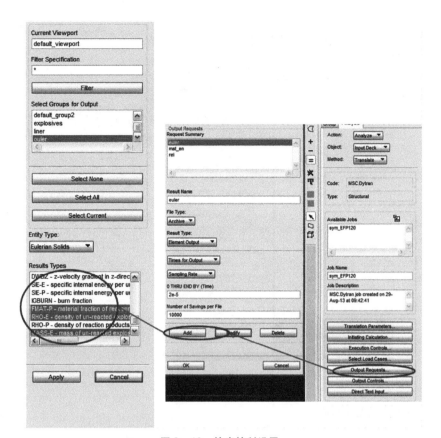

图 3 – 48　输出控制设置

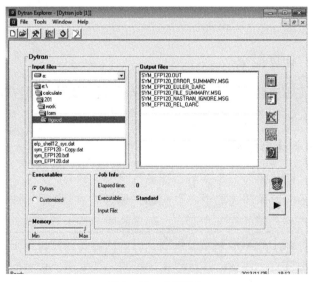

图 3 – 49　求解提交

药罩翻转成形连续过程如图 3 – 50 所示。

0 s

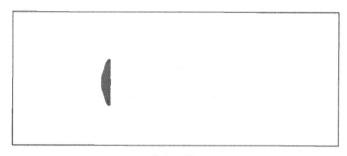

2. 4e – 5 s

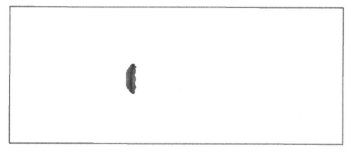

4. 8e – 5 s

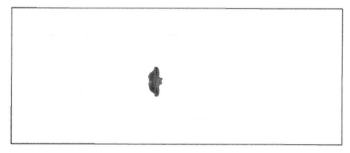

6. 0e – 5 s

图 3 – 50　弹丸成形过程

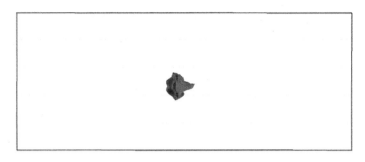

7.2e－5s

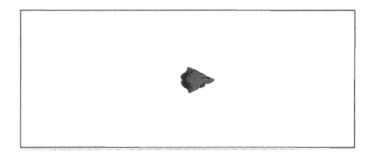

9.6e－5s

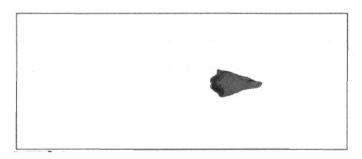

1.2e－4s

图 3-50　弹丸成形过程（续）

　　EFP 弹丸最终成形及尺寸如图 3－51
所示。

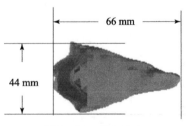

图 3-51　弹丸尺寸

　　药罩的中心首先被加速，紧跟着药罩的边缘也被加速，整个药罩被驱动沿轴向飞出。由于 EFP 弹丸采用欧拉法模拟，其弹丸翻转后的顶部物质在欧拉网格中不断运动，因此在取头部速度结果时需要先找到头部在哪个欧拉网格，然后再取出该网格的速度大小。另外，可以根据整个

EFP 弹丸的动能，计算得到其平均速度曲线。

EFP 弹丸头部速度曲线和平均速度曲线如图 3 – 52 所示。

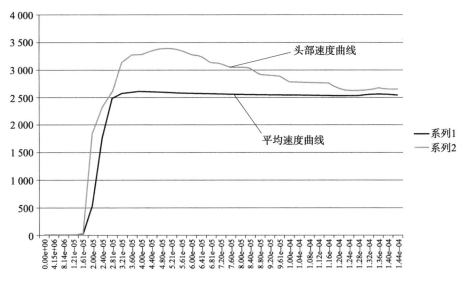

图 3 –52　弹丸速度时间历程曲线（见彩插）

3.3.2.11　小结

采用多物质欧拉法，对某型 EFP 地雷装药结构进行爆炸翻转成形过程模拟仿真，成形过程清晰。爆炸开始后，爆轰波首先轰击药罩底部，底部先被加速，在 3e – 5s 内加速到 3 450m/s 左右，然后药罩中心翻转。药罩边缘在爆轰波作用下也随即被加速，但由于药罩中心先加速，且速度高于药罩边缘，因此药罩整体被拉长，最终形成一个速度在 2 520m/s 的弹丸。弹丸尺寸宽度为 44mm，长度为 66mm，形状为不规则锥筒形。计算 EFP 弹丸头部速度和平均速度与实际及理论吻合良好。

┃3.4　信息性能仿真┃

3.4.1　信息性能仿真概述

信息系统仿真主要是通过构建整车总线网络的各个节点控制器仿真模型及负载模型，通过数据源软件模拟信息系统激励，对整车信息流程和综合控制逻辑进行仿真验证。

实时仿真系统由仿真配置与监控软件、各节点控制器仿真模型、负载模型、输入/输出接口系统等组成，如图3-53所示。

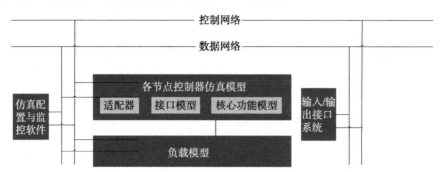

图3-53　实时仿真系统架构

各节点控制器仿真模型部署在仿真服务器中，仿真服务器一般采用高性能实时计算工作站，是整车各节点控制器仿真模型运行的平台，服务器中部署仿真模型以及模型通信适配器。各个控制节点的仿真模型包括控制器核心功能模型和适配器。控制器核心功能模型一般通过 Rhapsody 模型或 Simulink 模型构建，主要用来仿真控制器的运行逻辑和控制算法。其中适配器主要封装 DDS 和 CORBA 协议，实现数据交换和模型控制，按照控制器模型的不同种类分别封装 Rhapsody 模型、Simulink 模型、标准 C 语言模型。

仿真配置和监控软件主要完成对仿真模型的控制和监控，软件能够控制模型的工作状态，监控模型的内部变量，并可以导出模型框架，如图3-54所示。

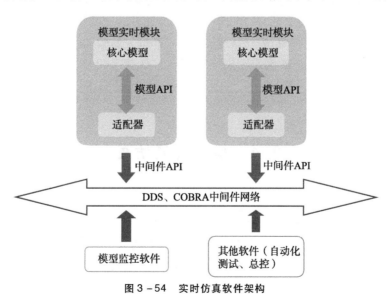

图3-54　实时仿真软件架构

实时仿真系统的仿真模型数据通过输入/输出接口系统实现与实装设备的对接，实现针对被测实装设备的动态测试。

3.4.2　信息系统的仿真模型

3.4.2.1　仿真模型架构

模型对外的数据接口通过数据共享区域实现，这部分数据共享区域由模型负责开辟和维护。在满足本规范要求的前提下，供应商可以选择其他的架构或实现方式。

在图 3-55 中，模型解算过程由模型自身维护，外围中间层程序（适配器）只对模型状态进行控制。适配器向模型的输入数据共享区输入模型所需的输入数据，从模型的输出数据共享区获取模型的输出数据；模型从其输入数据共享区获取输入数据，向输出数据共享区输出解算后的输出数据。这两块数据共享区属于模型，由模型负责开辟和维护。

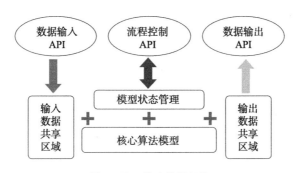

图 3-55　仿真模型架构

为区别周期性数据和触发性数据，模型需要在数据共享区域建立先入先出队列，使用 FIFO 机制来保证数据的完整性和可靠性。对于周期性数据，FIFO 深度为 1，只保留最新的数据；对于触发性数据，FIFO 深度视具体情况来确定，保证一定的数据生命周期。

在仿真过程中，外围中间层程序（适配器）会通过输入输出 API 访问数据共享区域的 FIFO，给模型解算提供必要的输入，获得模型解算的输出。外围中间层程序（适配器）访问 FIFO 的时间系统与模型解算的时间系统互相独立，只通过外部数据接口来交互，数据接口 API 负责保证数据的完整性。一般来说，外围中间层程序（适配器）访问数据共享区域的频率高于模型访问数据共享区域的频率。

3.4.2.2 核心功能模型

仿真模型要实现某个控制器节点的具体功能,除内部算法逻辑之外,还需要有对外数据接口的管理和仿真模型状态的管理。对外的数据接口和控制接口要发布出来,内部算法和逻辑可不必暴露,封装在内部。

模型的仿真节拍由模型内部自行控制,外部只控制初始化、运行、停止、冻结状态,并获取相关仿真数据。如果模型不部署在仿真服务器内,而是一个独立的节点,则基于 1588 协议通过以太网对各个仿真节点的系统时钟统一授时,保证整个仿真系统的时钟统一。

3.4.2.3 适配器

适配器是介于 DDS、COBAR 中间件网络和仿真模型之间的一层,实现模型数据收发、模型状态控制等具体功能。

适配器分为两部分:第一部分是使用 DDS、COBRA 中间件提供的 API 函数,实现数据收发与监控软件交互等具体功能;第二部分是根据不同模型的要求,使用封装好的 API 函数和模型按照建模规范提供的函数,实现模型解算、模型控制、模型间数据交换等功能。

适配器使用标准 C 语言编写,要实现的具体功能包括:
- 模型状态控制和监控;
- 模型工作模式控制;
- 模型初始化参数控制;
- 模型参数监控与调参;
- 模型内信号量监控;
- 模型间 ICD 数据收发与监控;
- 模型与 I/O 接口设备间 ICD 数据收发与监控;
- 模型间非 ICD 数据收发与监控。

3.4.2.4 接口模型

模型的数据接口分为三大类:

(1)战车行驶参数、系统状态等信号量数据接口,这些数据会在模型之间传递;

(2)ICD 数据接口,由 ICD 定义的模型之间的交互数据;

(3)模型参数接口,包括初始化参数、可调参数、不可调参数等,用于模型内部,可调参数对模型仿真解算产生影响。

信号量数据主要包括战车行驶参数、系统状态参数等仿真数据。仿真模型在一个头文件内，使用全局变量定义每个信号量数据，并为每个变量提供 get 函数和 set 函数，保证变量名称的唯一性。针对不同仿真模型供应商，需要各自填写一个 Excel 格式的文件，说明本模型使用到的信号量和具体描述。

1. 模型参数接口

模型参数分为可调参数、不可调参数、初始化参数三类：不可调参数在模型解算过程中不会更改，可调参数在解算过程中可以修改，初始化参数只在模型初始化过程中可以修改。参数初始化数据包括积分运算过程中的信号量初始值。

2. ICD 数据接口

ICD 数据来自 ICD 接口定义，每个系统收发的数据定义到一个头文件，其中总线数据头文件以结构体的方式定义数据结构，非总线数据以变量形式定义数据。

数据接口配置以 ICD 文件为基础，配合数据网络定义，导出可仿真的 Simulink 模型框架和 Rhapsody 模型框架。

（1）Simulink 模型框架。

Simulink 导出以 ICD 信息为基本输入，配合数据网络定义，导出可仿真的 Simulink 模型框架，包含各个 ICD 数据的 ID 定义。

Simulink 导出主要生成 ICD 打解包文件、将生成的打解包函数封装成 Simulink RTI 模块的 . m 文件以及 DDS 数据收发文件。

■ ICD 打解包文件。

ICD 数据打解包文件是以 pack、unpack 开头的 . cpp 文件，其中 pack 文件为打包函数，函数中将 ICD 数据进行打包，通过调用 DDS 的相应接口函数将数据发送到 DDS 网络中。

■ RTI 模块封装文件。

RTI 模块封装文件是以 . m 为后缀的文件，全称为 slblocks. m，文件中调用 Simulink 的函数，将打解包文件生成 Simulink 对应的打解包模块，生成时，在 Matlab 软件的控制台中输入 slblocks. m，按下回车键，由 Matlab 自动调用 . m 文件中的函数进行 RTI 模块的生成。

■ DDS 数据收发文件。

DDS 数据收发的文件包含 global_dds. h、global_dds. cpp 两个文件，这两个

文件根据 ICD 数据块的定义封装 DDS 数据收发函数，主要包括 DDS TOPIC 的初始化函数以及读写函数，如图 3 – 56 所示。

```
#include "HIL_inc.h"
#include "SIL_inc.h"

long initHIL_1_hil();

long writeHIL_1_hil(datarouter::HIL_msg msg);
long takeHIL_1_hil(int id, datarouter::HIL_msgSeq_out msgSeq);

long initSIL_1_sil();

long writeSIL_1_sil(datarouter::SIL_msg msg);
long takeSIL_1_sil(int id, datarouter::SIL_msgSeq_out msgSeq);
```

图 3 – 56　DDS TOPIC 初始化及读写函数

（2）Rhapsody 模型框架。

Rhapsody 导出以 ICD 信息为基本输入，配合数据网络定义，导出可仿真的 Rhapsody 模型框架，包含各个 ICD 数据的 ID 定义。

Rhapsody 导出主要生成 Rhapsody 模型下的 DD 包、ICD 包、Targert 包。

■ DD 包。

静态数据模块为 Rhapsody 下的 DD 包，DD 包下定义的系统与 ICD 中设备的定义相同。这些设备在 DD 包下都定义为 SysML 中的 Block，在每个系统中，包含所有 Block 的属性、内部函数、FlowPort 接口等内容。

在设备下的所有输出 Block 都对应 Rhapsody DD 包下 Attributes 下的一个节点，如图 3 – 57 所示。

DD 模型中的 FlowPort 描述了各子系统与其他系统间的通信接口，ADS 系统的 FlowPort 通信接口如图 3 – 58 所示。

■ ICD 包。

ICD 包主要包含各总线数据报文所对应的数据结构体和位域结构体的声明，以及对各 FlowPort 端口类型的声明。系统之间的数据传递主要靠 SysML 提供的 FlowPort 实现。

ICD 数据包括数据块和数据帧两部分，如图 3 – 59 所示。

在 ICD 包下为每一个总线块创建相应的事件，事件定义为以后状态图的搭建提供了 ICD 数据收发的各种触发事件，生成 FlowPort 端口类型，如图 3 – 60 和图 3 – 61 所示。

■ Target 包。

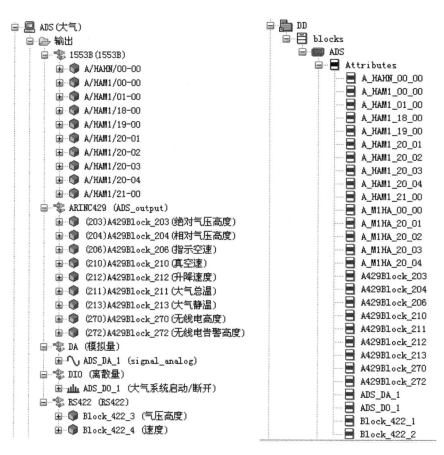

图 3 - 57　数据块与类属性

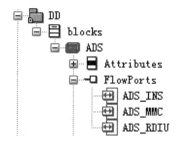

图 3 - 58　DD FlowPort 接口示意图

Target 包下是各个仿真节点的目标模型，每个节点各自实现了上述 DD 包下类的实例，具体内容如图 3 - 62 所示。

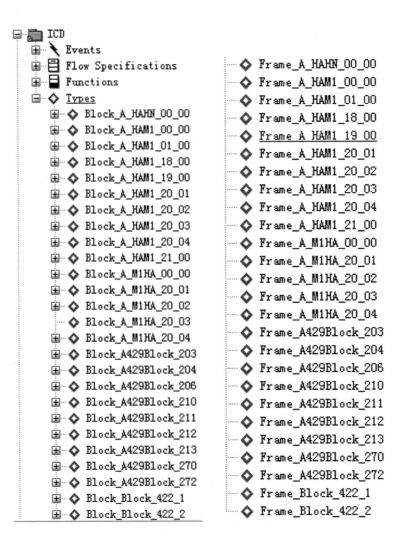

图 3 - 59　结构体数据类型示意图

图 3-60　数据块到事件示意图

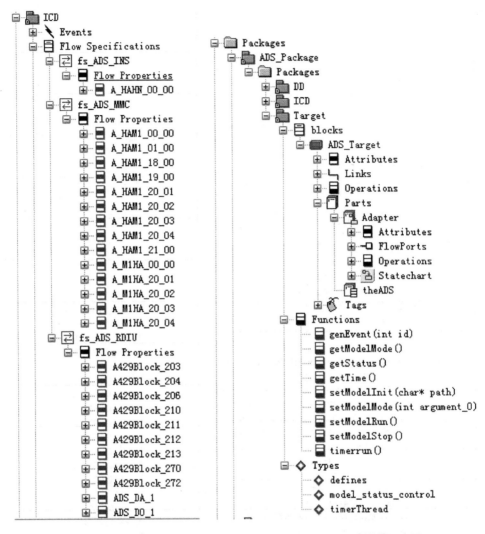

图3-61　子系统通信数据块示意图　　　　图3-62　Target包结构示意图

3.4.3　自动装弹信息流仿真

自动装弹机仿真模型采用 Rhapsody 建模工具进行设计，模型设计如下：

Attributes 包下定义了自动装弹机的所有输入和输出的 ICD 定义，作为模型属性可以在建模过程中作为变量进行赋值或者数值判定。

FlowPorts 包下定义了自动装弹机与其他设备模型之间的通信接口，约束了自动装弹机与其他设备模型之间交互的数据内容。

Operations 包中定义自动装弹机模型的对外收发函数以及触发模型运转的事件，每一条 ICD 定义对应一个事件函数。

Statechart 下是自动装弹机的逻辑模型，通过状态机来实现设备工作流模型的设计。

3.4.3.1　模型初始状态

自动装弹机模型的基本状态为"关机"和"开机"两个状态，"关机"为默认状态，如图 3 – 63 所示。

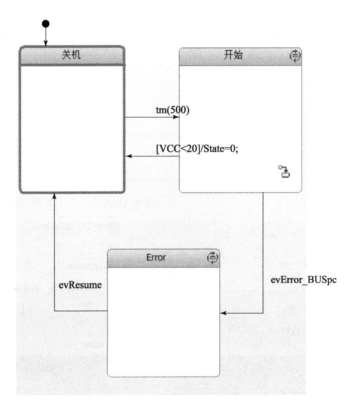

图 3 – 63　模型基本状态

3.4.3.2　控制命令

模型中设计与工作流程相关的事件，通过控制面板传输命令，控制模型的启动，模型中设置的触发事件如图 3 – 64 所示。

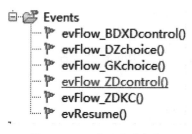

图 3 – 64 工作流启动命令

3.4.3.3 模型设计

在模型中，对每个工作流程的功能进行划分，如图 3 – 65 所示。

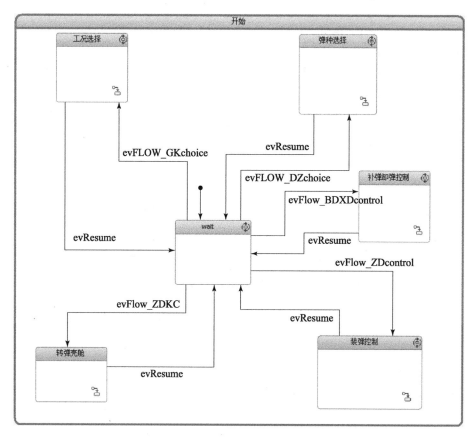

图 3 – 65 自动装弹机工作状态主页面

每个测试流程在开始状态时为一个主状态，该流程的控制逻辑在主状态内部实现，如工况选择的具体操作过程在"工况选择"状态内部运行，机制如图 3 – 66 所示。

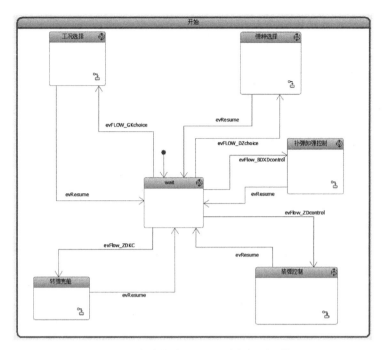

图 3 - 66　自动装弹机"工况选择"过程模型

在每个状态，模型将控制命令（ICD 数据）发送到其他设备，如工况选择过程中，自动装弹机将工况状态命令通过以太网报文发送到武器控制箱中，每个状态的命令发送操作如图 3 - 67 所示。

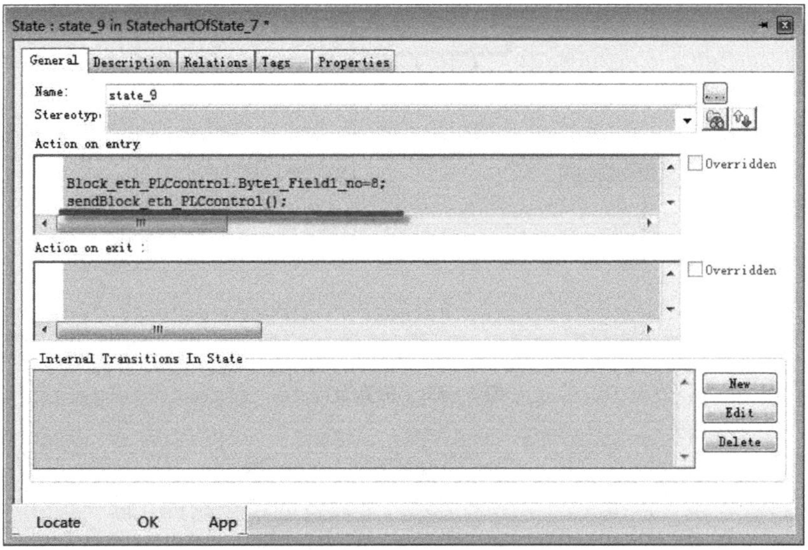

图 3 - 67　状态中的操作

所有设备的仿真模型都是按照上述机制进行搭建，具体的工作逻辑不再赘述。

3.4.3.4　模型运行

模型设计过程中，在搭建的同时可以对完成的模型进行仿真验证，保证模型的运行机制跟设计要求相匹配。模型的运行调试通过动画方式进行验证，仿真过程中，根据外部的控制命令和模型间的数据交互，各设备运行相应状态，每个设备的当前状态在状态图中高亮显示，如图 3 – 68 所示。

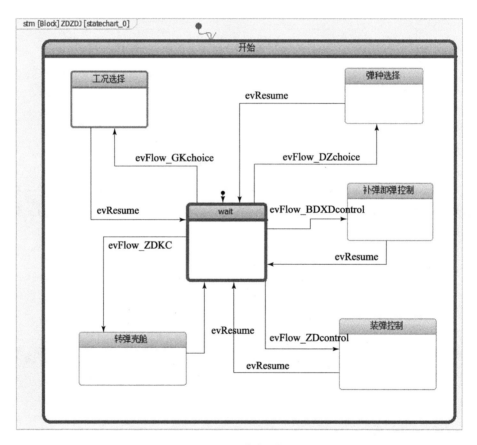

图 3 – 68　仿真运行

运行过程可以单步调试，也可以手动加入事件触发，实现对模型的驱动。仿真运行过程也可以通过顺序图来记录每个设备的工作流程，进一步分析模型是否正确，模型运行过程中的时序图如图 3 – 69 所示。

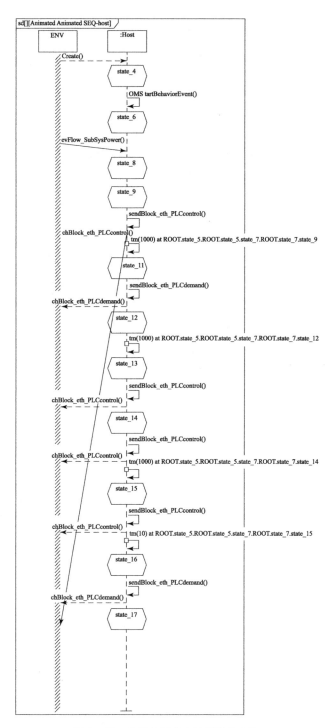

图 3－69 仿真过程的自动装弹信息流

通过动画方式和时序图配合，可实现对模型故障的定位和功能的验证，最终实现整个模型的开发设计。

模型设计完毕后，模型的控制命令可由控制面板输入，模型间的交互数据可通过仿真监控软件来观察，实现对设备的仿真。

|3.5 人机工效仿真|

3.5.1 人机工效仿真概述

产品的人机工程设计是考虑到未来用户的生理、心理因素，应用工效学的理论与方法去解决如何方便人的使用、降低其操作失误并提高整体工作效率的问题，以达到人与机器完美地结合。为实现这种目标，对产品的整个研制过程进行工效学设计与评价，已成为必然的技术途径。

虚拟现实技术发展迅速，传统的实物模型正越来越多地被数字模型所取代。因而，针对产品工效学设计与评价的特点，有关学者提出了"数字工效学"的概念，即借助计算机、信息处理和人体建模等技术，使产品的设计直接变为虚拟产品，通过虚拟的人机模型来完成相关工效分析、设计与评价。

3.5.2 人机系统建模

3.5.2.1 人体建模

一个完善的人体模型需要包含许多表达人体运动、生理和行为的模型，如人体几何模型、人体运动学模型、人体生理、心理疲劳模型等。就目前的研究水平，要想做到这些，还存在困难。一般根据创建实际应用的具体要求创建人体模型。目前人体模型已经在航空、航天、医学、艺术、体育等多个领域得到应用。工效研究用人体模型的基本要求如下：

（1）人体模型必须有精确而有效的人体测量学数据。对数据可以采用数据库系统管理，以满足人机工程学分析的需要。

（2）人体建模时，首先按研究需要将人体分成合理的节段；对骨骼形状、关节接触面进行简化时，必须能保证躯体之间、各阶段之间相互作用的正确性。

（3）利用计算机仿真及信息处理功能有效地显示人体模型的运动和操作等，并与真实人体的反应数据做对比，以提高人机工效分析能力。

（4）为模型的使用者提供良好的人机界面。操作过程应该直观，易于记忆，与习惯性作业经验相一致。

根据需要收集指定人群主要人体参数的测量数据，数据类型具体如表 3 – 3 所示。

表 3 – 3　人体参数测量数据

序号	项目	序号	项目
1	体重	29	最大体宽
2	身高	30	大转子点宽（肘关节点宽）
3	眼高	31	髋关节宽
4	耳屏点高	32	坐高
5	颏下点高	33	坐姿枕后点高
6	会阴高	34	坐姿颈椎点高
7	膝高	35	坐姿腰点高
8	胫骨点高	36	坐姿髋峰点高
9	肩高	37	坐姿肘高
10	桡骨点高（肘关节）	38	坐姿膝高
11	桡骨茎突高（腕关节）	39	小腿加足高
12	中指指尖点高	40	坐姿眼高
13	手功能高	41	坐姿胸上点高
14	髋峰高	42	肩峰肘距离
15	髂前上棘点高	43	两肘间宽
16	大转子点高（大腿根点）	44	坐姿臀宽
17	胸围	45	上肢前伸长
18	胸宽	46	上肢功能前伸长
19	胸厚	47	前臂加手前展长
20	腹厚	48	前臂加手功能前展长
21	上臂长	49	臀膝距
22	前臂长	50	坐深
23	大腿长	51	坐姿下肢长
24	小腿长	52	两膝宽
25	大腿宽	53	坐姿大腿厚
26	腿肚厚	54	头全高
27	两肘展开宽	55	头耳高
28	肩宽（坐姿）	56	头最大宽

续表

序号	项目	序号	项目
57	两耳外宽	63	手抓握径
58	两眼外宽	64	最大握径
59	瞳孔间距	65	足长
60	头最大长	66	足宽
61	手长	67	内踝高
62	手宽	68	外踝高

1. 数据处理

（1）按照数据类型及性别进行数据筛选，并剔除偏离较大的数据，为后续的统计计算提供数据基础（测量样本的数量影响该人群模型建立的准确性，样本数量越多，模型建立越准确，建议取样不少于 1 000 个），如图 3 – 70 所示。

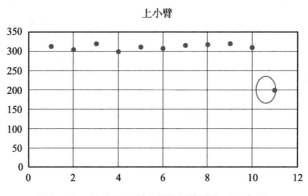

图 3 – 70　偏差不正常参数数据的剔除（示意图）

（2）人体关节与软件人体关节代码间的对应，见表 3 – 4、图 3 – 71。

表 3 – 4　参数名称与软件参数代号对应

参数名称	对应软件参数代号
腹部厚度（坐姿）	us2
肩峰高度（站姿）	us3
肩峰高度（坐姿）	us4
上臂长度	us5
脚踝周长	us6

续表

参数名称	对应软件参数代号
腋下高度	us7
……	……
耳屏点到头顶的距离	us255

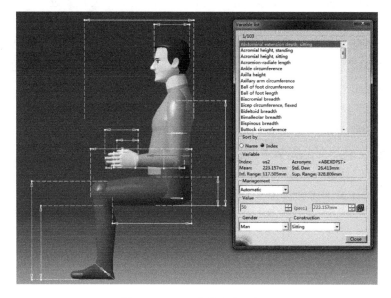

图 3 - 71　us2 关节位置示意图

2. 数值计算

（1）平均值计算：

平均值是全部被测样本数值的算术平均值，它是测量值分布最集中区，也代表一个被测群体区别于其他群体的独有特征。

假如有 n 个样本的测量值：x_1，x_2，x_3，$\cdots$，x_n，则平均值按下列公式计算：

$$\mu = \frac{x_1 + x_2 + \cdots + x_n}{n} = \frac{1}{n} \sum_{i=1}^{n} x$$

（2）标准差计算：

标准差表示被测样本的数值距离平均值的分布状况，标准差大，表示样本的数值分布广，远离平均值；标准差小，表示样本的数值分布较集中，接近平

均值。

对于平均值为 μ 的 n 个样本的测量值：x_1，x_2，x_3，$\cdots$，x_n，其标准差是：

$$\sigma = \sqrt{\frac{1}{n}\sum_{i=1}^{n}(x_i - \mu)^2}$$

（3）相关系数计算：

相关系数是度量各关节（变量）之间相关程度的指标，这里我们回归本源，介绍求解相关系数的基本方法，并说明如何应用相关系数进行一元线性回归分析。

为考察两个关节（变量）间的长度关系，我们可以描绘散点图（X_i，Y_i）。为描述这些散点，我们引入平均数点来确定这些散点的中心，通过标准差来描述散点的散布程度。

采用如下符号：

$\bar{x}$ 和 SD_X 分别代表 X 的平均数和标准差，$\bar{Y}$ 和 SD_Y 分别代表 Y 的平均数和标准差。r 表示变量 X 和 Y 的相关系数。

现在我们通过一个例子来了解求解相关系数的过程步骤：

[**例**]：计算下表数据中 X 和 Y 的相关系数 r。

X	Y
1	5
3	9
4	7
5	1
7	13

第一，将变量 X 的数据转换为标准单位值。先求出变量 X 的平均数和标准差，然后将每一 X 值减去平均数，并除以标准差，所得值即为对应 X 的标准单位值。

$$\bar{x} = 4，\quad \text{SD}_X = 2$$

第二，将变量 Y 的数据转换为标准单位值。先求出变量 Y 的平均数和标准差，然后将每一 Y 值减去平均数，并除以标准差，所得值即为对应 Y 的标准单位值；

$$\bar{Y} = 7，\quad \text{SD}_Y = 4$$

第三，求出对应的 X 和 Y 的标准单位值乘积，见表 3 – 5。

表 3 – 5　X 和 Y 的标准单位值乘积

X	Y	以标准单位表示的 X	以标准单位表示的 Y	标准单位值乘积
1	5	– 1.5	– 0.5	0.75
3	9	– 0.5	0.5	– 0.25
4	7	0.0	0.0	0.00
5	1	0.5	– 1.5	– 0.75
7	13	1.5	1.5	2.25

第四，求出标准单位值乘积的平均数，此平均数即是变量 X 和 Y 的相关系数。

$$r = (0.75 - 0.25 + 0.00 - 0.75 + 2.25)/5 = 0.40$$

用相关系数估计每个 X 值所对应的 Y 值的方法就是回归方法。X 每增加 1 个 SD_X，平均而言，相应的 Y 增加 r 个 SD_Y。

设一元线性回归方程为：$Y = bX + a$

则这里：

$$\begin{cases} b = r \times \dfrac{\text{SD}_Y}{\text{SD}_X} \\ a = \bar{Y} - b \times \bar{X} \end{cases}$$

注：该值范围为（– 1 ~ 1）

第五，依照上述方法求出所有人体两关节间的相关性。

3. 建立人体模型库文件

人体模型文件由许多数据段构成，每一个段必须以一个关键字开头，并且以一个关键字结尾。一个段的结尾关键字是下一个段的开头关键字，最终以关键字 END 结束。关键字必须区分大小写，注释以"!"开头。

人体模型文件最多可以包含四个段，用到以下关键字：

- ◆ MEAN_STDEV M
- ◆ MEAN_STDEV F
- ◆ CORR M
- ◆ CORR F

（1）所有的段都是可选择的，MEAN_STDEV 段必须出现在 CORR 段之前，一个关键字在同一个人体模型文件中不能出现两次以上。

（2）在 MEAN_STDEV 段中，用户可以提供反映研究人群的每一个尺寸的测量数值（平均数和标准差），每个条目必须有一行，并且每个条目必须以如下方式描述一个变量：＜variable＞＜mean＞＜stddev＞中，＜variable＞是变量的引用代码，＜mean＞是变量的平均数，＜stddev＞是变量定义的标准差值。

（3）在 CORR 段中，用户可以提供任意两个变量之间的相互关联的数值，两个变量之间的相关性被定义为在 −1.0～1.0 之间的实数。它表示了两个变量之间的相关依赖性，相关绝对值越高，变量之间的依赖性就越大。在定义相关性的时候，每个条目必须有一行，并且每个条目必须描述一对变量之间的相关性。

（4）＜variable1＞＜variable2＞＜correlation＞中，＜variable1＞是变量 1 的引用代码，＜variable2＞是变量 2 的引用代码；＜correlation＞是两个变量之间的相关值，变量 1 的引用代码必须比变量 2 的引用代码小；人体模型文件中所有的长度值用厘米做单位，所有的质量值用千克做单位。

（5）最终文件按照图 3 − 72 所示形式将计算所得数据填写在对应的位置。

```
! This is a sample population file

MEAN_STDEV M
us100           177.0           6.0

MEAN_STDEV F
US100           164.0           6.0

CORR M
us2             us125           0.772
us2             us127           0.470
us63            us77            0.288
us63            us81            0.309
us63            us82            0.288

CORR F
us2             us125           0.744
us2             us127           0.386
us63            us77            0.231
us63            us81            0.320
us63            us82            0.313

END
```

图 3 −72　人体库文件格式

（6）该文件以 sws 后缀保存。

4. 人体模型库在软件中的应用及模型建立

在 DELMIA 软件配置界面下，进行装甲兵人体参数文件添加操作，如图 3 − 73 所示。

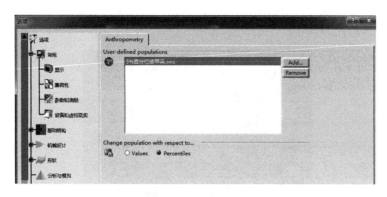

图 3 - 73　DELMIA 人体参数文件配置界面

（1）基于新建人体库人体的建立。

打开 DELMIA 软件，进入人体模型创建工作台，创建相应百分位符合该人群参数的人体模型，如图 3 - 74 所示。

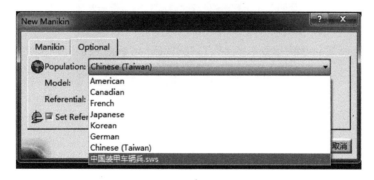

图 3 - 74　选择相应人群

（2）定义人体百分位及人体创建位置（产品树），如图 3 - 75 所示。

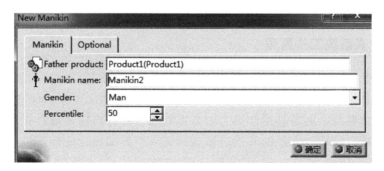

图 3 - 75　定义人体百分位

（3）单击"确定"按钮，创建人体模型，如图 3 - 76 所示。

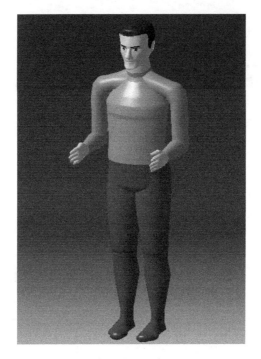

图 3 - 76　人体模型效果图

3.5.2.2　系统建模

在虚拟操作环境中，乘员进行一系列的操作，乘员各部位的运动角度、角加速度、位移、活动范围等相关的数据，通过捕捉摄像头记录下来，为今后舱室人机环设计提供具体数据。

1. 仿真系统工作原理

整个仿真过程是，人员在光学捕捉系统有效的捕捉范围内，通过捕捉摄像头对各种操作姿态进行捕捉，利用 Haption 软件驱动在 Delmia 软件平台上的虚拟人体模型，而各种操作姿态的数据则通过分析软件来进行相关数据的输出和分析，使设计人员能够通过数据验证人机界面设计的合理性，同时操作人员的负荷程度可以通过在每分钟的各部位活动参数反映出来，如图 3 - 77 所示。

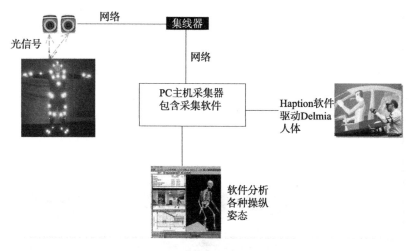

图 3-77　工作原理图

2. 搭建虚拟操作环境

为了全方位地捕捉到乘员操纵车辆的姿态和各种角度，在规定的范围内，布置了 13 台光学摄像头，可以从不同的角度来捕捉乘员的一系列操作姿态。

在系统初始化时使用 T 型校准工具进行静态校准，将 T 型校准杆摆放在光学摄像头捕捉范围的正中间，以校准每个光学摄像头的焦距，同时校正摄像机的区域和捕捉区域的三维坐标，以及检查捕捉范围内是否有杂点和反光点；随后进行动态校准，由人员穿上运动捕捉服并贴上一定数量的 Marker 点，以动态校准每个光学摄像头的焦距。通过静态和动态校准出来的反光点和杂点，在软件平台上摒除掉，因为只有将反光点和杂点排除后，才能保证捕捉到的 Marker 点坐标有效。在调整焦距的同时，也要调整捕捉摄像头的角度和高度，以保证能够全方位地捕捉到乘员各个部位的活动姿势。

在进行系统校正、数据库配置后，就可以开始对人员的操作姿态进行捕捉了。

3. 虚拟人体模型构建

在捕捉范围内，人员通过粘贴 Marker 点来反映操作动作。Marker 点是一种表面有反光材质的球状物体，由摄像头发出的红光打到反光球表面上时，反光球会反射同样波长的红光给摄像头，从而捕捉摄像头可以确定每个反光球的 2D 坐标，经过动作捕捉系统 Vicon 控制软件的处理便可以得到它的 3D 坐标。

Vicon 软件通常以四个 Marker 点为一组构建一个人体部位，这就需要操作

人员准确地在乘员身上贴上 Marker 点，并且保证两个 Marker 点之间不能靠得太近，以避免在做弯曲动作时，两个 Marker 点重合使之不能准确地捕捉其二维坐标。

在仿真设计中，需要将人体放到操作空间内进行设计及验证，这就需要驱动通过 Vicon 动作捕捉系统构建的人体模型，使其与虚拟平台中的人体模型实时互动。RTI Delmia 软件就是动作捕捉系统和仿真软件之间的桥梁，它将真实的人体操作动作与虚拟操作动作充分地结合起来，如图 3 - 78 所示。

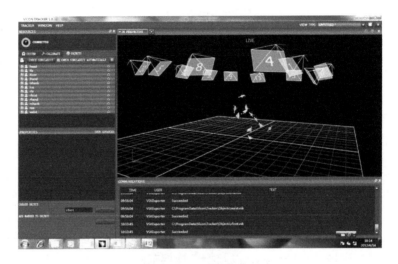

图 3 - 78　人体构建

4. 乘员操作仿真

在进行仿真的准备过程中，首先，在 Delmia 软件平台上选用与真实乘员人体参数相符合的虚拟人体，作为模拟人员；其次，将 Marker 点准确地贴在真实的人员身体上，并确定在各部位如手臂、腿部弯曲时 Marker 点不会重合；最后，检查捕捉区域内无反光点和杂点，并校准捕捉镜头的焦距。在整个仿真过程中，除 Marker 点外不能出现其他反光点，所以采用的实体没有反光材质。

试验中，对乘员操作方向盘、换挡手柄、油门踏板和开关按钮等部件进行操作仿真模拟，通过光学摄像头记录下乘员在虚拟空间中操作这些部件时的各种姿态，并在 Delmia 软件平台上生成仿真视频。设计人员将通过乘员的模拟操作过程，直观地检查乘员操作过程中是否会出现干涉。

5．数据分析

数据分析软件用于处理分析捕捉操作姿态所采集的数据。主要的过程分为导入数据、分项数据视图、建立骨膜、数据分析报告模板、生成分析报告。与捕捉仿真软件不同的是，分析软件需要在人体上重新粘贴 Marker 点，因为 Marker 点数量与捕捉时的要求更严格，数量比做仿真时的要少，粘贴的位置要更加准确。

乘员在搭建的半实物操作环境中进行正常操作，系统软件对所产生的数据进行实时记录，通过对各个部位的角度、角加速度等参数的分析，对设计方案提出合理的修改建议。这些数据反映出了乘员在操作过程中，人机界面是否符合人机工效学的要求，而生成的分析报告可以为今后的人机界面的设计提供数据支撑，如图 3 - 79 所示。

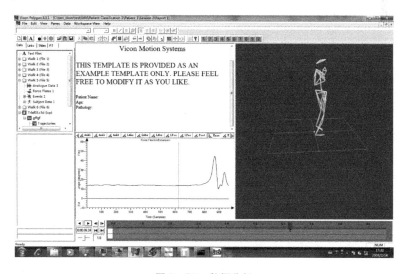

图 3 - 79　数据分析

通过仿真所记录下人体各部位操作时所产生的角加速度、范围及位移等相关数据，在经过整理及分析后，为分析、设计、优化、更改和评价验证车辆人机界面、人机交互界面提供了数据支撑，使人机界面更能符合不同百分位的乘员操作和持久操作。

3.5.3　人机系统仿真与评估

对车辆舱室人机环境的分析评价，主要是对乘载员的舒适性、可达性和可视性等方面进行分析，以得出人机界面和人机交互设计是否符合人机环要求。

（1）舒适性分析，主要是利用 RULA 分析法进行评价。RULA 系统分析包括以下几个条件：运动次数、静态下人体肌肉的负荷、力量、工作姿势、无冲击下的工作频率，所有因素结合起来提供一个最终的得分，来描述人体工作姿势的舒适度。RULA 分析法主要是通过判定被分析姿态的肩部、上臂、前臂、腕部、颈部、脊柱和腿部等各个关节扭转和旋转角度是否符合人的生理特性，并结合动作的运动频率，最后根据一套优化权重的评价体系得出相应的得分，根据不同的分数段来分析乘员操作姿态的舒适性。

（2）可达性分析，人体以肩关节为中心，手臂旋转所形成的空间，即为人体左右手的可达范围。对乘员可达性分析主要是计算出驾驶员、车长和炮长左右手所能触及范围包络形成的三维立体曲面，利用手部的包络空间，来分析和评价乘员操纵装置的安装位置是否合理。

（3）可视性分析，人体的视野范围根据要求进行界定，通过乘员双眼观察车外不同距离目标的视野范围，不仅可以直观地看到乘员的视野效果，并可以通过计算得到乘员的观察盲区，以此来分析评价不同百分位乘员的视野范围。

（4）空间舒适性，将舱室内部的尺寸、不同百分位人体参数、人体功能修正量、座椅 H 点的高度等相关因素结合起来，对乘员的实际操作空间的大小是否使乘员感到舒适进行分析。

（5）人机系统评估与优化，对人机系统的设计进行评价和优化，主要考虑以下约束条件：

- 干涉距离，是指在舱室布局中台位之间的空间位置不能发生干涉的情况，因而干涉距离是一种硬约束，是必须满足的条件之一，属于前述约束条件中的位置约束，可在布局优化建模时以约束条件的表达方式进行刻画。

- 容器约束，是指在舱室布局中考虑台位的布置应在舱室容器的范围内，不能超越舱室容器的边界，因而容器约束是一种硬约束，是必须满足的条件之一，属于前述约束条件中的几何约束，可在布局优化建模时以约束条件的表达方式进行刻画。

- 干扰距离，是指在舱室布局中显控台与座椅之间对干扰有要求的距离，即有的台位需要进行精细的作业加工任务，因而要求与其他台位保持一定的间距。干扰距离是一种软约束，属于前述约束条件中的目标约束，可在布局优化建模时以目标函数的表达方式进行刻画。

- 活动空间，是指在舱室布局中考虑作业人员休息活动的空间，由于舱室的空间和台位的空间已经给定，则剩余空间也是一定的，其中有些位置和空间是作业人员能活动的中心区域。活动空间是一种软约束，属于前述约束条件

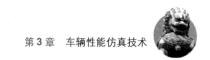

中的目标约束，可在布局优化建模时以目标函数的表达方式进行刻画。

- 显控台与座椅的距离，是指在舱室布局中考虑到作业人员在完成人机交互时可具有良好的可达性和可视性，这就要求显控台与座椅的距离选取恰当使其既要满足作业人员在座椅上即可对显控台进行交互操作，又要满足显示屏正好落入作业人员的最佳视域之中。显控台与座椅的距离是一种软约束，可应用仿真软件，建立不同百分位的人体模型，并对其在数字仿真模型中的可达域和可视域进行工效学分析，对不同方案进行评价。

第 4 章

多学科联合仿真技术

| 4.1　机电液联合仿真（系统仿真）技术 |

如何围绕产品性能整体优化来提高整体性能？如何把各个专业设计的知识工具手段和数据集成起来，促进整体设计性能水平的提高？从 20 世纪 90 年代中后期到现在，利用多学科设计优化真正地促进产品性能提高的要求已经摆在了我们面前。

现代产品的研发流程是多人团队、多学科领域的协同设计过程。在产品开发过程中，无论是系统级的方案原理设计，还是部件级的详细参数规格设计，都涉及多个不同的子系统和相关学科领域，这些子系统都有自己特定的功能和独特的设计方法，而各子系统之间则具有交互耦合作用，共同组成完整的功能系统。

在机械系统计算机数值仿真领域，随着虚拟样机技术及其应用的进一步深入，研究对象（机械系统）的规模和复杂程度也在迅速增加，多学科交叉融合作用和动力学问题日益突出，以往采用单一 CAE 软件的分析方法，已经难以适应研究对象的发展需要。多学科和多软件平台协同建模和仿真分析技术，成为影响虚拟样机技术进一步发展和推广应用，解决现代机械一系列瓶颈问题的关键技术。对于复杂机械系统仿真分析，还需要三维几何建模、结构分析、驱动系统建模和仿真、模型分析和试验验证技术、控制系统设计、最优化分析等相关技术的支持，如图 4 - 1 所示。对于动力学仿真、三维 CAD、结构分析、驱动系统（如热力过程、流体力学、液压气动等）仿真分析、控制系统设计等，目前均有各种商业 CAD/CAE 软件可以选用，但是尚没有一个软件可以同时满足虚拟样机所有相关技术的建模和仿真需要。解决方法之一是研究各种软件的功能特点及其接口技术，实现多种软件的协同分析。

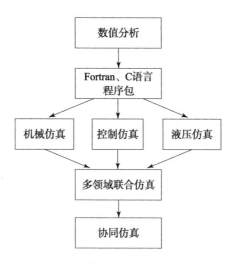

图 4 - 1　计算机仿真应用的发展趋势

计算机仿真技术早期在机电系统中的应用主要是以 Fortran 语言、C 语言程序包的形式出现，进行一些系统性能的计算，后来随着这些程序包的不断完善，在不同领域逐渐形成了一批商用软件，在运动学和动力学特性计算方面，有美国的 MSC/ADAMS、韩国的 RecurDyn、德国的 Simpack 等；非线性变形分析有美国的 ANSYS、MSC/NASTRAN 等；液压与控制方面有法国的 Amesim 等；控制领域有美国的 Matlab 等；计算流体动力学有 FLUENT、STARCD 等。随着各学科领域的不断发展、交叉，如动力学领域的计算机仿真同时还希望能考虑柔性体的变形，动力学领域的仿真与控制程序的开发同时进行等，这些需求促进了上述商用软件功能互补的多领域联合仿真技术，多领域联合仿真技术已成为计算机仿真技术在机电产品中应用的发展趋势之一。

目前，协同仿真更多地处于概念研究阶段，离实用还有一段距离，这是因为开发同一模型应用于不同领域的商用软件并不容易，即使是三维 CAD 模型应用不同领域的计算也需要设计人员进行大量的修改工作，另外受商用软件功能的限制，还只能做到机械、控制、液压等少数领域的联合仿真。

|4.2 联合仿真的主要方式|

1. 模型转换式（Model Transfer）

模型转换式的原理如图 4 - 2 所示。其主要原理是将其中一个工具的模型转化为特定格式的包含模型信息的数据文件，供另一个工具中的模型调用，从而实现信息交互。典型的数据格式如用于刚弹耦合分析的模态中性文件（mnf），包含采用 [M]、[K]、[x] 和振型矩阵表示的弹性体信息；用于控制机构一体化仿真以及其他仿真的动态链接库文件（dll），该文件中包含采用变量表示的函数信息。

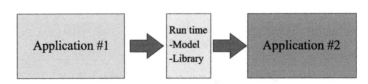

图 4 - 2　模型转化式的基本原理

模型转化式的典型应用有：控制、电液与机构一体化仿真（如飞机操纵面），有限元与多体机构（如刚弹耦合机械系统），等等。这种方式的特点在于求解速度快，对系统资源占用较少，稳定性好，并且模型建立后便于重复使用，而局限则在于需要定义特定数据格式的文件，通用性稍差。如：

－将 MSC. EASY5 所建立的控制与多学科系统导入 MSC. ADAMS；

－MSC. EASY5 模型作为一套 GSE 方程加入 MSC. ADAMS（dll 动态链接库形式引入）；

－MSC. ADAMS 求解器积分计算所有的模型；

－在 MSC. ADAMS 中对控制系统性能进行评估，采用此种方式，可以在控制系统预置参数的情况下研究整个模型的性能，进行统一的试验设计和参数优化。

2. 联合仿真式（Co - Simulation）

联合仿真式是目前较为通用，也是使用最多的一种数据交换方式，其数据交换原理如图 4 - 3 所示，两个不同仿真工具之间通过 TCP/IP 等方式实现数据

图 4 - 3 联合仿真式的基本原理

交换和调用。

当两个不同仿真工具之间通过联合仿真方式建立连接后，其中一者所包含的模型可以将自己计算的结果作为系统输入指令传递给另一者所建立的模型，这种指令包括力、力矩、驱动等典型信号，后者的模型在该指令的作用下所产生的响应量，如位移、速度、加速度等，又可以反馈给前者的模型，这样，模型信息和仿真数据就可以在两者之间双向传递。

联合仿真方式的典型应用有：多体动力学与控制系统（如车辆控制）、结构与气动载荷（如飞行动力学分析）等。这是一种最为容易建立和实现的集成仿真方式，具有很强的普适性，但局限在于难以处理刚性系统，对系统资源占用较多，某些情况可能速度较慢。

－由 MSC. EASY5 和 MSC. ADAMS 求解器求解各自的模型；

－在设定时间步进行数据通信。

3. 求解器集成式（Solver Convergence）

求解器集成式的基本原理是实现两个不同工具之间的求解器代码集成，从而实现在其中一个仿真环境中对另一个仿真工具的求解器调用，如图 4 - 4 所示。

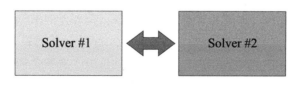

图 4 - 4 求解器集成式的基本原理

求解器集成式的典型应用有：带有屈曲等材料非线性问题的大型结构模型，带有流固耦合、冲击等几何非线性问题的大型结构问题等。这种方式的优势在于可以方便有效地运用多种学科领域的求解技术，便于用户直接使用现有模型，而局限在于模型中的某些因素如单元类型、函数形式等在某些情况下需要重新定义，同时软件的开发和升级周期较长。

|4.3 动力学模型与控制系统模型联合仿真案例分析|

现代坦克对稳定射击能力提出了较高的要求，而以往对车辆火力性能的研究，一般是将振动与冲击模型、火炮射击与稳定模型等各自相对孤立起来，按单一且相当简化的数学模型求解，但实际上车辆各相对独立的系统存在着相互耦合关系，例如火炮射击模型所给定的后坐阻力，显然是振动与冲击模型的输入激励条件，而车辆振动与冲击模型给定的车体状态又将成为火炮跟踪、瞄准、射击模型的干扰激励。坦克炮控系统是一个复杂的机、电混合系统，采用传统的单学科仿真模型难以精确地反映系统工作过程中路面激励、座圈间隙、执行机构传动间隙等对系统性能的影响。上述类似多学科耦合问题将对射击精度产生重要影响，制约着坦克行进间射击车速的提高。

为了更精确、有效地反映炮控系统的运行状态，本节将建立一个较为通用的整车动力学模型，集成履带车辆动力学模型、炮控系统模型、悬架模型，随机路面等子模型，基于动力学模型与控制系统模型的协同仿真技术对不同路面、车速工况下的炮控系统稳定精度展开研究。

4.3.1 整车模型的组成

建立的整车模型包含以下部分车体、炮塔体模型、行动系统模型、悬架模型、炮控系统模型以及路面模型，如图 4-5 为所建整车模型示意图。

在上述车辆系统子模型中，含有质量特性参量：包括车辆战斗全重，悬挂部分、火炮起落部分、炮塔的质量和转动惯量；含有几何学/运动学特性参量：包括车辆质心、长、宽、高尺寸，车轮间距、车轮（负重轮、主动轮、诱导轮、托带轮）直径、火炮火线高、炮耳轴几何位置、身管几何结构等；含有子结构的特性参量：包括悬挂装置弹性和阻尼特性、车轮弹性特性等。

4.3.2 路面激励与履带车辆模型

1. 路面模型

本节采用 FFT 逆变换方法基于 GB 7031—86 建立随机路面谱，履带车辆经常实验的野外路面相当于该标准中的 F 级路面，对于 F 级路面 $G_q(n_0)$ 的几何平均值为 $6.5536 \times 10^{-2} \mathrm{m}^3$，路面不平度均方根值的几何平均值为 121.80mm。

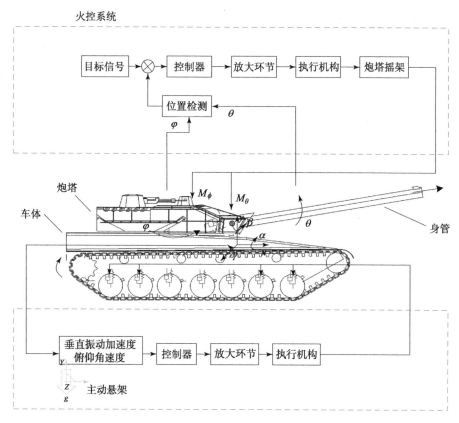

图 4 - 5　整车模型示意图

本仿真中采用 D、E、F 级路面作为路面输入激励。图 4 - 6 为 D、E、F 级路面高度沿路面长度变化曲线。

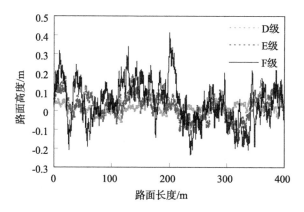

图 4 - 6　随机路面高度沿路面长度方向变化曲线（见彩插）

2. 履带车辆模型

本节基于多体动力学建立履带车辆模型，考虑悬架的刚度和阻尼特性，其他车辆部件如车身，负重轮，履带等均简化为集中质量的刚体，采用上述简化建立的某型履带车辆多体动力学模型如图4-7所示。整车模型主要包含车身、行动、炮塔等，行动部分由诱导轮、负重轮、主动轮、托带轮、履带组成。各履带板之间通过销套弹性连接，车身具有6个自由度，炮塔与车身通过座圈连接，火炮绕耳轴旋转，整车共有1 034个自由度。

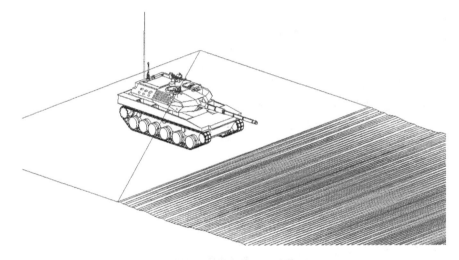

图4-7　履带车辆动力学模型

上述行动系统模型考虑负重轮、诱导轮、托带轮、履带板挂胶的影响，扭杆的弹性特性采用旋转弹簧的弹性特性来模拟，履带板之间采用销连接，销与销耳之间的橡胶衬套均有三个方向的压缩刚度和三个方向的扭转刚度，橡胶衬套同时还具有阻尼特性、主动轮与履带的啮合、诱导轮与履带的相互作用、托带轮与履带的作用、负重轮与履带的相互作用以及履带与地面的相互作用，采用以下接触关系描述

$$f_n = k\delta^{m_1} + c\frac{\dot{\delta}}{|\dot{\delta}|}|\dot{\delta}|^{m_2}\delta^{m_3}$$

式中，f_n为接触压力；k为接触刚度；c为接触阻尼。本模型中所有接触过程的摩擦力均采用以下公式确定，其中摩擦系数与相对速度的非线性关系采用试验确定。

$$f_f = \mu(v)f_n$$

4.3.3　炮控系统模型

炮控系统模型作用对象为旋转的炮塔以及火炮的起落部分，炮塔用座圈轴承安装在车体上，起落部分用摇架安装在炮塔上，后坐部分相对于摇架沿轴向运动。如图 4 – 8 为垂直向稳定装置示意图。

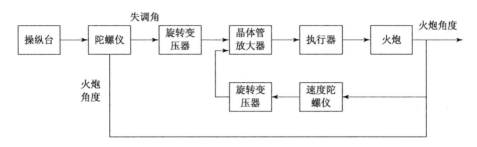

图 4 – 8　垂直向稳定装置结构框图

对于火炮的垂直向运动

$$I_g \ddot{\varphi}_g = - N_g \dot{\varphi}_g - K_g(\varphi_g - \varphi_0) + M_p$$

式中，I_g 为火炮起落部分转动惯量，φ_g 为火炮绕耳轴转动角度，M_p 为摩擦力矩，N_g、K_g 分别为角速度和角度反馈增益。

对于炮塔的水平向运动

$$I_t \ddot{\varphi}_t = - N_t \dot{\varphi}_t - K_t(\varphi_t - \varphi_1) + M_f$$

式中，I_t 为炮塔水平转动惯量；φ_t 为炮塔转动角度；M_f 为摩擦力矩；N_t、K_t 分别为角速度和角度反馈增益。

4.3.4　协同仿真方法及计算结果

通过多体动力学建模软件 RecurDyn 与控制系统建模软件 Matlab/Simulink 的接口实现履带车辆动力学模型与炮控系统模型的协同仿真，在炮控系统模型中将控制策略计算出的控制力矩送至履带车辆模型，而履带车辆模型则将每个求解步长上的炮塔和身管的角速度送至炮控系统模型，图 4 – 9 为所建立的履带车辆与炮控系统的协同仿真模型。

图 4 – 10 给出了车速 30km/h，D、E、F 级路面激励下采用上述协同仿真模型的计算结果，图 4 – 11 给出了 F 级路面激励，车速分别为 20、30、40km/h 的计算结果。从图 4 – 10 可以看出从 D 级到 F 级路面，随着路面激励幅值的加大，炮控系统的稳定精度也逐渐降低。从图 4 – 11 可以看出，随着车速的升高，路面的激励频率也随之升高，炮控系统的稳定精度有所降低，但降低的趋势不如路面幅值的影响明显。

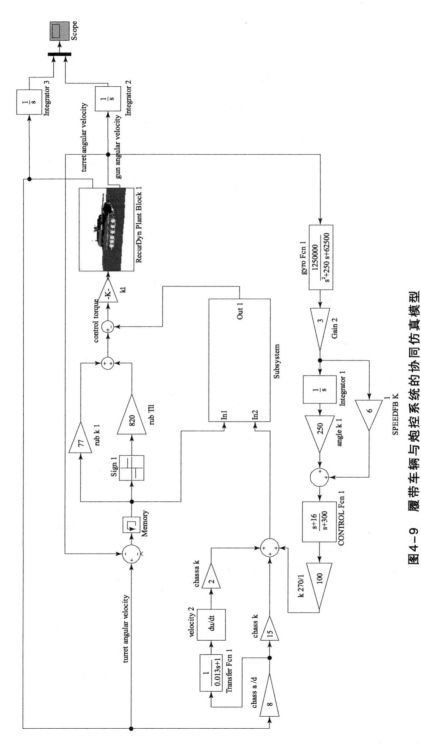

图 4－9　履带车辆与炮控系统的协同仿真模型

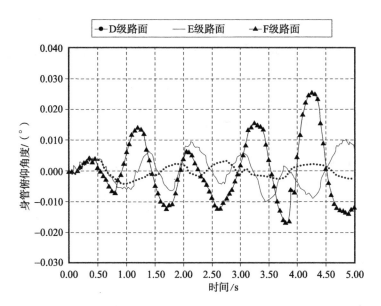

图 4 - 10　身管俯仰角度（车速 30 km · h^{-1}）

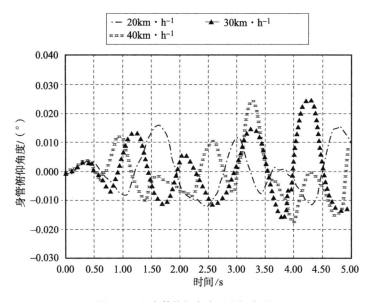

图 4 - 11　身管俯仰角度（F 级路面）

|4.4 刚柔联合仿真技术案例分析|

4.4.1 车体三维几何模型的建立

1. 简化模型

由于建立车辆刚柔混合模型需要多种软件的分工协调，因此模型在多种软件之间的成功传递成为分析成功进行的重要前提。这里所说的车体三维几何模型就是指能在三种软件之间传递的模型。

车体的原始模型具有详细的特征描述。其中一些特征，如车尾上斜角、内部的梁、车底的一些倒圆角面虽然较好地描述了车体的形状特征，但是不利于被多种软件识别，需要在 Pro/E 中对这些特征做适当的简化。另外还有一些特征属于附加特征（如安装车灯的凹槽），删去之后不会影响分析的精度，却能减少不必要的计算量。

由于车体内部的梁是细长薄壁件，在有限元软件中不便于对梁实体直接划分网格，这里暂将其特征删除，只保留车壳模型。对车壳模型做如下简化：删除车尾上斜角、车灯安装凹槽、射击孔、车底凸起倒圆角。简化后的车壳模型如图 4 – 12 所示，其底部经简化后用线框显示，如图 4 – 13 所示。

图 4 – 12　简化车壳模型

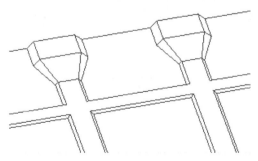

图 4 – 13　车壳底部简化后的线框模型

2. 制作车壳的中面模型

由于车壳属于薄壁实体，在 ANSYS 当中如果对其直接进行网格划分，则会划分过多的单元，导致分析模型过大。况且对于复杂的三维模型，网格划分一直是 ANSYS 的弱点。对于大型薄壁件，一般会先将薄壁件抽取中面，生成薄壁件的中面模型。中面模型导入 ANSYS 后，再使用壳单元依次对每个面进行离散，而最终形成整个部件的有限元模型。这种方法通过分别对模型的每一个面进行网格划分完成了整个模型的网格划分，避免了对复杂几何模型进行整体网格划分。需要指出的是，在 ANSYS 中可以对壳单元赋予不同的厚度，以适应原实体模型中壁不同的厚度。

进入 Pro/Mechanica，点击右侧工具栏上的 图标，出现 MIDDLEFACES 对话框，选择 Auto Detect&Compress&Shells only&IGES，表示 Pro/Mechanica 将抽取薄壁件的中面建立车壳的曲面模型，如图 4 - 14 所示。

图 4 - 14　中面抽取菜单

抽取中面后的车壳中面模型如图 4 - 15 所示，将中面模型保存为 IGES 格式。

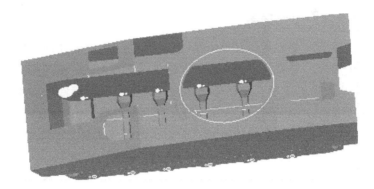

图 4 - 15　车壳中面模型

4.4.2　车体有限元模型的建立及其振动特性分析

1. 模型导入有限元软件并修改

将生成的 IGES 文件导入 ANSYS 中，选择 File > Import > IGES，出现 Import IGES File 对话框，如图 4 - 16 所示。

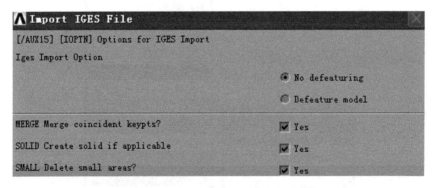

图 4 - 16　输入 IGES 对话框

单击"OK"按钮，选择所生成的 IGES 文件，在 ANSYS 中显示出所生成的中面模型，如图 4 - 17 所示。

可以看到导入的为车壳的面模型，要进行车体有限元模型的振动特性分析，显然还需要加入梁的有限元模型。在 ANSYS 当中，梁的位置可以先用直线来标示，再使用梁单元对直线进行网格划分，来模拟梁的实体。需要指出的是，ANSYS 允许对梁单元定义不同的截面形状来满足模拟不同截面实体梁的需要。用线把梁标示完毕后车体的线框模型如图 4 - 18 所示。

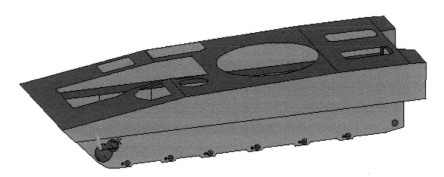

图 4 - 17 中面模型在 ANSYS 中的显示

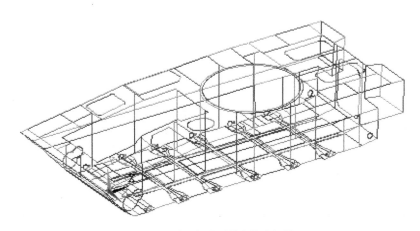

图 4 - 18 建立好线后的车体线框模型

下面以一个简单例子来说明梁位置的确定及划分。先进行材料属性、单元类型、实体常数的定义。

- 定义单元类型：Preprocessor/Element Type/Add；
- 材料属性：Preprocessor/Material Props/Material Library；
- 实体常数：Preprocessor/Real Constants/Add。

原始平面如图 4 - 19（a）所示，首先用 WorkPlane 下的 Offset WP by Increments 调整工作平面的位置，使工作平面垂直于梁所在的平面，然后用 Modeling -> Operate -> Booleans -> Divide -> Area by WorkPlane 命令分割该平面，分割后的平面如图 4 - 19（b）所示。

单击 Preprocessor/Section/Beam/Common Section 定义梁的截面属性，如

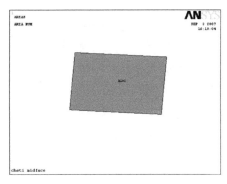
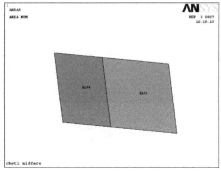

（a）　　　　　　　　　　　　　　　　（b）

图 4 - 19　划线举例

（a）原始平面；（b）分割平面

图 4 - 20 所示。在 Name 中输入截面的名称，Sub - Type 中选择截面的形状并输入截面形状尺寸 W1，W2，W3，t1，t2，t3。

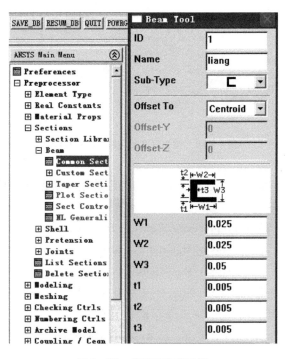

图 4 - 20　梁截面形状设置

在 Preprocessor/Meshing/Mesh Tool 的 Size Controls 中 Line/Set 定义梁的单元份数，单击 Set 后先选择要分割的梁，然后输入单元大小或单元份数，最后单击 "OK" 按钮。

单击 Element Attributes 选择线、单击 Set 出现图 4 – 21 的梁属性设置对话框，选择截面名称、单元类型，选择方向点选项设置为 YES，最后单击 "OK" 按钮，出现选择方向点菜单，选择一个方向点，单击 "OK" 按钮。方向点最好选择该线所在面上的一个点。

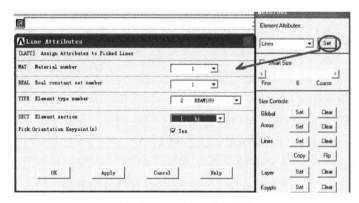

图 4 – 21　为梁分配单元属性

最后用 Preprocessor/Meshing/Mesh Tool 中的线划分方式进行网格划分。网格划分后，打开 Plot Ctrls –> Style –> Size and Shape 中的 Display of element 选项。这时模型如图 4 – 22 所示。

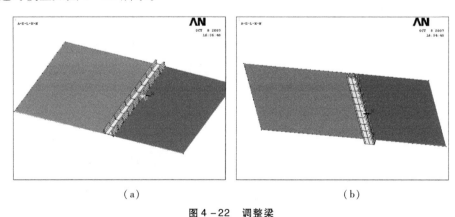

（a）　　　　　　　　　　　　　　　（b）

图 4 – 22　调整梁

（a）划分后的梁；（b）位置调整后的梁

在图 4 – 23 中将 Offset To 设置为 Location，然后在 Offset – Y 和 Offset – Z 中输入数值来调整梁的位置，最后完成的模型如图 4 – 22（b）所示。

车体内除了贴在车壁上的梁之外还有一种竖直梁用来加强车辆强度，这种梁一般与车体在上下有两个接触的节点，为了使车体上的力能够传递到梁上，这两个节点必须存在于车体上下的两个面上，而点的存在依赖线、线的存在依赖面，所以要产生两个节点就必须先在面上划分线，再在线上划分点。最后用线连接生成的这两个节点。（网格划分过程同上）

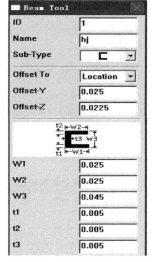

图 4 - 23　调整梁位置

2. 划分网格

梁单元选择 BEAM188，有两个原因：其一，它是众多梁单元中可以由用户定义截面的两种梁单元之一（BEAM188 和 BEAM189）；其二，它是两种单元当中唯一能为 RecurDyn 所识别的梁单元。梁单元选择后就可以确定壳单元选择 SHELL63 了。同时还要添加 MASS21 单元，这个单元在对扭杆安装孔中心点进行网格划分时用得到。

添加单元类型，选择 File > Element Type > Add Element Type，出现如图 4 - 24 所示对话框，选择 Beam > 2 node188，选择 Mass > 3 D mass 21，继续添加选择 Shell > Elastic4 node63，添加完成后单元类型如图 4 - 25 所示。

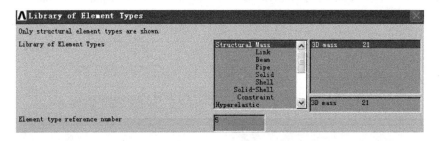

图 4 - 24　添加单元类型对话框

添加材料属性，Utility Menu > Preprocessor > Material Properties > Material Models，选择 Structural > Linear > Elastic > Isotropic，出现如图 4 - 26 所示对话框，其参数设置如图 4 - 27 所示。

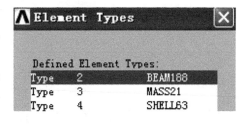

图 4 - 25　添加完成后的单元类型对话框

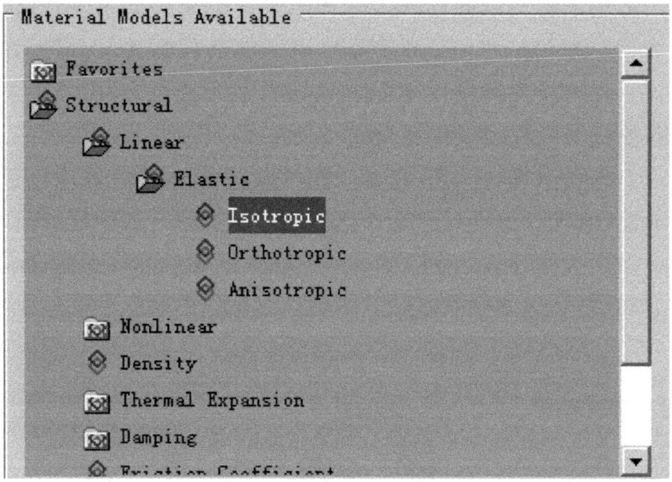

图 4 - 26　材料属性设置路径

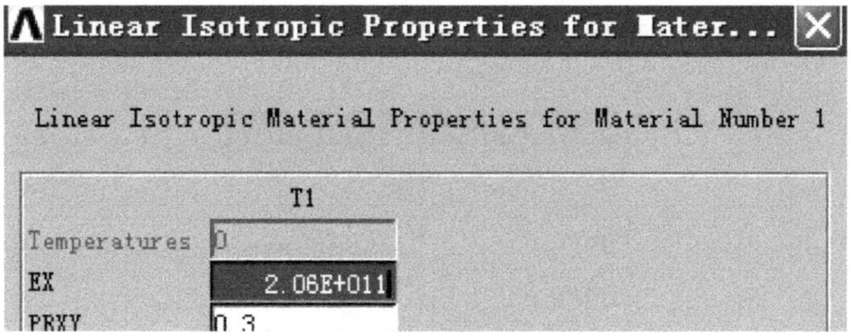

图 4 - 27　材料属性设置对话框

要分析部件的振动特性，还必须添加材料的密度，材料密度设置如图 4 - 28 所示。

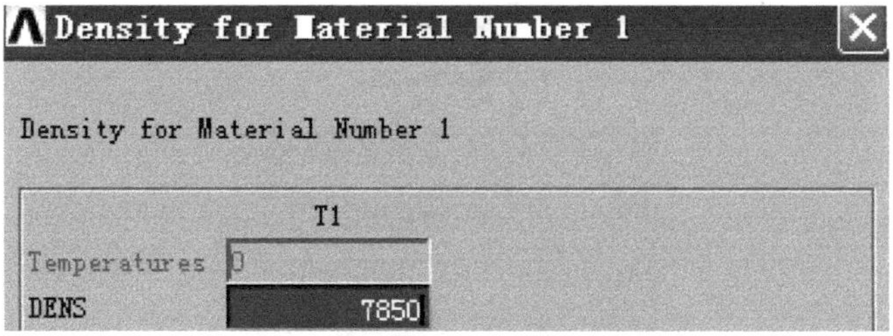

图 4 - 28　材料密度设置对话框

ANSYS 中 BEAM188 梁单元有多种截面形状可供用户选择，根据实体中梁截面的形状，这里选择其中的三种类型，如图 4 - 29 所示。图中第一个截面的形状是凹槽状，用来定义截面形状为凹槽的梁，车体内部大多数梁的截面都是这种形状。第二个截面是"O"形截面，用来定义截面为"O"形的梁，车体内部炮塔安装下端的起支撑作用的五根竖梁的截面就是"O"形。车体底板尾端与后舱门钢板相交处焊接梁的截面即为图中第三种形状。三种基本形状类型选择完成之后，再根据车体内部梁尺寸的不同进行定义。其中：定义了 13 种尺寸大小的凹槽型截面，1 种尺寸大小的"O"形截面，1 种尺寸大小的第三种截面。具体操作，选择 main menu > preprocessor > sections > beam > common sections，定义截面形状如图 4 – 30 所示，图中数据都来自车体的 Pro/E 模型原型。

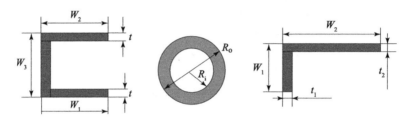

图 4 – 29　所选择的三种梁单元截面

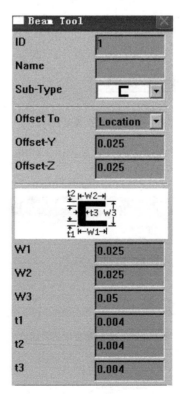

图 4 – 30　截面形状定义对话框

截面形状定义完毕后，就可以对模型中代表梁的直线进行划分网格了。这一步要先于对面的网格划分，否则不能成功划分。划分时，单击 Main Menu > Preprocessor > Mesh > Mesh Tool，出现 Mesh Tool 对话框，选择其中 Element Attributes > Set，出现网格划分属性设置对话框，如图 4 – 31 所示。Element type number 选择 BEAM188，Material number 和 Real constant set number 选项按照默认，Section number 则根据所定义的形状编号来选择。

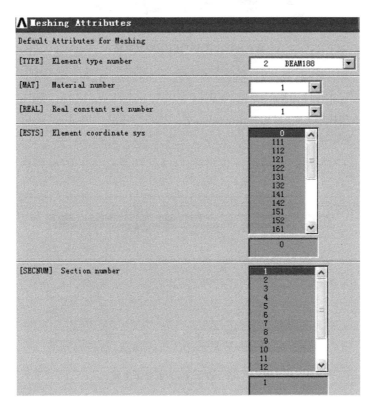

图 4 – 31　设置梁网格属性对话框

车体内的梁网格划分完成后模型如图 4 – 32 所示。

梁划分网格后，就可以对面进行网格划分了，使用 shell 单元对面进行网格划分。划分前需要先设置三个实常数，单击 Main Menu > Preprocessor > Real Constants > Add/Delete/Edit 出现实常数设置对话框，并做如图 4 – 33 所示设置，表示 Shell 的厚度为 0.006m（第一个实常数，序号 1），同样设置其他两个实常数，厚度分别设置为 0.008m（第二个实常数，序号 2）和 0.012m（第三个实常数，序号 3）。划分网格时，单击 Main Menu > Preprocessor > Mesh >

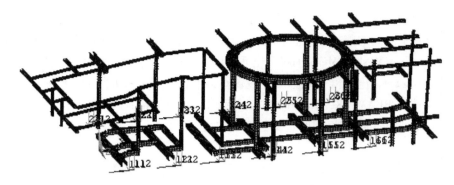

图 4 – 32   车体内的梁划分网格

Mesh Tool，出现 Mesh Tool 对话框，选择其中 Element Attributes > Set，同样出现如图 4 – 34 网格划分属性设置对话框，设置面的网格属性。如 Element type number 选择 SHELL63，Material number 按照默认设置，Real constant set number 选择 1，2，3 中的一个，具体根据壁的实际厚度来选择。衬套部分是先在车体上划分出相应的平面，然后选择实常数 4，5（即厚度为 0.07m 和 0.076m）进行网格划分。

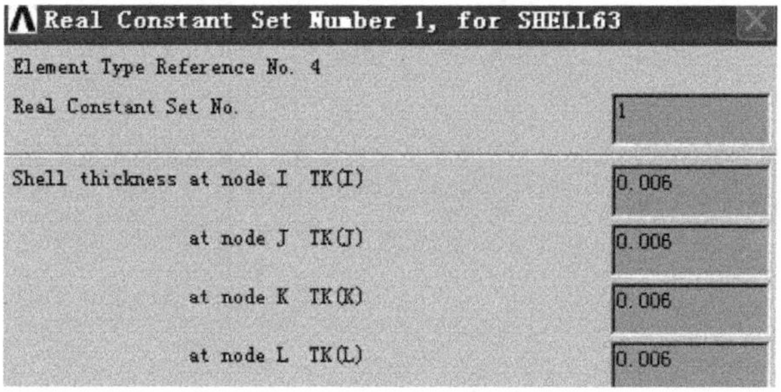

Real Constant Set Number 1, for SHELL63

Element Type Reference No. 4
Real Constant Set No.   1

Shell thickness at node I TK(I)   0.006

                   at node J TK(J)   0.006

                   at node K TK(K)   0.006

                   at node L TK(L)   0.006

图 4 – 33   设置 shell 单元实常数

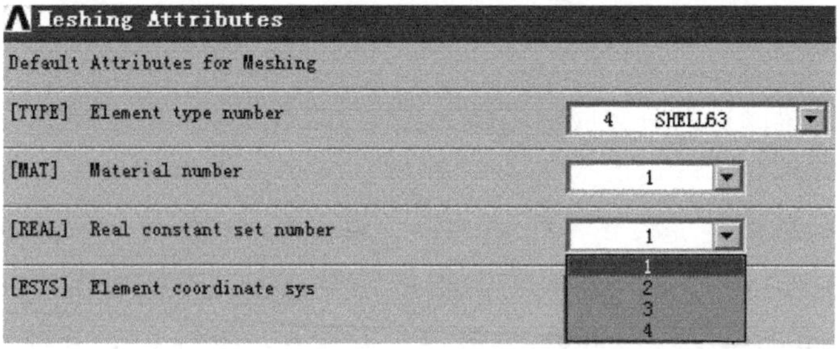

Meshing Attributes

Default Attributes for Meshing

[TYPE] Element type number   4   SHELL63

[MAT]   Material number   1

[REAL] Real constant set number   1

[ESYS] Element coordinate sys   1
                                                                          2
                                                                          3
                                                                          4

图 4 – 34   设置面网格属性

面网格划分完成后，整个车体网格如图 4 – 35 所示，其中车体地面局部网格如图 4 – 36 所示。

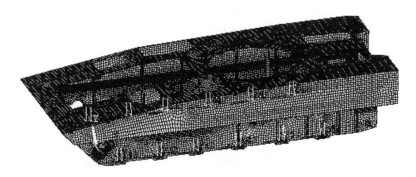

图 4 – 35　车体网格

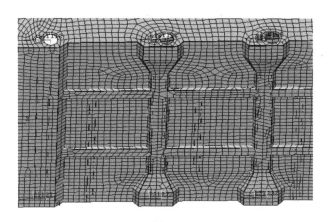

图 4 – 36　车体底端前部网格

下面添加第二种实常数，选择 Main Menu > Preprocessor > Real Constants > Add/Edit/Delete，出现对话框，选择 MASS21 单元，做如图 4 – 37 所示设置（第四个实常数，序号 4），表示 MASS21 单元在 y 方向有 0.01kg 的质量，虽然这个数值对整体分析的影响很小，但它是使用 MASS21 单元必须定义的。

对扭杆安装孔中心的关键点进行网格划分，网格划分属性设置如同前述，不同的只是网格类型选择为 MASS21，Real constant set number 选择 4。对中心点划分完之后，就可以建立刚性区域了。选择 Main Menu > Preprocessor > Coupling > Rigid Region，出现两次拾取节点的对话框，第一次要求拾取主节点，表示位移是由此节点传递给其他节点的；第二次要求拾取从节点，表示这些节点跟随主节点在随后选取的自由度上移动。

两处刚性区域的设置如图 4 – 38 所示。

Λ**Real Constant Set Number 4, for MASS21**

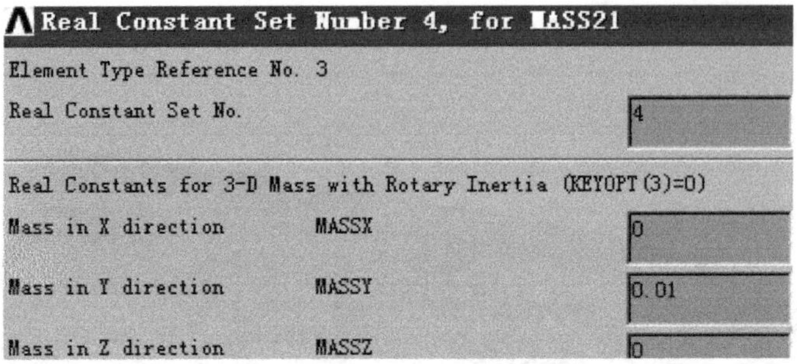

Element Type Reference No. 3

Real Constant Set No.   4

Real Constants for 3-D Mass with Rotary Inertia (KEYOPT(3)=0)

Mass in X direction   MASSX   0

Mass in Y direction   MASSY   0.01

Mass in Z direction   MASSZ   0

图 4-37　MASS21 单元实常数设置

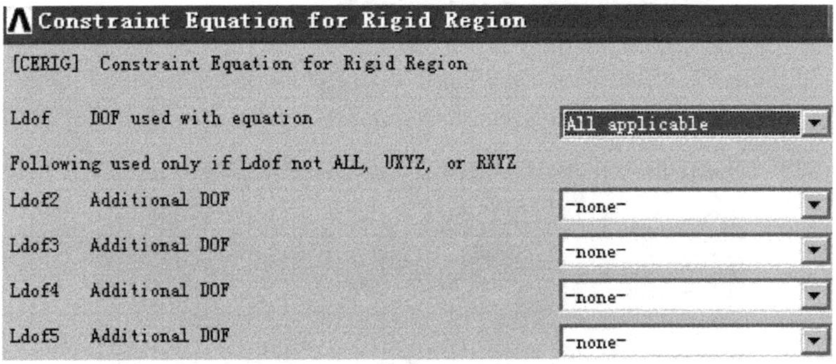

Λ**Constraint Equation for Rigid Region**

[CERIG] Constraint Equation for Rigid Region

Ldof   DOF used with equation   All applicable ▼

Following used only if Ldof not ALL, UXYZ, or RXYZ

Ldof2   Additional DOF   -none- ▼

Ldof3   Additional DOF   -none- ▼

Ldof4   Additional DOF   -none- ▼

Ldof5   Additional DOF   -none- ▼

图 4-38　端刚性区域设置

建立完成后，扭杆安装部位如图 4-39 所示，用同样的方法为其他机组扭杆安装部位添加刚性区域。

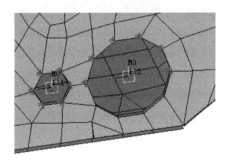

图 4-39　扭杆安装部位

3. 车体模态分析

模态分析是研究结构动力特性的一种近代方法，是系统辨别方法在工程振动领域中的应用。模态是机械结构的固有振动特性，每一个模态具有特定的固有频率、阻尼比和模态振型。振动模态是弹性结构固有的、整体的特性。根据结构的主要模态特性，可以估计结构在外部或内部的各种振源作用下的振动响应情况。因此，模态分析是结构动态分析与设计的重要方法。

模态分析的首要任务是求出系统的各阶模态参数，例如系统的固有频率和振型、模态质量或模态刚度等。一个具有 N 个自由度的线性振动系统，若不计阻尼的影响，则其自由振动的运动微分方程的一般形式可以表示为：

$$[m]\{\ddot{x}\} + [k]\{\dot{x}\} = \{0\} \qquad (4-1)$$

设方程的解具有简谐运动形式，即：

$$\{\dot{x}\} = \{\ddot{x}\} e^{j\omega t} \qquad (4-2)$$

式中，$\{\ddot{x}\}$ 的元素代表各点的振幅，代入式（4-2）即得：

$$([k] - \omega^2[m])\{\ddot{x}\} = \{0\} \qquad (4-3)$$

此方程具有非零解的唯一条件是：其位移阻抗矩阵 $\{Z\} = [k] - \omega^2[m]$ 的行列式等于零，即：

$$|[k] - \omega^2[m]| = 0 \qquad (4-4)$$

$[m]$ 和 $[k]$ 皆为正定矩阵时，将式（4-4）展开后，可求 N 个特征值 ω_r^2（$r = 1, 2, 3, \cdots, N$），其平方根 ω_r 即为系统的固有频率，按大小顺序排列：

$$\omega_1 < \omega_2 < \cdots < \omega_N \qquad (4-5)$$

分别称为 1 阶、2 阶，$\cdots$，N 阶固有频率。

将每个特征值 ω_r^2 代入式（4-5），均可求得一个对应的特征向量 $\{\phi\}_r$，它满足：

$$([k] - \omega^2[m])\{\phi\}_r = \{0\}, r = 1, 2, \cdots, N \qquad (4-6)$$

这个向量即为系统的特征向量，也就是模态或振形，因为它是系统模态振动的变形形状。

模态分析包括无约束条件下模态分析和约束模态分析。无约束模态分析即在不施加任何约束条件下的模态分析。模态分析时，模态提取的阶数太少则仿真分析时不能很好地反映车体的应力、应变情况，太多则会增加仿真的计算量，本节研究中提取无约束模态阶数为 25 阶。

无约束模态描述了结构的固有振动特性，但不能反映与外界交互作用时结构的振动情况。约束模态则逐个对结构接口边界某一自由度施加单位位移，而其他接口边界自由度固定，得到了和接口边界自由度数目相等的静模态。约束模态囊括了接口边界自由度运动的所有可能情形，对分析与外界交互作用时结构的振动有重要作用。

具体来说约束模态阶数的多少取决于前面所指定的接口节点的数目。AN-SYS 会固定某一个接口节点的某个自由度，同时放松该接口节点的其他自由度和其他所有接口节点的所有自由度，在此条件下得到部件的静态振型即为约束

模态的一阶模态。分析完之后，再固定这一接口节点的另外一个自由度，同时放松该接口节点的其他自由度和其他所有接口节点的所有自由度，进行分析。如此，一直把所有接口节点的所有自由度都分析完毕，这实际上将接口节点所有可能的约束方式都作为一种可能来进行分析。因此约束模态的阶数就等于所有节点自由度的总和。对车体共定义了 24 个接口节点，约束模态的模态阶数就为 144 阶（每个接口节点分析 6 次，一共 24 个接口节点就分析 144 次）。

在无约束模态分析的模态阶数和接口节点指定完毕之后，运行 ANSYS 与 RecurDyn 的接口文件，我们对构件进行无约束模态分析，然后对结构进行约束模态分析。分析完成后生成了包含所分析部件的材料特性（＊.mp）、单元矩阵信息（＊.emat）、模态分析结果信息（＊.rst）和接口节点（＊.cm）等信息的文件。

● 自由状态振动特性分析的设置：

选择 Utility Menu > Parameter > Scalar Parameter，在 Selection 一栏输入 NMODES = 25，单击 Accept，输入的式子便出现在 Items 一栏，表示为车体自由状态设置的分析模态数是 25 阶。

● 非自由状态振动特性分析的设置：

选择 Select > Component Manager > Create Component，对话框做如图 4 - 40 所示设置，表示开始定义一组接口节点。单击 "OK" 按钮之后出现选择接口节点拾取对话框，选中 24 个扭杆安装部位孔中心处的节点，再单击 "OK" 按钮之后，出现如图 4 - 41 所示的对话框，表示接口节点设置完毕，接口节点的数目也显示了出来。

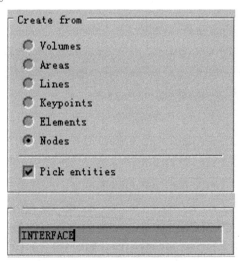

图 4 - 40　接口节点组的定义

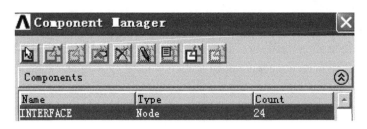

图 4 - 41 接口节点的设置

接口节点设置完成后，ANSYS 在随后的分析当中会固定某一接口节点的某个自由度，同时放松该接口节点的其他自由度和其他所有接口节点的所有自由度；分析完之后，再固定这一接口节点的另外一个自由度，同时放松该接口节点的其他自由度和其他所有接口节点的所有自由度，按照同样的方法一直把所有接口节点的所有自由度都分析完毕。所以，如果定义了 24 个接口节点，就会产生非自由状态的模态 144 阶（每个接口节点分析 6 次，一共 24 个接口节点就分析 144 次）。

由上可知，自由状态和非自由状态的模态数一共是 169 阶，设置完之后就可以进行分析了。

运行 RecurDyn 的宏文件，宏文件会告诉 ANSYS 如何分析部件的振动特性，上述所作的自由状态和非自由状态的设置都会被宏文件所识别。选择 File > Read input form > C：\Program Files > Founctionbay > Toolkits > ANSYS > RecurDyn_9.0.MAC，开始分析，如图 4 - 42 所示。

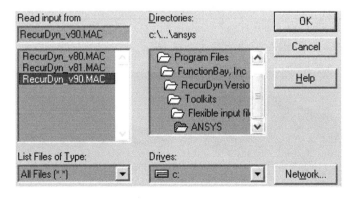

图 4 - 42 Read input from 对话框

分析完毕之后，所在文件夹将会生成四个文件，它们的后缀名分别为 emat、cm、mp 和 rst，包括了所分析部件的材料特性、单元矩阵信息、振型、

频率和模态等信息。

无约束模态分析中，车体结构的前 6 阶模态为刚性位移模态，即结构出现整体位移，而不是某一局部的振动变形，这时前 6 阶模态频率接近于 0Hz。从第 7 阶模态开始才出现结构局部的振动变形，车体模态 7 到 36 阶频率如表 4 - 1 所示。

表 4 - 1　车体前 36 阶模态频率

阶数	频率/Hz	阶数	频率/Hz
7	25.52	22	48.87
8	27.36	23	51.33
9	28.40	24	52.70
10	30.32	25	53.45
11	31.07	26	54.75
12	32.65	27	55.40
13	34.58	28	56.15
14	36.45	29	57.43
15	37.93	30	61.50
16	38.40	31	68.27
17	39.36	32	81.98
18	42.03	33	107.69
19	44.42	34	114.18
20	45.40	35	125.19
21	46.11	36	138.77

车体第 7～12 阶模态振型如图 4 - 43 所示。

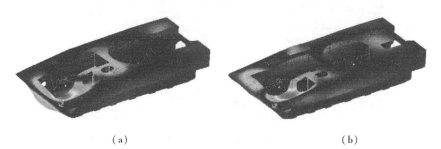

（a）　　　　　　　　　　　　　　　　　（b）

图 4 - 43　车体第 7～12 阶模态振型（见彩插）

（a）第 7 阶模态振型（25.52Hz）；（b）第 8 阶模态振型（27.36Hz）

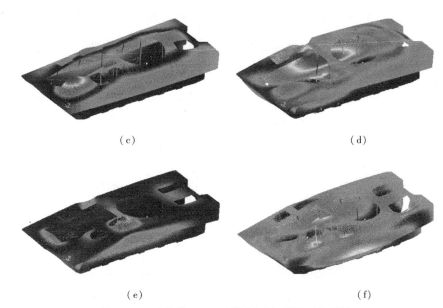

(c)　　　　　　　　　　　　　　　　(d)

(e)　　　　　　　　　　　　　　　　(f)

图 4 – 43　车体第 7 ~ 12 阶模态振型（续）（见彩插）

（c）第 9 阶模态振型（28.40 Hz）；（d）第 10 阶模态振型（30.32 Hz）；

（e）第 11 阶模态振型（31.07 Hz）；（f）第 12 阶模态振型（32.65 Hz）

4.4.3　刚柔混合模型的建立

1. 导入车体的柔性体模型

打开 RecurDyn，单击 Toolkits 工具栏打开 Flexible 一栏，看到柔性体接口按钮 "Flex Interface"，单击之后出现如图 4 – 44 所示对话框。

图 4 – 44　Flex Interface 对话框

单击 "OK" 按钮后，出现 ANSYS 接口对话框，选择生成的四个文件，如图 4 – 45 所示，单击 "generate" 按钮即生成了 RecurDyn 的后缀名为 rif 的 in-

put 文件。然后单击 Flexible 中的 Import 图标，输入生成的 input 文件。

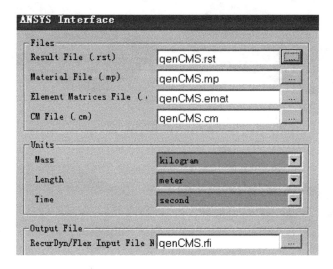

图 4-45　ANSYS Interface 对话框

Input 文件打开后，在 RecurDyn 中可以看到生成的柔性体模型，如图 4-46 所示模型中有标记标出的地方就是接口节点。

图 4-46　输入的柔性体模型

打开柔性体的属性对话框，选择 FEInfo. 一项，如图 4-47 所示，可以看到柔性体的相关信息：柔性体共有 31 196 个节点，32 620 个单元，169 阶模态，24 个接口节点以及柔性体的其他信息。

2. 建立刚柔混合的虚拟样机模型

生成车体的柔性体模型之后，就可以将柔性体模型与车辆其他刚性模型连接起来。Bushing 连接单元通过定义 3 个力分量 $\{F_x, F_y, F_z\}$ 和 3 个力矩分量

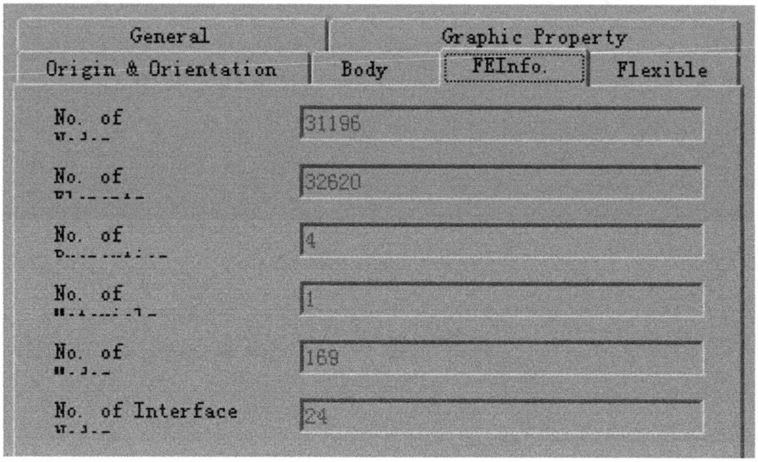

图 4 - 47 柔性体信息对话框

$\{T_x, T_y, T_z\}$ 在两个构建之间添加连接，可以在两相连构件之间建立力和变形的相互作用关系。

Bushing 轴套力计算公式如下：

$$\begin{bmatrix} F_x \\ F_y \\ F_z \\ T_x \\ T_y \\ T_z \end{bmatrix} = \begin{bmatrix} K_{11} & 0 & 0 & 0 & 0 & 0 \\ 0 & K_{22} & 0 & 0 & 0 & 0 \\ 0 & 0 & K_{33} & 0 & 0 & 0 \\ 0 & 0 & 0 & K_{44} & 0 & 0 \\ 0 & 0 & 0 & 0 & K_{55} & 0 \\ 0 & 0 & 0 & 0 & 0 & K_{66} \end{bmatrix} \begin{bmatrix} x \\ y \\ z \\ a \\ b \\ c \end{bmatrix} -$$

$$\begin{bmatrix} C_{11} & 0 & 0 & 0 & 0 & 0 \\ 0 & C_{22} & 0 & 0 & 0 & 0 \\ 0 & 0 & C_{33} & 0 & 0 & 0 \\ 0 & 0 & 0 & C_{44} & 0 & 0 \\ 0 & 0 & 0 & 0 & C_{55} & 0 \\ 0 & 0 & 0 & 0 & 0 & C_{66} \end{bmatrix} \begin{bmatrix} V_x \\ V_y \\ V_z \\ \omega_x \\ \omega_y \\ \omega_z \end{bmatrix} + \begin{bmatrix} F_1 \\ F_2 \\ F_3 \\ T_1 \\ T_2 \\ T_3 \end{bmatrix}$$

式中，F、T 分别表示力和力矩；x、y 和 z 表示连接两构件沿三个坐标轴方向的相对线位移；a、b 和 c 表示连接两构件绕三个坐标轴方向的相对角位移；V_x、V_y 和 V_z 表示两连接构件沿着三个坐标轴方向的相对线速度；ω_x、ω_y 和 ω_z 表示两连接构件绕着三个坐标轴方向的相对角速度；K、C 分别表示刚度系数和

阻尼系数；F_1、F_2、F_3、T_1、T_2 和 T_3 表示作用在 Bushing 连接单元上的初始力和力矩。

刚－柔混合模型中，刚性扭杆和柔性车体的连接采用 Bushing 连接单元来模拟。在每一个接口节点处都建立一个 Bushing 连接单元来模拟扭杆和车体的连接。当车辆在路面上行驶时，路面通过履带块对负重轮施加作用力。负重轮通过平衡肘将力和力矩作用于扭杆。扭杆上的力和力矩再通过 Bushing 连接单元作用到接口节点上，接口节点再通过约束方程将其传递于扭杆安装孔周边的节点，并扩展到整个柔性体上。

扭杆两端与车体的约束连接方式是不同的。在没有与平衡肘相连的一端，扭杆直接固定在车体上，所有的自由度都被约束；在与平衡肘相连的一端，扭杆通过轴承安装在车体上，绕扭杆轴向的转动自由度和沿扭杆轴向的移动自由度被放松。因此应该对扭杆两端的 Bushing 连接单元分别进行相应的设置。

扭杆安装部位的十二个接口节点与扭杆的连接设置为 Bushing 力元，它可以传递沿三个坐标轴方向的作用力和绕着三个坐标轴方向的扭矩。当车辆运行的时候，负重轮作用在扭杆上的力和扭矩通过 Bushing 力元作用于接口节点，接口节点再通过刚性区域作用到柔性体上。

扭杆在没有负重轮的一端，被完全固定，传递扭矩到车体上，它的 Bushing 应限制沿三个坐标轴的作用力和绕三个坐标轴的力矩，Bushing 设置如图 4-48 所示。

Translation								
		X		Y		Z		
Stiffness ▼		1.e+009	PV	1.e+009	PV	1.e+009	PV	
Damping ▼		10000.	PV	10000.	PV	10000.	PV	
Preload		0.	PV	0.	PV	0.	PV	
☐ Stiffness Exponen		1.		1.		1.		
☐ Damping Exponent		1.		1.		1.		
Rotation								
		X		Y		Z		
Stiffness ▼		98647.89	PV	98647.89	PV	98647.89	PV	
Damping ▼		986.4789	PV	986.4789	PV	986.4789	PV	
Preload		0.	PV	0.	PV	0.	PV	

图 4-48　没有负重轮一端扭杆安装孔 Bushing 设置

扭杆在安装负重轮一端，可以绕轴向转动，车体也正是靠这一端被支撑起来的，它的 Bushing 应放松绕着扭杆轴向的移动和转动，Bushing 设置如图 4 - 49 所示。

Translation	X		Y		Z	
Stiffness▼	1.e+009	Pv	1.e+009	Pv	1.	Pv
Damping ▼	10000.	Pv	10000.	Pv	1.	Pv
Preload	0.	Pv	0.	Pv	0.	Pv
☐ Stiffness Expone	1.		1.		1.	
☐ Damping Exponent	1.		1.		1.	

Rotation	X		Y		Z	
Stiffness▼	98647.89	Pv	98647.89	Pv	1.	Pv
Damping ▼	986.4789	Pv	986.4789	Pv	1.	Pv
Preload	0.	Pv	0.	Pv	0.	Pv

图 4 - 49　有负重轮一端扭杆安装孔 Bushing 设置

由于实体中主动轮安装轴和诱导轮安装轴是通过多个螺栓固定在车壁上的，这里主动轮安装轴和车体之间直接采用 Bushing 连接，如图 4 - 50 ～ 图 4 - 52 所示，模拟实际的螺栓连接。原则是建立的 Bushing 越多，主动轮和诱导轮通过它们的安装轴作用到车体上的作用力就越均匀。但值得注意的是，过多的 Bushing 连接会极大地增加计算量，导致计算时间过长。

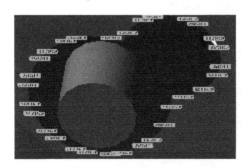

图 4 - 50　主动轮安装轴与车体的连接（见彩插）　图 4 - 51　诱导轮安装轴与车体的连接（见彩插）

行走系统金额柔性部件连接完毕之后，再来添加其他模型。由于炮塔模型比较复杂，需要在 Pro/E 当中建立，建好之后，利用 Pro/E 的质量属性计算功能计算其转动惯量，并将其模型导入 RecurDyn 当中，如图 4 - 53 所示。

其他质量超过 200kg 的模型都按照类似的方法来计算其转动惯量。对 RecurDyn 来说，在知道了部件的转动惯量之后，结构形状就显得并不重要了，这时就可以用一些简单的实体模型（如圆球）来代替复杂的部件，诸如发动机、减速箱、侧传动等。质量不超过 200kg 的模型有很多，不便于一一描述，

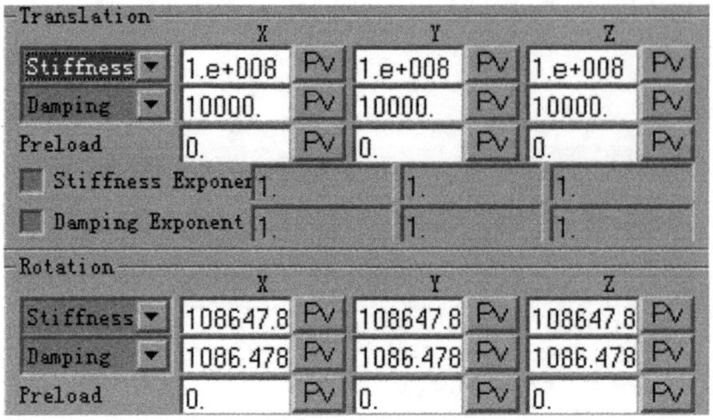

图 4 - 52　两处连接 Bushing 的设置

图 4 - 53　车辆炮塔简化模型

将其质量集中起来，用一个配重表示。建立完成的刚柔混合虚拟样机模型如图 4 - 54 所示。

图 4 - 54　建立完成的刚柔混合虚拟样机模型

建立车辆行驶的路况（图 4 - 55），两个平面的落差为 0.7m，路面长度足够长。

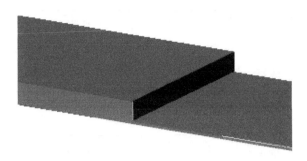

图 4-55　路况模型

4.4.4　仿真分析

基于车辆刚-柔混合模型进行仿真分析,分析车辆爬越 0.7m 高台阶的性能。仿真设置为:主动轮速度驱动,驱动函数为 STEP(TIME,2,0,5,-128d)。表示在 2s 以前,主动轮转速都为 0,到 5s 的时候,转速达到 128°/s(车辆速度为 0.7m/s),以后以 0.7m/s 车速运行;仿真时间设置为 20s,仿真步数设置为 250 步。

1. 连接单元力矩分析

经过仿真分析,可获得一系列重要数据,包括系统部件的速度、加速度,连接单元上的作用力、力矩,系统主要部件的应力、应变和变形等。

扭杆上不与平衡肘相连一端 Bushing 连接单元受到的力矩随时间变化如图 4-56 所示。

当车辆在水平路面上行驶时,地面通过履带链对负重轮施加反作用力。施加在负重轮上的反作用力再通过平衡肘将力和力矩传递到扭杆上。扭杆在不与平衡肘相连一端的 Bushing 连接单元承受了作用在扭杆上的扭矩。在正常行驶状态下,不与平衡肘相连一端 Bushing 连接单元上的力矩约为 6 200N·m(负重轮受到的作用力约为 20kN)。

在车辆行驶到与台阶墙接触时的 8.4s,发生了与台阶墙的撞击。车体在撞击反力作用下仰起,第一、二、三、四组负重轮悬空,前四组扭杆也相应被放松,扭杆作用在这四组 Bushing 连接单元上的力矩减小到接近 0 的位置。而第五、六组负重轮由于支撑车体质量而被压迫,作用在这两组 Bushing 连接单元上的力矩则剧烈增加,其中第六组连接单元上力矩超过了 13 000N·m(负重轮受到的作用力约为 38kN)。

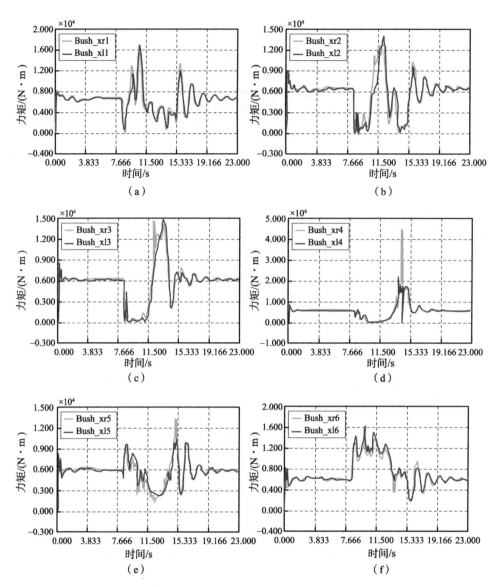

图 4 - 56　不与平衡肘相连一端 Bushing 连接单元力矩随时间变化曲线（见彩插）

（a）第一组连接单元力矩曲线；（b）第二组连接单元力矩曲线；（c）第三组连接单元力矩曲线；
（d）第四组连接单元力矩曲线；（e）第五组连接单元力矩曲线；（f）第六组连接单元力矩曲线

　　随着车辆继续向前推进，负重轮下方的履带依次与台阶相接触，第一、二、三、四组负重轮也依次受到台阶施加的反作用力，相应 Bushing 连接单元上的力矩也依次增大。当第四负重轮爬上台阶后的 15.19s，第六负重轮周边履带已与地面脱离接触，而第一组负重轮尚未落地，第四组负重轮成为整车重量的支撑，如图 4 - 57 所示。作用在第四组 Bushing 连接单元上的力矩超过了 14 200N·m（负重轮受到作用力约为 44kN）。

图 4 - 57　第四组负重轮作为车辆质量支撑时状况

车辆继续攀爬台阶，当车辆重心越过支撑点时，车体开始在重力作用下绕支撑点转动。车体由攀爬刚开始时的仰起状态转变为向地面砸落。第 15.85s，车辆前方履带砸在地面上，第一、二组负重轮受到较为严重的压迫，相应 Bushing 连接单元上的力矩也出现较大的增加，都超过了 13 000N·m（负重轮受到的作用力约为 40kN）。与此同时，第五、六负重轮则因为车辆前倾而得到放松，相应 Bushing 连接单元上的力矩减小到 2 000N·m（负重轮受到的作用力约为 7kN）以下。第 17s 之后，完成攀爬后的车辆振动减弱，行驶姿态基本恢复正常，六组 Bushing 连接单元上的力矩也恢复到正常行驶状态。

2. 车体应力分析

柔性车体上全时域应力最大节点位于车体右侧（驾驶员所在一侧）第四组扭杆安装孔中不与平衡肘连接的那一个安装孔的孔边缘，如图 4 - 58 所示，节点编号为 16442。

该节点应力随时间变化曲线如图 4 - 59 所示。仿真开始车辆由悬置状态到自然落地状态，节点 16442 上的应力逐渐增加，到第 4.7s 的时候，应力达到约 400MPa，并且在行驶到台阶墙之前一直保持这一数值。当车辆与台阶墙发生撞击时（8.4s），车体在撞击反

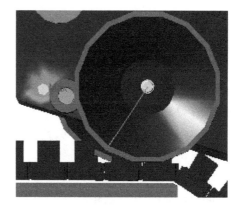

**图 4 - 58　第四组安装孔处节点
16442 的位置**

力作用下仰起，前四组负重轮悬空，第四组扭杆通过 Bushing 连接单元传递到扭杆安装孔边缘节点上的作用力也急剧减小，节点 16442 上的应力减小到约 60 MPa。从第 12.8s 开始，第四组负重轮周边的履带开始了攀爬台阶的过程。在此过程中第四组负重轮受到台阶的反作用力会增加，第四组扭杆通过 Bushing 连接单元传递到扭杆安装孔边缘节点上的作用力也随之增加，节点 16442 的应力曲线也相应呈现增加趋势。当时间达到 15.19s 时，节点 16442 上的应力也达到整车全时域的最大值 890 MPa，这一情况是车辆行驶时的一种极端情况，且持续时间不长。随后便逐渐减小，当车辆恢复正常行驶状态后，节点 16442 上的应力也恢复到平稳状态时的 400 MPa。

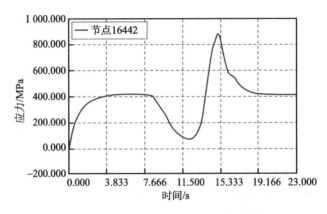

图 4 - 59　节点 16442 应力随时间变化曲线

从车辆开始与台阶墙接触的第 8.4s 到第四组负重轮成为整车质量的支撑时的第 15.19s 的过程中，节点 15969 是车体上应力最大的节点。节点所处位置如图 4 - 60 所示，该节点应力随时间变化曲线如图 4 - 61 所示。仿真开始后，节点 15969 上的应力逐渐增加到约 400 MPa，并且在车辆行驶到台阶墙之前一直保持这一数值。当车辆与台阶墙发生碰撞的第 8.4s，车辆在撞击反力作用下仰起，前四组负重轮悬空，第五、六

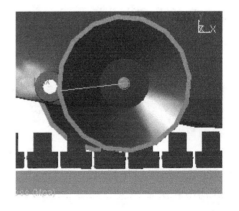

图 4 - 60　第六组安装孔节点 15969 的位置

组负重轮则作为车辆质量的支撑而受到压迫。第六组扭杆通过 Bushing 连接单元传递到扭杆安装孔边缘上的作用力也急剧增加，第 11.74s 时节点 15969 上的应力达到 780 MPa。随着第三、四组负重轮开始攀爬台阶，由这两组负重轮

Armored Vehicle Simulation Technology

分担的车重逐渐增大，而由第六组负重轮分担的车重逐渐减小，可以看到，11.74s 以后节点 15969 上的应力呈减小趋势。当第四组负重轮爬上台阶并作为车辆质量支撑点时的第 15.19s，第六组负重轮周边履带已与地面脱离接触，节点 15969 上应力约 520MPa，小于第四组扭杆安装孔边缘节点 16442 上的应力（890MPa），节点 16442 代替节点 15969 成为车体应力最大点。第 17s 以后，完成攀爬后的车辆振动减弱，行驶姿态基本恢复正常，节点 15969 上应力也恢复到正常行驶状态时的 400MPa。

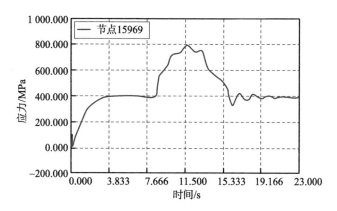

图 4-61　节点 15969 应力随时间变化曲线

3. 车体变形分析

柔性车体发生最大变形的区域在前乘员舱舱门的后部，变形最大的节点编号为 32369，变形曲线如图 4-62 所示。当车辆在水平路面上正常行驶时，前

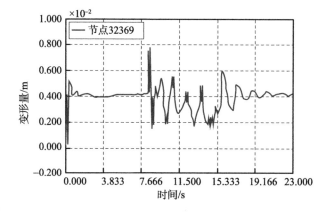

图 4-62　节点 32369 变形随时间变化曲线

乘员舱舱门后部由于塔及其他重物的压力作用有约 4mm 的变形。当车辆与台阶墙接触时的第 8.4s，车辆与台阶墙发生撞击，车体在撞击反力的作用下发生变形，前乘员舱舱门后部节点 32369 处的瞬时变形达到整个车体全时域的最大值 8.0mm，相当于在原有变形基础上产生了约 4mm 的变形。

此外，车体上还有两个变形较大的区域，一个是车首的下斜面板，另外一个是车体后部两个顶舱门开口之间的区域。由于车首下斜面板是一整块面积较大的钢板，内部没有梁增加板的强度，当车体遭受振动冲击时，该板就容易发生变形。况且下斜面板上还有两根竖梁与上斜面板相连，上斜面板局部的变形，很容易通过竖梁传递到下斜面板。在车辆与台阶发生碰撞时的第 8.4s，车首下斜面板的变形量达到 3.5mm。在正常行驶状态下，车体后部两个顶舱门开口之间的区域有 2mm 左右的变形，当车辆撞击台阶时，变形达到 4mm 左右，相当于在原有变形基础上增加了 2mm 的变形。

第 5 章

VV&A

|5.1 VV&A 理论与方法|

由于装甲车辆及战场环境的复杂性，使得其在方案论证、工程研制、定型、武器鉴定和使用各阶段越来越多地依靠仿真技术来考核其性能，以弥补实车试验的局限性，使考核更科学、全面和充分。但要做到这一点，必须保证仿真系统的正确性和可信度，以使仿真结果更具有实际应用的价值和意义。对仿真系统进行校核、验证与确认（Verification，Validation and Accreditation，VV&A）是降低建模与仿真风险，提高仿真可信度的有效途径。VV&A 相关理论经过几十年的发展已经取得了一些研究成果，但要提高仿真可信性评估的可靠性和效率，应结合具体应用领域加强 VV&A 活动的工程化研究。

5.1.1 VV&A 概念及定义

VV&A 理论的概念建立是一个随着时间不断丰富和完善的过程。早期人们提出对仿真模型进行验证，后又有学者提出 V&V 概念，在 V&V 概念的基础上人们提出了 VV&A 概念。本节总结相关文献，对 VV&A 的概念给出如下解释，首先，VV&A 是一种技术，即一套伴随建模与仿真及仿真系统设计与开发实现全过程的控制技术，确保能够尽早发现其中的错误和缺陷并进行相应处理，保证整个过程向着满足仿真系统应用需求的方向前进；其次，VV&A 是项目管理，即对仿真系统的设计、实现与维护等过程中的所有参与人员，包括使用人员、设计人员、开发人员及 VV&A 工作人员进行管理与协调，划分不同参与人员在 VV&A 工作中的不同职责，并根据建立仿真系统的目的及需求，对其适用性与限制性给出建议；最后，VV&A 是一种标准，它要求所有参与到 VV&A 工作中的工作人员必须遵守规定，根据 VV&A 计划与工作安排完成相应工作内容。

本节根据对相关参考文献中 VV&A 的定义的理解与总结，对 VV&A 的定义做如下描述：

校核（Verification）：指检验仿真系统是否正确表达仿真目的并满足仿真需求的过程。这一过程所要解决的问题是"是不是正确地建立了仿真系统"。

验证（Validation）：指检验仿真系统复现"真实系统"的准确程度的过程。这一过程所要解决的问题是"建立的仿真系统是不是正确的"。

确认（Accreditation）：指权威组织或相关领域专家组成评审组对仿真系统进行评估并做出确认接受决定的过程。对仿真系统的确认工作一般需要由相关领域的专家、用户等来完成。

5.1.2　校核、验证与确认的区别与联系

首先，讨论校核与验证的关系，分别对两者进行概括。结合本节总结得出的概念与定义，校核是一个证明过程，根据前面定义，它关心仿真人员"是不是正确建立了仿真系统"；而验证重视结果，根据前面定义，关心仿真人员"建立的仿真系统是不是正确而有效"。结合归纳得出，校核与验证的区别在于：校核在考虑仿真系统功能实现与否的同时，强调对 M&S 的过程检验；验证需要检验仿真模型的有效性与仿真结果正确性，强调对仿真结果的检验，关注仿真可信度。

其次，校核与验证二者又存在联系，即校核是进行验证的基础，验证是对校核效果的检验。换句话说，未经校核的仿真系统没有进行验证的意义，对仿真系统的校核需要通过验证来反映校核效果，二者相辅相成。

最后，确认建立在前面校核与验证的基础之上，需要由相关领域权威专家或部门和正式组成确认评估小组（也包括可信度评估小组），对仿真系统的可用性、仿真结果有效性及仿真系统可信度进行评估工作，以便做出最后的确认决定。

校核、验证与确认三者间的内部联系，如图 5-1 所示，三者贯穿于实际系统与仿真系统的联系中，其中所有数据的有效性是校核、验证及确认工作开展的基础。

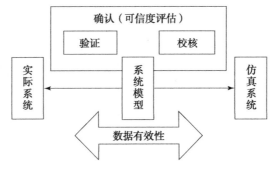

图 5 - 1   VV&A 的内部联系

5.1.3   VV&A 与 M&S 的关系

校核、验证及确认工作与建模及仿真过程的关系如图 5 - 2 所示。其中，被仿真系统是需要进行仿真的对象，通常是实际系统，有时也可能是一个概念系统，被仿真系统往往直接决定了仿真目的及需求；概念模型是被仿真系统经问题转化后生成的理论数学模型，仿真模型是根据概念模型得出的，它们都是被仿真系统在 M&S 过程中的不同表现形态。图 5 - 2 中外部三角形循环表示建模及仿真过程；内部三角形循环表示对应于仿真及建模过程中的校核、验证及确认工作。

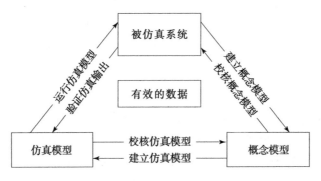

图 5 - 2   VV&A 与 M&S 的关系

5.1.4   VV&A 过程模型

国内外不同组织及学者将仿真生命周期划分为不同组成阶段，并因此建立了不同的 VV&A 过程模型。本节参考一些现有的 VV&A 标准规范中的过程模型，结合本节工作需要，采用如图 5 - 3 所示的 VV&A 过程模型来说明 VV&A 过程及工作内容进行描述：

（1）制定确认计划：是 VV&A 工作的起始阶段，需要制定 M&S 的确认标准、确定 VV&A 目的、确定 VV&A 各阶段所要选用的技术、准备 VV&A 工作所需工具、确定所需时间和费用等；

（2）校核需求：根据开发确认计划对所需进行的 VV&A 工作做出需求分析，为 V&V 计划的制定建立基础；

（3）制定 V&V 计划：根据仿真目的及 VV&A 目的制定 V&V 计划；

（4）验证概念模型：检验概念模型是否符合 M&S 的一致性要求；

（5）校核方案：检验 M&S 的框架与概念模型的一致性，是保证仿真模型正确建立的基础，同时还需要检验具体实施方案与框架的一致性；

（6）校核实施：在整体实施 M&S 工作前，检验所需要的条件、环境等是可使用的，对于存在工作人员的仿真系统，还要预先检验并保证其工作人员经过足够培训，能够满足技术需求；

（7）验证结果：对仿真系统的输出结果与实际的或是期望的实际系统的输出结果进行比较，并做出分析，确定 M&S 输出结果的正确性及有效性，从而反馈进行校核工作；

（8）确认评估：根据之前阶段的信息文档及确认标准，评估仿真或仿真系统是否可接受，进行可信度评估；

（9）做出确认决定：根据确认评估完成情况做出确认决定，一般分为可以接受、使用时需加以限制、做出相应修改后可接受、需进一步施行 V&V 工作或不能接受等几种确认决定。

（10）收集相关信息：这一环节并非 VV&A 过程模型中的一个过程，而是贯穿于整个 VV&A 工作中的基础工作，对于最后的确认评估工作至关重要，如图 5-3 中所示，对于验证概念模型、校核设计、校核实施以及验证结果这几步，收集其中有关最后做出确认评估时所需的信息都是必不可少的。

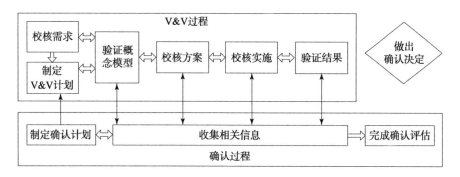

图 5-3　VV&A 过程模型

|5.2　VV&A 与可信度评估|

5.2.1　仿真可信度评估

目前，对仿真系统在满足应用需求时的可信程度的评估有"可信性"与"可信度"两种说法，从字面上即可看出两者存在明显不同，仿真可信性是关于仿真系统在特定条件下满足仿真目的与需求时正确与否的定性结果，而仿真可信度是在前者基础上通过量化评估从而进一步得到的定量结果，由此不难发现，仿真可信度所包含的信息是包含且大于仿真可信性的。本节参考相关文献，将仿真可信度定义为：使用者对仿真系统于某些条件下输出结果在满足特定需求时的正确性的信任程度。根据以上定义，仿真可信度应体现出如下几个性质。

相关性：仿真可信度不能凭空存在，它与仿真目的及仿真需求紧密相关。

客观性：对于一个具体的仿真系统，其仿真可信度在仿真系统被建立后是既定的，不会由于评估者的主观态度或评估方法不同而发生变化。

层次性：仿真系统往往是由一定数量的子系统组成的，各子系统也一样存在可信度问题。

综合性：仿真可信度虽然是一种量化评估得出的结果，但包含了对仿真模型、实现算法以及所涉及的硬件等多种因素的综合反映。

仿真可信度评估是对仿真系统可信度的量化评估，它包含以下几个关键问题：

（1）仿真可信度评估概念体系的研究；

（2）仿真可信度评估指标和仿真模型确认方法的研究；

（3）仿真模型或输出结果与评估结果的联系；

（4）仿真算法与评估结果的联系；

（5）仿真环境与评估结果的联系。

仿真可信度评估往往是一项复杂的工作，评估方法不同将有可能使得评估结果也不同。目前仿真可信度评估方法按原理主要分为两类，即依据相似性原理和差异性原理。

依据相似原理的评估方法，在评估过程中需要首先找到仿真系统与真实系统间的相似部分，按照一定方法计算系统间相似度，从而得到仿真系统的可信度；依据差异性原理的评估方法与依据相似原理的评估方法相比，主要从仿真系统与实际系统的输出结果差异上来进行量化评估，从而得到仿真系统的可信度，依据差异性原理的评估方法通常需要考虑可能对可信度存在影响的不同指标因素并做出综合分析。

在进行仿真可信度评估时需要建立可信度评估模型，根据模型进行可信度评估工作。由于不同仿真系统间存在许多差异，要给出一个有效适用于所有仿真系统的评估模型是十分困难的，工程中往往要根据具体情况建立评估模型并进行可信度评估工作。

5.2.2　VV&A 与可信度评估的关系

正如前文所述，仿真系统的 VV&A 工作是贯穿 M&S 全过程的重要活动，也是仿真可信度评估的基础，其核心问题就是可信度评估。VV&A 工作通过对仿真系统各部分结果的正确性进行全面检验，保证仿真系统在可信度评估中获得较高的可信度，从而能够良好地满足应用需求。

VV&A 工作及文档记录中包含可信度评估所需的信息和依据，其确认结论有时近似等同于可信度评估结论，或者说仿真系统的确认就是对其进行可信度评估。但 VV&A 工作强调过程，即对仿真系统进行 V&V 工作的过程与确认过程，可信度评估强调量化评估结果，两者略有区分。单独进行可信度评估，则容易忽略仿真系统设计、实现及维护等过程中存在的影响因素，通过进行 V&V 工作能保证较高的可信度评估结果，并为确认工作提供依据，因此可信度评估工作必须结合 VV&A 工作进行。

|5.3　装甲车辆建模与仿真的 VV&A 应用|

5.3.1　VV&A 应用模式

根据 VV&A 理论和方法结合装甲车辆研发及仿真的现状，在 VV&A 应用和实施时需要建立人员组织层次、确定仿真项目的 VV&A 应用范围和流程、制定 VV&A 的内容及时间计划、拟定 VV&A 需要的工具及输入、输出文档。

VV&A 的人员组成包括实施人员、管理组、专家。实施人员由建模与仿真的一线人员、试验人员、过程记录人员组成；管理组由建模与仿真校审人员、仿真主任师、项目领导组成；专家由仿真专业资深专家和项目总工程师

组成。

根据装甲车辆研发及仿真应用的工程实践，装甲车辆建模与仿真的 VV&A 应用一般是针对系统级的相对复杂的仿真项目，如空投仿真、CFD 仿真、NVH 仿真、电磁仿真、防护仿真，子系统如动力传动系统、制动系统、发动机舱热管理等。对相对简单的仿真项目如结构刚强度分析，则根据工程经验和简化的有效的校核与验证过程对建模与仿真实施可信度评估。

5.3.2　VV&A 应用流程

基于装甲车辆建模与仿真的特点，从工程化角度建立装甲车辆建模与仿真的 VV&A 流程。根据目前的仿真技术基础和仿真发展要求，从装甲车辆 VV&A 过程特点制定各阶段的技术方法及应用范围。图 5-4 中的流程以装甲车辆动力学建模与仿真为例，实现建模与仿真及其 VV&A 流程的协同实施。

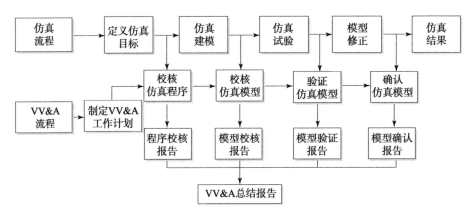

图 5-4　装甲车辆建模与仿真的 VV&A 流程

5.3.3　VV&A 应用内容及方法

5.3.3.1　校核内容及方法

仿真校核的应用方法包括非正规方法、静态分析，其他方法如动态测试、符号分析、约束分析、理论证明等应用需要建立相应的 VV&A 工具，根据项目的时间、人力和经费情况优选实施。

不同仿真类型的具体实施内容有所差异，如装甲车辆平顺性动力学仿真校核内容应包括：

（1）三维实体模型的校核：校对结构体的质量参数和空间位置参数；

（2）元器件质量参数校核：核对发动机、变速箱、分动器、上装的质量

和位置参数；

（3）柔性体的校核：网格质量、模态阶数、接口位置、材料参数；

（4）悬架液压系统模型校核：功能元器件核对、系统初始油压和气压核对、重要性能参数核对；

（5）悬置环节校核：核对驾驶室悬置、发动机悬置、变速箱悬置的弹性参数和阻尼参数；

（6）子模型校核：需要对子模型的轮胎、转向节、摆臂、油气弹簧进行运动学检查、参数校对；

（7）运动副建模校核：校对约束自由度是否正确、核实关键点和实体是否正确连接；

（8）多体液压联合仿真接口校核：检查接口参数传递节点定位和接口定义选项的正确性；

（9）输入激励校核：检查数据来源，核实数据处理方法和过程；

（10）动力学模型的校核：检查模型的拓扑结构、模型的简化、模型各个部分之间的连接、试验工况的设置、各个测量点的设置是否正确，最后对初步仿真运行结果进行判断，得出仿真结果是否与预期吻合；

（11）专家评估方法：请仿真专家和产品、测试人员通过观察模型运行来判断仿真是否符合实际，得出仿真系统及模型是否可信的结论。

5.3.3.2　验证内容及方法

对装甲车辆动力学仿真系统，难以从理论上验证模型的正确性和可信度，仿真模型和仿真结果的正确性验证是通过与实际试验测试数据进行比较实现的。常用验证方法有判断比较法、数理统计法、频谱分析法、动态关联分析法、灵敏度分析法、时间序列法，根据实际情况，发射车建模与仿真的验证主要以判断比较方式进行。

根据装甲车辆试验测试内容，对装甲车辆平顺性仿真的验证主要有以下 3 个方面：

（1）油气弹簧的传力验证：油气弹簧是装甲车辆最关键的载荷传递路径和减振环节，因此从仿真结果中提取出油气弹簧的力，与试验测试的力进行比较，要求曲线趋势一致，峰值基本一致，这样才能保证整车仿真结果正确可信；

（2）关键点振动特性验证：针对发射车辆最关注的乘员或设备比较振动加速度仿真结果与试验测试结果，如果曲线趋势和峰值一致，则认为通过仿真验证；

（3）关键结构应力验证：对柔性体结构点的动应力仿真结果与试验测试结果进行比较，判断趋势和峰值的一致性。

5.3.3.3　确认内容及方法

确认内容对所有仿真项目通用，根据建模仿真报告、校核报告、验证报告总结成确认报告，最后由专家小组根据报告内容进行综合评价，确定仿真的可信度并得出是否确认的结论，或指出改进意见重新进行建模与仿真和VV&A过程。

参考文献

［1］郦明．汽车结构抗疲劳设计［M］．合肥：中国科学技术大学出版社，1995．

［2］毛明，庞宝文．坦克装甲车辆技术发展新动向和发展重点［J］．车辆与动力技术，2012，127（3）：51－55．

［3］于坤炎．坦克装甲车辆输送车发展概述［J］．汽车运用，2001，100（2）：1－2．

［4］伊洪冰．坦克装甲车辆运输车发展漫谈［J］．重型汽车，2003（4）：27－28．

［5］黄炎，王峰．坦克装甲车辆发展之我见［J］．现代军事，2008（9）：59－61．

［6］黄金陵．汽车车身设计［M］．北京：机械工业出版社，2008．

［7］孟瑾，朱平，胡志刚．基于多体动力学和有限元法的车身结构疲劳寿命预测［J］．中国公路学报，2010，23（4）：113－119．

［8］黄晋英，潘宏侠，张小强，等．履带车辆振动谱测试与分析方法研究［J］．振动、测试与诊断，2009，29（4）：457－461．

［9］姚起杭，姚军．工程结构的振动疲劳问题［J］．应用力学学报，2006，23（1）：12－15．

［10］Suresh S. Fatigue of materials［M］. Cambridge University Press，1998．

［11］Schutz W. A history of fatigue［J］. Engineering Fracture Mechanics，1996，54（2）：263－300．

[12] 姚起杭，姚军. 结构振动疲劳的工程分析方法 [J]. 飞机工程，2006，30（2）：39 - 43.

[13] 姚起杭，姚军. 结构振动疲劳问题的特点与分析方法 [J]. 机械科学与技术，2000，19：56 - 58.

[14] 廉政. 典型结构件的振动疲劳分析 [D]. 南京：南京航空航天大学，2010.

[15] 石展飞. 结构振动疲劳特性及其试验方法研究 [D]. 西安：西北工业大学，2009.

[16] 王明珠，姚卫星. 随机振动载荷下缺口件疲劳寿命分析的频域法 [J]. 南京航空航天大学学报，2008，40（4）：490 - 492.

[17] 吕澎民，赵邦华. 车辆振动系统结构疲劳寿命预测方法及应用 [J]. 兰州铁道学院学报，1996，15（3）：46 - 53.

[18] 缪炳荣，张卫华，梅翔，等. 高速列车结构振动特性及疲劳寿命预测方法研究 [C]. 全国结构振动与动力学学术研讨会论文集，2007：163 - 169.

[19] 于慧，王文斌，虞丽娟，等. 基于疲劳设计的高速客车转向架构架优化设计 [J]. 铁道车辆，2001，39（8）：9 - 11，37.

[20] 米彩盈. 机车转向架焊接构架轻量化评定和疲劳强度分析 [J]. 西南交通大学学报，1999，34（1）：104 - 109.

[21] 阳光武. 机车车辆零部件的疲劳寿命预测仿真 [D]. 成都：西南交通大学，2005.

[22] 缪炳荣. 基于多体动力学和有限元法的机车车体结构疲劳仿真研究 [D]. 成都：西南交通大学，2006.

[23] 屈升. 高速列车车体疲劳强度研究 [D]. 成都：西南交通大学，2013.

[24] 张勇阳. 高速转向架构疲劳强度研究 [D]. 成都：西南交通大学，2016.

[25] Hari Agrawa，Al Conle，Ravi Gopalakrishnan，et al. Upfront durability CAE analysis for automotive sheet metal structures [C]. SAE paper：1996.

[26] Sridhar Srikantan，Shekar Yerra Palli，Hamid Keshtkar. Durability design Process for Truck body structures [J]. International Journal of Vehicle Design，2000，23（1/2）：95 - 108.

[27] Flavio Antonio，Cotta Vidal，Ernani Sales Palma. Fatigue damage on vehicle's body shell：A correlation between durability and torsion tests [C]. SAE paper：2001 - 01.

［28］ Kim K. S. , Yim H. J. , Kim C. B. . Computational durability prediction of body structure in prototype vehicle ［J］. International Journal of automotive technology, 2002 (3): 129 – 136.

［29］ Potukutchi R. , Pal K. , Agrawal H. , et al. Practical approach for fast durability analysis and literations ［C］. SAE paper: 2006 – 01.

［30］ 陈栋华, 靳晓雄, 等 . 轿车底盘零部件耐久性虚拟试验方法研究 ［J］. 汽车工程, 2007, 29 (11): 998 – 1001.

［31］ 曹群豪 . 军用客车车身骨架结构随机振动特性与疲劳强度分析 ［D］. 上海: 上海交通大学, 2007.

［32］ 陈炳圣 . 承载式客车车身结构耐久性分析方法研究 ［D］. 长春: 吉林大学, 2007.

［33］ 唐传 . 基于刚柔耦合的车身结构疲劳分析 ［D］. 长沙: 湖南大学, 2012.

［34］ 王林刚 . 基于道路载荷谱的汽车变速器加载试验技术的研究 ［D］. 合肥: 合肥工业大学, 2012.

［35］ 吴道俊 . 车辆疲劳耐久性分析、试验与优化关键技术研究 ［D］. 合肥: 合肥工业大学, 2012.

［36］ 杨涛, 王红岩 . 装甲车疲劳裂纹扩展寿命预测方法研究 ［J］. 兵工学报, 2010, 31 (2): 129 – 134.

［37］ 尚其刚, 王红岩, 杨涛, 等 . 履带式装甲车辆车体疲劳寿命预测仿真研究 ［J］. 计算机仿真, 2011, 28 (6): 13 – 17.

［38］ 闻邦椿 . 机械设计手册 (单行本) 疲劳强度与可靠性设计 ［M］. 北京: 机械工业出版社, 2014.

［39］ 秦大同, 谢里阳 . 现代机械设计手册 (单行本) 疲劳强度与可靠性设计 ［M］. 北京: 化学工业出版社, 2014.

［40］ 吴富强, 姚卫星 . 一个新的材料疲劳寿命曲线模型 ［J］. 中国机械工程, 2008, 19 (13): 1634 – 1637.

［41］ 张彦华 . 焊接结构疲劳分析 ［M］. 北京: 化学工业出版社, 2013.

［42］ 赵少汴 . 抗疲劳设计手册 ［M］. 北京: 机械工业出版社, 2015.

［43］ 姜成杰 . 大型水陆两栖飞机起落架疲劳寿命分析及优化设计研究 ［D］. 南京: 南京航空航天大学, 2014.

［44］ 王宏伟, 邢波, 骆红云 . 雨流计数法及其在疲劳寿命估算中的应用 ［J］. 矿山机械, 2006, 34 (3): 95 – 97.

［45］ Matsuishi M. , Endo T. . Fatigue of metals subjected to varying stress ［M］.

Fukuoka，Japan：Japan Society of Mechanical Engineers，1968.

［46］赵少汴，王忠保．疲劳设计［M］．北京：机械工业出版社，1992.

［47］赵少汴．变幅载荷下的有限寿命疲劳设计方法和设计数据［J］．机械设计，2001（1）：5－8.

［48］Tirupathi R. Chandrupatla，Ashok D. Belegundu. Introduction to Finite Elements in Engineering［M］．北京：机械工业出版社，2013.

［49］商跃进，王红．有限元原理与 ANSYS 实践［M］．北京：清华大学出版社，2012.

［50］龚曙光．ANSYS 基础应用及范例解析［M］．北京：机械工业出版社，2003.

［51］张朝晖．ANSYS8.0 结构分析及实例解析［M］．北京：机械工业出版社，2005.

［52］李皓月，等．ANSYS 工程计算应用教程［M］．北京：中国铁道出版社，2003.

［53］Conle F. A，Mousseau C. W. Using vehicle dynamics simulations and finite element results to generate fatigue life contours for chassis components［J］．International Journal of Fatigue 1991，13（3）：195－205.

［54］刘献栋，曾小芳，单颖春．基于试验场实测应变的车辆下摆臂疲劳寿命分析［J］．农业机械学报，2009，40（5）：34－38.

［55］卢进军，魏来生，赵韬硕．基于 RecurDyn 的履带车辆启动加速过程滑转率仿真与试验研究［J］．兵工学报，2009，30（10）：1281－1286.

［56］陈兵，黄华，顾亮．基于多体动力学理论的履带车辆悬挂特性仿真研究［J］．系统仿真学报，2005，17（10）：2545－2563.

［57］骆清国，司东亚，龚正波，等．基于 RecurDyn 的履带车辆动力学仿真［J］．车辆与动力技术，2011，4：26－50.

［58］伍平．多体系统动力学建模及数值求解研究［D］．成都：四川大学，2003.

［59］洪嘉振．计算多体系统动力学［M］．北京：高等教育出版社，1999.

［60］肖尚彬．四元数方法及其应用［J］．力学进展，1993，23（2）：249－260.

［61］刘义．RecurDyn 多体动力学仿真基础应用与提高［M］．北京：电子工业出版社，2013.

［62］丁法乾．履带式装甲车辆悬挂系统动力学［M］．北京：国防工业出版社，2004.

［63］陆佑方．柔性多体系统动力学［M］．北京：高等教育出版社，1996．

［64］陈超，魏来生，赵韬硕．车辆多体动力学仿真中的路面模型构造方法研究［J］．车辆与动力技术，2012（1）：41－44．

［65］卢旭．基于刚柔耦合的CRH3车体振动疲劳强度分析［D］．大连：大连交通大学，2010．

［66］姚熊亮．结构动力学［M］．哈尔滨：哈尔滨工程大学出版社，2007．

［67］刘维平．车辆试验学［M］．北京：北京工业出版社，1996．

［68］刘吉．履带车辆行动部分虚拟疲劳试验方法及扭力轴疲劳寿命预测［D］．重庆：重庆大学，2013．

［69］Shigley J. E.，Mitchell D.．Mechanical engineering design［M］．Fourth Edition. New York：Mcgraw－Hill，1983．

［70］总装工程兵科研二所．军用工程机械试验学［M］．北京：海洋出版社，1994．

［71］于莉．基于虚拟试验场的耐久性分析［D］．上海：同济大学，2007．

［72］陈鑫．轿车车身静态刚度分析及结构优化研究［D］．长春：吉林大学，2003．

［73］汪卫东．国外汽车车身开发与制造［J］．汽车制造业，2004，11：42－44．

［74］Masamori Takamatsu，Hideharu Fujira，Hitoshi Inoue，et al. Development of lighter－weight，higher—stiffness body for new Rx－7［C］．SAE paper，920244．

［75］邬晴晖．国内外车身设计技术的差距［J］．汽车技术，1995，8：14－16．

［76］刘焕广．白车身结构有限元及其试验分析［D］．合肥：合肥工业大学，2007．

［77］丛楠．军用工程机械虚拟疲劳试验研究［D］．长沙：国防科技大学，2006．

［78］钱峰，张治．汽车零部件计算机模拟疲劳试验研究［J］．北京汽车，2002，25（4）：15－17．

［79］赵韩，钱德猛，魏映．汽车空气悬架弹簧支架的动力学仿真与有限元分析一体化疲劳寿命计算［J］．中国机械工程，2005，16（13）：1210－1213．

［80］胡玉梅，陶丽芳，邓兆祥．车身台架疲劳强度试验方案研究［J］．汽车工程，2006，28（3）：301－303．

［81］澳太尔工程软件有限公司．Altair HyperMesh 使用培训手册［M］．1999.

［82］澳太尔工程软件有限公司．HyperWorks 11.0 基础培训［M］．2011.

［83］谢强，陈思忠．汽车虚拟试验场（VPG）技术［J］．北京汽车，2003（3），13 - 15.

［84］杨治国．虚拟试验场技术在汽车中的应用［J］．上海汽车．2002（2），29 - 35.

［85］李裕春，时党勇，赵远．ANSYS 11.0/LS - DYNA 理论基础与工程实践［M］．北京：中国水利水出版社，2008.

［86］薛风先，胡仁喜，康士廷，等．ANSYS 12.0 机械与结构有限元分析从入门到精通［M］．北京：机械工业出版社，2005.

［87］朱加铭，欧贵宝，何蕴曾．有限元与边界元法［M］．哈尔滨：哈尔滨工程大学出版社，2002.

［88］张洪信．有限元基础理论与 ANSYS 应用［M］．北京：机械工业出版社，2010.

［89］郭乙木，等．线性与非线性有限元分析及其应用［M］．北京：机械工业出版社，2004.

［90］白金泽．LS - DYNA 理论基础与实例分析［M］．北京：科学出版社，2005.

［91］朱加铭，欧贵宝，何蕴曾．有限元与边界元法［M］．哈尔滨：哈尔滨工程大学出版社，2002.

［92］徐秉业，刘信声．应用弹塑性力学［M］．北京：清华大学出版社，1995.

［93］宋天霞．非线性结构有限元计算［M］．武汉：华中理工大学出版社，1996.

［94］［美］彼莱奇科，等．连续体和结构的非线性有限元［M］．庄茁，译．北京：清华大学出版社，2002.

［95］凌道盛，徐兴编．非线性有限元及程序［M］．杭州：浙江大学出版社，2004.

［96］赵海鸥．LS - DYNA 动力分析指南［M］．北京：兵器工业出版社，2003.

［97］周光泉，刘孝敏．粘弹性理论［M］．合肥：中国科学技术大学出版社，2006.

［98］Hallquist J. O. LS - DYNA theoretical manual［J］．Livermore Software Technology Corporation，Livermore，1998.

［99］方杰，吴光强．汽车虚拟试验场中整车的建模技术与要点［J］．湖北汽

车工业学院学报，2009（4）：13 – 17.

[100] 齐志鹏. 汽车悬架和转向系统的结构原理与检测［M］. 北京：人民邮电出版社，2002.

[101] 方杰，吴光强. 轮胎机械特性虚拟试验场［J］. 计算机仿真，2006（06），243 – 247.

[102] Chang – Ro Lee, Jeong – Won Kim, John O. Hallquist. Validation of a FEA tire model for vehicle dynamic analysis and full vehicle real time proving ground simulations［C］. SAE Technical Paper Template［C］. SAE paper；1997.

[103] Belytschko T., Lin J., Tsay C. S.. Explicit algorithms for nonlinear dynamic of shells［J］. Comp Meth. Appl. Mesh. Eng.，1984，42：225 – 251.

[104] Belytschko, Tsay C. S.. Explicit algorithms for nonlinear dynamic of shells［J］. ASME, AMD, 1981, 48, 209 – 231.

[105] Flanagan D. P., Belytschko T.. A Uniform strain hexahedron and quadrilateral with orthogonal hourglassing control［J］. Int. J. Number. Methods Engrg, 1981, 7：697 – 706.

[106] Li K. P., Cescotto S.. A 8 – node brick element with mixed formulation for large deformation analysis［J］. Compu Method, Appl, Mech, Engrg, 1997, 14：157 – 204.

[107] 王子才. 仿真技术发展及应用［J］. 中国工程科学，2003（02）：40 – 44.

[108] 邹渊，孙逢春，王军，等. 电动汽车用仿真软件技术发展研究［J］. 机械科学与技术，2004（07）：761 – 764.

[109] 李长文，张付军，黄英，等. 基于 dSPACE 系统的电控单元硬件在环发动机控制仿真研究［J］. 兵工学报，2004（04）：402 – 406.

[110] 雷叶红，张记华，张春明. 基于 dSPACE/MATLAB/Simulink 平台的实时仿真技术研究［J］. 系统仿真技术，2005（03）：131 – 135.

[111] 齐鲲鹏，隆武强，陈雷. 硬件在环仿真在汽车控制系统开发中的应用及关键技术［J］. 内燃机，2006（05）：24 – 27.

[112] 徐林. 基于 Simulink 的一体化实时半实物仿真平台的研究与实现［D］. 长沙：国防科学技术大学，2008.

[113] 桂勇，骆清国，龚正波，等. 装甲车辆动力传动系统一体化仿真平台［J］. 装甲兵工程学院学报，2008，22（06）：60 – 64.

[114] 丁荣军. 快速控制原型技术的发展现状［J］. 机车电传动，2009

（04）：1－3，15.

[115] 张素民. 汽车电控系统仿真平台的关键技术研究［D］. 长春：吉林大学，2011.

[116] 张运银，刘春光，马晓军，等. 装甲车辆电传动系统实时仿真平台构建［J］. 系统仿真学报，2017，29（01）：107－114.

[117] 杨福威，董震，朱强. 履带车辆动力学建模与仿真技术概述［J］. 农业装备与车辆工程，2018，56（06）：22－26.

[118] 吴静波. 基于燃油经济性的混合动力履带车辆控制策略研究［D］. 北京：北京理工大学，2008.

[119] 李军求，孙逢春，张承宁. 履带式混合动力车辆能量管理策略与实时仿真［J］. 兵工学报，2013，34（11）：1345－1351.

[120] 朱庆林. 基于瞬时优化的混合动力汽车控制策略研究［D］. 长春：吉林大学，2009.

[121] 陈锐. 基于动态规划的混合动力履带车辆能量管理策略研究［D］. 北京：北京理工大学，2012.

[122] Tate E. , Grizzle J. , Peng H. . Shortest path stochastic control for hybrid electric vehicles［J］. International Journal of Robust and Nonlinear Control，2008，18：1409－1429.

[123] 李卫民. 混合动力汽车控制系统与能量管理策略研究［D］. 上海：上海交通大学，2008.

[124] Sciarretta A. , Guzzella L. . Control of hybrid electric vehicles［J］. IEEE Control Systems Magazine，2007，27（2）：60－70.

[125] Lin C. － C. , Peng H. , Grizzle J. . A stochastic control strategy for hybrid electric vehicles［C］. in Proceedings of the American Control Conference，2004.

[126] Romaus C. , Gathmann K. , Böcker Joachim. Optimal energy management for a hybrid energy storage system for electric vehicles based on stochastic dynamic programming［C］. Vehicle Power and Propulsion Conference（VPPC），2010.

[127] 易家训. 流体力学［M］. 章克本等译. 北京：高等教育出版社，1983.

[128] 韩建兴，田尚飞. 新型舰炮火控仿真试验建模及 VV&A 技术［J］. 指挥控制与仿真，2015，37（5）：119－123.

[129] 王仁春，李昊，戴金海. 系统建模与仿真应用的校验、确认与验收［J］. 计算机仿真，2007，24（5）：63－66.

[130] 李伟，周玉臣，林圣琳，等．仿真模型验证方法综述［J］．系统仿真学报，2019，31（7）．

[131] 刘庆鸿，陈德源，王子才．建模与仿真校核、验证与确认综述［J］．系统仿真学报，2003，15（7）：925 – 930.

[132] 王维平．仿真模型有效性确认与验证［M］．长沙：国防科技大学出版社，1998.

[133] 齐欢，王小平．系统建模与仿真［M］．北京：清华大学出版社，2004.

[134] 陈信，袁修干．人 – 机环境系统工程总论［M］．北京：北京航空航天大学出版社，2000.

[135] 赖维铁，人机工程学（第二版），1997，La wehe，Man – machine Engineering1997.

[136] 居乃鵁．装甲车辆动力学分析与仿真［M］．北京：国防工业出版社，2002.

[137] 李剑峰，王剑，李振平，等．履带车辆行进间射击的随机响应研究［J］．车辆与动力技术，2009（3）：9 – 12.

[138] 闫清东，张连第，赵毓芹．坦克构造与设计［M］．北京：北京理工大学出版社，2007.

[139] 闵建平，杨国来，王长武，等．行进间发射平顺性研究［J］．南京理工大学学报，2000，24（4）：326 – 329.

[140] 闵建平，谭俊杰，李剑峰．行进间射击时的动力学研究［J］．振动与冲击，2003，22（4）：88 – 92.

[141] 钱明伟，王良明．自行火炮行进间发射动力学模型及仿真研究［J］．兵工学报，2004，5（25）：520 – 524.

[142] 冯长根，温波，李才葆．自行火炮行进间射击的动力学研究［J］．兵工学报，2002，23（4）：407 – 410.

[143] 杨国来．火炮发射动力学［M］．南京：南京理工大学，2006.

[144] 朱竞夫，赵碧君，王钦钊．现代坦克火控系统［M］．北京：国防科技工业出版社，2003.

[145] 钱林方．火炮弹道学［M］．北京：北京理工大学出版社，2009.

[146] 朱竞夫，等．现代坦克火控系统［M］．北京：国防工业出版社，2003.

[147] 刘勇，毛明，陈旺．坦克装甲车辆信息系统设计理论与方法［M］．北京：兵器工业出版社，2017.

[148] 蒲小勃．现代航空电子系统与综合［M］．北京：航空工业出版社，2013.

［149］王华茂．航天器综合测试技术［M］．北京：北京理工大学出版社，2018．

［150］喻晓和．虚拟现实技术基础教程［M］．北京：清华大学出版社，2015．

［151］［美］基珀，兰博拉．增强现实技术导论［M］．郑毅，译．北京：国防工业出版社，2014．

［152］董璐茜．VR 与 AR 技术的发展与前景［J］．技创新与应用，2016（26）：34－35．

［153］丁俊杰，米双山，刘鹏远，等．基于虚拟维修的 CAD－VR 建模及优化技术研究［J］．微计算机应用，2011，32（03）：70－75．

［154］梅岭丰，韩文涛．虚拟维修技术在武警部队车辆装备维修中的应用研究［J］．农业装备与车辆工程，2011（01）：57－59，64．

［155］Hartley R. I., Zisserman A.. Multiple view geometry in computer vision［M］. Cambridge University Press，2000．

［156］Uenohara M., Kanade T.. Vision－based object registration for real time image overlay［J］. International Journal of Computers in Biology and Medicine，1995，25（2），249－260．

［157］Andrew I. Comport, Eric Marchand, François Chaumette. A real－time tracker for markerless augmented reality［C］. IEEE/ACM International Symposium on Mixed and Augmented Reality（ISMAR 2003），Tokyo，Japan，2003：36－45．

［158］Piekarski W., Thomas B. H. Unifying augmented reality and virtual reality user interfaces［R］. Technical Report，School of Computer and Information Science，University of South Australia，Jan，2002．

［159］Schmalstieg D., Fuhrmann A., Hesina G., et al. The studierstube augmented reality project［J］. Teleoperators and Virtual Environments，2002，11（1）：3354．

［160］［美］William R. Sheroan, Alan B. Craig. 虚拟现实系统［M］．魏迎梅：杨冰，等译．北京：电子工业出版社，2004．

［161］熊光楞．协同仿真与虚拟样机技术［M］．北京：清华大学出版社，2004．

［162］张中英，张剑磊，陆影．虚拟现实技术及其军事训练中的应用［J］．工程装备论证与试验，2004（4）：44－49．

［163］张明．外军作战模拟训练探析［C］．

中国兵工学会第二届信息与系统工程专业学术年会论文集，2004：217－220.

[164] 张卫. 虚拟现实技术及其在坦克射击模拟系统中的应用［J］. 工兵自动化，2003（2）：23－26.

[165] 王国强. 虚拟试验技术［M］. 北京：电子工业出版社，2004.

[166] 李瑞. 虚拟现实技术在某型导弹操作训练中的应用［J］. 计算机工程，2002（9）：7－10.

[167] 许新. 工兵训练模拟系统框架结构［C］. 中国兵工学会第二届信息与系统工程专业学术年会论文集，2004：213－216.

[168] 宋小庆. 军用车辆综合电子系统总线网络［M］. 北京，国防工业出版社，2010.

[169] 徐文辉. 航空电子系统顶层设计初探［J］. 航空电子技术，1998（2）：18－22.

[170] 乔文昇. 装甲车综合电子系统设想［J］. 电讯技术，2007，47（2）：87－90.

[171] 刘兴华，曹云峰，沈春林. 模型驱动的复杂反应式系统顶层设计与验证［J］. 系统仿真学报，2007，19（4）：749－753.

[172] 龙华. OPNET Modeler 与计算机网络仿真［M］. 西安：西安电子科技大学出版社，2006.

[173] 单家元，孟秀云，丁艳，等. 半实物仿真［M］. 2 版. 北京：国防工业出版社，2013.

[174] ［美］戈登. 系统仿真［M］. 杨金标，译. 北京：冶金工业出版社，1982.

索 引

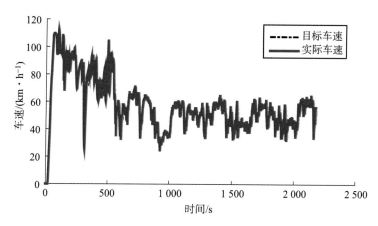

图 2-40 工况跟随仿真结果

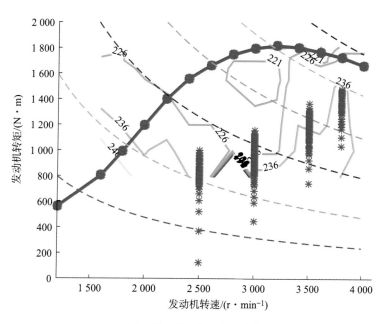

图 2-41 发动机工作点分布

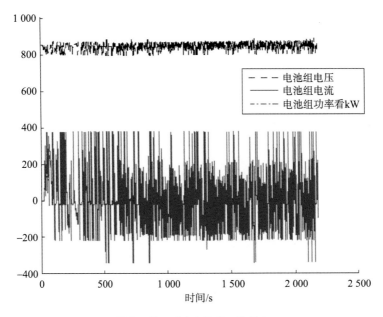

图 2 - 42　动力电池组工作状态

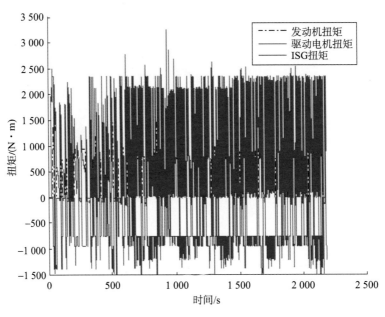

图 2 - 43　发动机、驱动电机及 ISG 扭矩

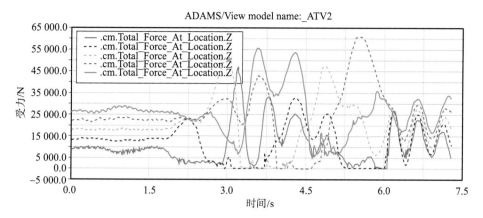

图 3 – 3 克服壕沟过程中各负重轮受力

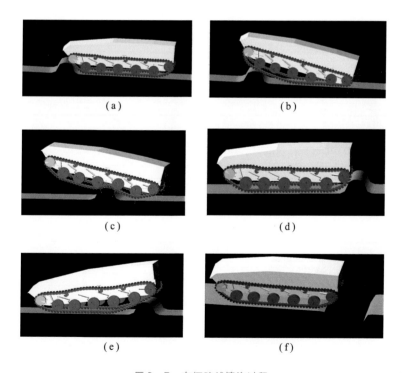

（a）　　　　　　　　　　　（b）

（c）　　　　　　　　　　　（d）

（e）　　　　　　　　　　　（f）

图 3 – 7 车辆跨越壕沟过程

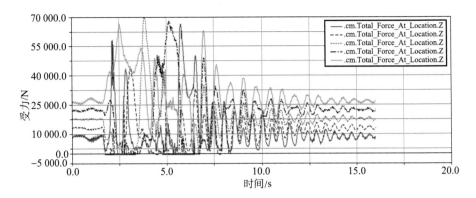

图 3-9　克服垂直墙过程中各负重轮受力

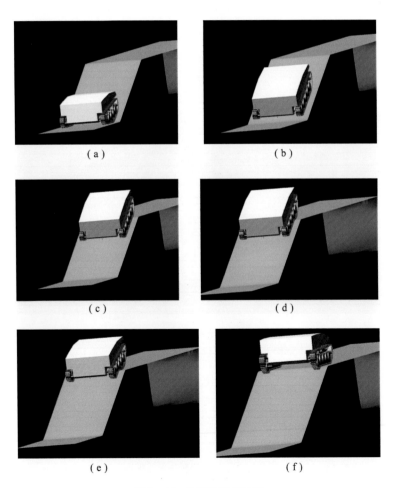

图 3-10　车辆爬纵坡过程

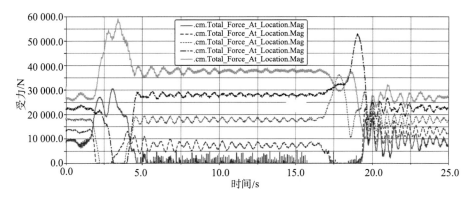

图 3 - 13　爬纵坡过程中各负重轮受力

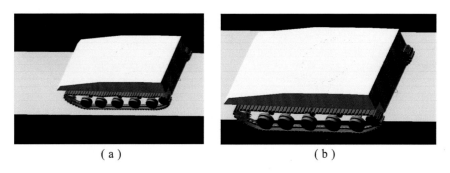

　　（a）　　　　　　　　　　　　　　　　（b）

图 3 - 14　侧倾坡仿真过程（两侧履带转速一致，明显下滑）

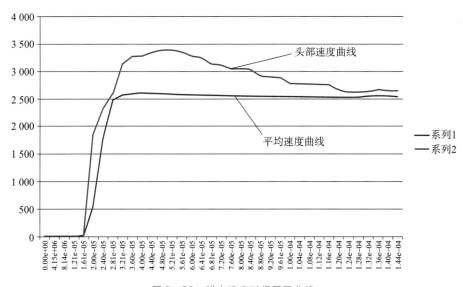

图 3 - 52　弹丸速度时间历程曲线

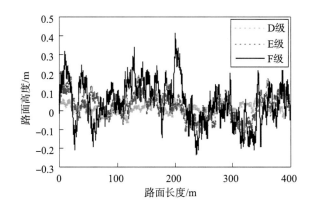

图 4 - 6 随机路面高度沿路面长度方向变化曲线

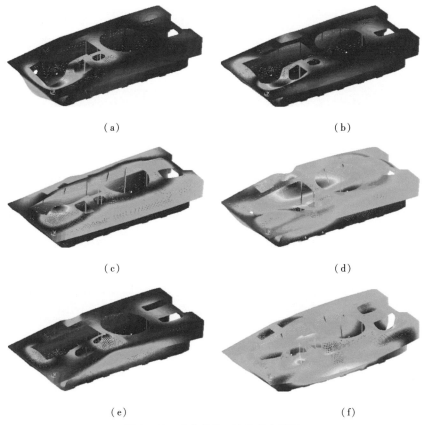

（a）　　　　　　　　　　　　　　　　　（b）

（c）　　　　　　　　　　　　　　　　　（d）

（e）　　　　　　　　　　　　　　　　　（f）

图 4 - 43　车体第 7 ~ 12 阶模态振型

（a）第 7 阶模态振型（25.52 Hz）；（b）第 8 阶模态振型（27.36 Hz）；

（c）第 9 阶模态振型（28.40 Hz）；（d）第 10 阶模态振型（30.32 Hz）；

（e）第 11 阶模态振型（31.07 Hz）；（f）第 12 阶模态振型（32.65 Hz）

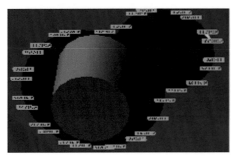

图 4 - 50　主动轮安装轴与车体的连接

图 4 - 51　诱导轮安装轴与车体的连接

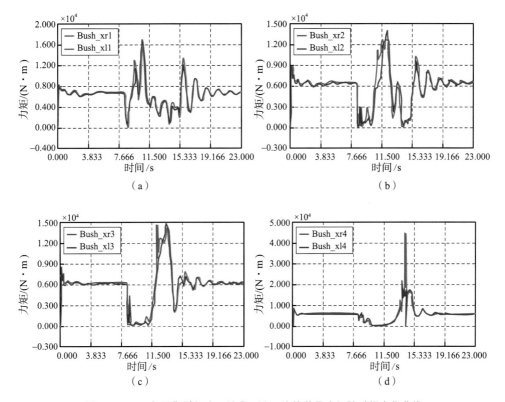

（a）　　　　　　　　　　　　　（b）

（c）　　　　　　　　　　　　　（d）

图 4 - 56　不与平衡肘相连一端 Bushing 连接单元力矩随时间变化曲线

（a）第一组连接单元力矩曲线；（b）第二组连接单元力矩曲线；

（c）第三组连接单元力矩曲线；（d）第四组连接单元力矩曲线

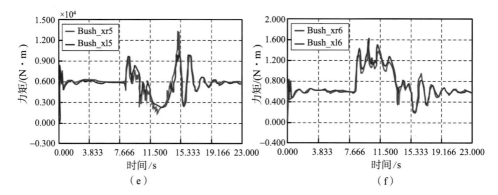

图 4 – 56　不与平衡肘相连一端 Bushing 连接单元力矩随时间变化曲线（续）

（e）第五组连接单元力矩曲线；（f）第六组连接单元力矩曲线